제2판

미분방정식과 그 응용

안인경 · 최정환 지음

KM 경문사

머리말

근래에 대부분의 대학이 학부화 되어 공업수학이나 미분방정식을 대학 저학년에서 강의하는 추세에 따라 한 학기용 미분방정식 교재의 필요성이 이 책을 집필하게 된 동기입니다. 이 책에서는 매우 기술적인 특정한 형태의 미분방정식의 해법은 다루지 않았고, 미분방정식을 통해서 표현되는 여러 가지 수학적 모델을 접할 수 있도록 하여 많은 자연 현상을 수학적인 모델의 관점에서 볼 수 있는 시각을 갖도록 하였습니다. 방정식의 이론적인 설명과 함께 예제를 통해서 방정식의 해법을 익히도록 하였고, 쉽게 문제풀이를 이해할 수 있도록 계산과정을 자세하게 보여주려고 하였으며, 연습문제의 모든 문제의 해답을 제공하여 스스로 푼 문제의 답을 확인할 수 있도록 하였습니다.

1판에서 미처 발견되지 못했던 많은 오자들이 이번 2판에서 수정되었으며, 연습문제의 답들도 보완되었습니다. 본 책에 학부에서 다루어야 할 상미분방정식의 많은 내용을 모두 싣지 못함을 아쉽게 생각하나, 한 학기의 학부용 교재로 사용하기에는 적당한 분량으로 판단됩니다. 본 책이 처음 미분방정식을 접하는 학생들에게 자연현상을 모델링하는 수학적인 도구로서의 미분방정식을 이해하는데 도움이 되기를 바라며, 더욱 높은 수준의 고급 미분방정식이나 편미분방정식을 배우고자 하는 좋은 동기를 부여할 수 있는 귀중한 밑거름의 역할을 할 수 있기를 기대합니다.

앞으로, 미비한 점은 계속해서 보완할 것이며, 새로운 응용문제에 관련된 예제들을 추가해 나갈 예정입니다. 끝으로 이 책이 나올 수 있도록 도와주신 도서출판 경문사의 모든 분들께 진심으로 감사를 드립니다.

2007년 2월

지은이

차　례

1 미분방정식의 소개

1.1 정의와 개념

먼저 미분방정식의 개념을 이해해 보자. 우리는 미적분학에서 미분방정식을 이미 많이 접해왔는데, 예를 들면 떨어지는 물체의 가속도가

$$a(t) = -32(\mathrm{ft/s^2})$$

일 때 속도함수 $v(t)(\mathrm{ft/s})$의 미분이 가속도함수 $a(t)$라는 사실, 즉 $v'(t) = a(t)$ 또는 $\frac{dv}{dt} = a(t)$라는 사실을 이용하면 물체의 속도 $v(t)$를

$$v(t) = \int a(t)\,dt = \int (-32)\,dt = -32t + C$$

로 구할 수 있었다. 여기서 방정식 $\frac{dv}{dt} = a(t)$는 미분방정식의 하나의 예라 할 수 있다. 이와 같이 $\frac{dy}{dx} = f(x)$형태의 미분방정식에서는 양변을 적분함으로써 미지의 함수 $y(x)$를 찾을 수 있었다. 이제 미분방정식에 대한 지식을 확장하여 보자.

독립변수와 종속변수

예를 들어 단위원의 매개변수방정식은

$$x = \cos t,\ y = \sin t \qquad 0 \leq t \leq 2\pi$$

로 나타나는데, x와 y의 값은 t에 따라 결정되므로 t 는 독립변수이고, 반면 x, y는 종속변수가 된다. 또 $z = x^2 + y^2$에서 z의 값은 x와 y에 의해 결정되므로 x, y는 **독립변수**(independent variables)이고 z는 **종속변수**(dependent variables)가 된다.

상미분에 관한 일반적인 기호

y가 x의 함수일 때 x에 대한 y의 도함수는

$$y',\ y'(x),\ \frac{dy}{dx},\ Dy$$

로 나타내며 x에 관한 2 계 도함수는

$$y'',\ y'(x),\ \frac{d^2y}{dx^2},\ D^2y$$

로 표기하고 4 계 또는 고계의 도함수에 대해서는

$$y^{(4)} = \frac{d^4y}{dx^4},\ \cdots,\ y^{(n)} = \frac{d^ny}{dx^n}$$

등을 사용한다.

| 정의 1 | 상미분방정식

미분방정식은 하나 또는 그 이상의 독립변수에 대한 하나 또는 그 이상의 종속변수의 **도함수**(derivative) 또는 **미분**(differentials)을 포함하는 방정식이다. 만약 방정식이 하나 또는 그 이상의 종속변수 중 단 하나의 독립변수에 대한 도함수만을 포함하고 있을 때 그러한 방정식을 상미분방정식(ordinary differential equation)이라 한다.

예제 1 다음 중 어떤 것이 상미분방정식인지를 결정하라.

(a) $\dfrac{dy}{dx} = \dfrac{x^2}{y^2\cos y}$ (b) $\dfrac{dy}{dx} + \dfrac{du}{dx} = u + x^2y$

(c) $(y-1)dx + x\cos y\,dy = 0$ (d) $x^2y'' + xy' + (x^2-n^2)y = 0$

풀이 위의 모든 방정식이 상미분방정식이다. 그 중에서

$$(y-1)dx + x\cos y\,dy = 0$$

는 미분 dx, dy를 포함하고 있으며 다른 것은 도함수로 표기되었다. (c)에서의 방정식을 **미분 형태**(differential form)라고 하며 이것은 물론 (a), (b), (d)와 같은 **도함수 형태**(derivative form)로 표기할 수도 있다. ■

방정식이 하나 또는 그 이상의 종속변수의 편도함수를 포함하고 있을 때 그러한 방정식을 **편미분방정식**(partial differential equation)이라 한다.

| 정의 2 | **편미분방정식**

편미분방정식은 두 개 이상의 독립변수에 대한 하나 또는 그 이상의 종속변수의 **편도함수**(partial derivatives) 또는 **편미분**(partial differential)을 포함하고 있는 방정식이다.

편미분에 대한 일반적인 기호

u가 x와 y의 함수를 나타낼 때 $\frac{\partial u}{\partial x}$와 u_x는 x에 관한 u의 편미분을 나타내고 $\frac{\partial u}{\partial y}$와 u_y는 y에 관한 u의 편미분을 나타낸다. 또

$$\frac{\partial}{\partial y}\left(\frac{\partial u}{\partial x}\right) = \frac{\partial^2 u}{\partial y\, \partial x} \text{와 } u_{xy}$$

는 x에 관한 u의 편미분을 y에 대해서 편미분한 것이고

$$\frac{\partial}{\partial x}\left(\frac{\partial u}{\partial x}\right) = \frac{\partial^2 u}{\partial x^2} \text{와 } u_{xx},$$

그리고

$$\frac{\partial}{\partial y}\left(\frac{\partial u}{\partial y}\right) = \frac{\partial^2 u}{\partial y^2} \text{와 } u_{yy}$$

는 각각 x와 y에 관한 u의 2 계 도함수를 나타낸다.

예제 2 다음 중 어떤 것이 편미분방정식인지를 결정하라.

(a) $u\frac{\partial u}{\partial t} = \frac{\partial u}{\partial x}$ (b) $u\,u_x + u = u_{yy}$

(c) $\frac{\partial^2 u}{\partial x^2} + \frac{\partial^2 u}{\partial y^2} = 0$ (d) $\frac{\partial^2 u}{\partial t^2} = \frac{\partial^2 u}{\partial x^2}$

(e) $\frac{\partial u}{\partial t} = \frac{\partial^2 u}{\partial x^2}$

풀이 위의 모든 방정식이 편미분방정식이다. (c), (d), (e)는 각각 라플라스 방정식, 파동방정식, 열방정식으로 알려져 있다. ■

위에서 상미분방정식과 편미분방정식의 예를 보았는데 이러한 분류방법을 확장하여 보자.

정의 3 계수

미분방정식의 계수(order)는 방정식에서 나타나는 최고계 도함수의 계수이다.

예제 3 다음 미분방정식의 계수를 구하라.

(a) $\dfrac{dy}{dx} = \dfrac{x^2}{y^2 \cos y}$ (b) $u_{xx} + u_{yy} = 0$

(c) $\left(\dfrac{dy}{dx}\right)^4 = y + x$ (d) $y^3 + \dfrac{dy}{dx} = 1$

풀이 (a) 하나의 1 계 도함수 $\dfrac{dy}{dx}$를 포함하므로 계수는 1이다.

(b) 최고계 도함수가 u_{xx}와 u_{yy}이므로 계수는 2이다.

(c) 최고계 도함수가 1 계 도함수이므로 계수는 1이다. 도함수에 4 제곱을 한 것은 방정식의 계수와 무관하다. $\left(\dfrac{dy}{dx}\right)^4$과 $\dfrac{d^4y}{dx^4}$은 전혀 다른 것임에 유의해야 한다.

(d) 1 계 미분방정식이다. ■

정의 4 선형미분방정식

$$a_n(x)\frac{d^n y}{dx^n} + a_{n-1}(x)\frac{d^{n-1}y}{dx^{n-1}} + \cdots$$
$$+ a_2(x)\frac{d^2y}{dx^2} + a_1(x)\frac{dy}{dx} + a_0(x)y = f(x)$$
$$(a_n(x) \neq 0)$$

형태의 n계 상미분방정식을 n계 선형미분방정식(linear differential equation)이라 한다.

위의 모양이 아닌 방정식을 비선형이라 한다. 그러므로 비선형이 되는 기준의 하나는 종속변수 또는 그것의 도함수의 **승수(power)**와 종속변수의 함수에 따라 결정된다.

비슷한 방법으로 편미분방정식도 분류할 수 있다.

예제 4 다음 중 어떤 것이 선형방정식인지를 판별하라.

(a) $\dfrac{dy}{dx} = x^3$ (b) $\dfrac{d^2u}{dx^2} + u = e^x$

(c) $(y-1)dx + x\cos(y)dy = 0$ (d) $\dfrac{d^3y}{dx^3} + y\dfrac{dy}{dx} = x$

(e) $\dfrac{dy}{dx} + x^2y = x$ (f) $\dfrac{d^2x}{dt^2} + \sin x = 0$

(g) $u_{xx} + yu_y = 0$ (h) $u_{xx} + uu_y = 0$

풀이 (a) 정의 4 에서 $f(x) = x^3$인 선형방정식이다.

(b) u가 종속변수인 선형방정식이다.

(c) y가 종속변수일 때 $\dfrac{dy}{dx}$에 대해서 풀면 $\dfrac{dy}{dx} = \dfrac{1-y}{x\cos y}$인데, 오른쪽 항이 y의 비선형함수를 포함하고 있으므로 y에 대해서 비선형이지만, 만약 x를 종속변수라 한다면 $\dfrac{dx}{dy} = \dfrac{\cos y}{1-y}x$로 표현되므로 종속변수 x에 대해서 선형이다.

(d) $\dfrac{dy}{dx}$항의 계수가 독립변수 x만의 함수가 아닌 y이므로 종속변수 y에 대해서 비선형이다.

(e) x^2이 계수함수인 선형방정식이다.

(f) x의 비선형함수 $\sin x$를 포함하고 있으므로 비선형이다.

(g) u_y의 계수가 독립변수의 하나인 y의 함수이므로 선형편미분방정식이다.

(h) u와 그것의 도함수 u_y의 곱으로 표현되므로 비선형방정식이다. ■

연습문제 1.1

※ 다음 각 방정식에 대해서

(a) 방정식이 상미분방정식인지 편미분방정식인지를 결정하라.

(b) 상미분방정식의 계수를 구하라.

(c) 방정식이 선형인지 비선형인지를 판별하라.

1. $\frac{d^2y}{dx^2}+\frac{dy}{dx}-2y=x^3$

2. $y\frac{dy}{dx}+y^4=\sin x$

3. $\frac{\partial^2 y}{\partial t^2}=c^2\frac{\partial^2 y}{\partial x^2}$

4. $(\frac{dy}{dx})^2+y=0$

5. $x^2\frac{d^2y}{dx^2}+x\frac{dy}{dx}+2y=0$

6. $uu_x+u_t=0$

7. $x(\frac{d^2y}{dx^2})^4+2y=2x$

8. $u_t+uu_x=ku_{xx}$, (k는 상수)

9. $(2x-y)dx-dy=0$

10. $\frac{\partial u}{\partial x}+\frac{\partial u}{\partial y}=u$

1.2 미분방정식의 해

우리가 미분방정식을 접했을 때는 대부분의 경우 주로 미분방정식의 해를 구하는 일이다. 여기서 해를 구한다는 것은 방정식에 대입했을 때 방정식을 만족하는 어떤 표현형태를 찾는 것이다.

┃정의 1┃ 미분방정식의 해

구간(a, b)에서 n계의 상미분방정식

$$F(x, y, y', y'', \cdots, y^{(n)}) = 0$$

의 해라 함은 구간 (a,b)에서 연속이고 미분방정식에서 나타나는 모든 미분이 가능하며

$$F(x, \phi, \phi', \phi'', \cdots, \phi^{(n)}) = 0$$

를 만족하는 함수 $\phi(x)$를 말한다.

우리는 항상 F가 실수값의 함수이고 실수값의 해 $\phi(x)$를 구하려고 함을 가정한다.

미분방정식을 푸는 방법은 뒤에서 설명하기로 하고, 이 절에서는 방정식의 해가 된다는 것이 어떤 의미인지를 이해하기 위해서 주어진 함수가 미분방정식의 해임을 보이자.

예제 1 다음에 주어진 함수가 미분방정식의 해임을 보여라.

(a) $\dfrac{dy}{dx} = 3y,\ y(x) = e^{3x}$

(b) $\dfrac{d^2u}{dx^2} + 16u = 0,\ u(x) = \cos 4x$

(c) $x^2y'' - 3xy' + 4y = 0,\ x > 0,\ y(x) = x^2 \ln x$

풀이 (a) y를 미분하면 $\dfrac{dy}{dx} = 3e^{3x}$이므로 이것을 방정식에 대입하면

$$\frac{dy}{dx} = 3y\ ,\ 3e^{3x} = 3e^{3x}$$

이다.

(b) $\frac{du}{dx} = -4\sin 4x$이고 $\frac{d^2u}{dx^2} = -16\cos 4x$이므로

$$\frac{d^2u}{dx^2} + 16u = -16\cos 4x + 16\cos 4x = 0$$

이다.

(c) 곱의 법칙을 사용하여 미분하면

$$y' = x^2\left(\frac{1}{x}\right) + 2x\ln x = x + 2x\ln x\ ,$$
$$y'' = 1 + 2x\left(\frac{1}{x}\right) + 2\ln x = 3 + 2\ln x$$

이므로

$$\begin{aligned} & x^2y'' - 3xy' + 4y \\ =\ & x^2(3 + 2\ln x) - 3x(x + 2x\ln x) + 4x^2\ln x \\ =\ & 0 \end{aligned}$$

가 되며 $\ln x$의 정의역이 $(0, \infty)$이므로 해 $y(x) = x^2\ln x$는 $x > 0$에서만 정의된다. ■

미적분학에서 함수 $f(x)$의 **원시함수**(antiderivative)를 찾으려고 할 때 방정식 $\frac{dy}{dx} = f(x)$를 만족하는 적분상수로 인하여 방정식이 무한히 많은 해를 가짐을 알고 있는데 이러한 기초적인 형태의 문제를 복습하여 보자.

예제 2 다음 미분방정식을 풀어라.

(a) $\frac{dy}{dx} = \cos x$

(b) $\frac{dy}{dx} = \frac{x}{\sqrt{x^2+1}}$

(c) $\frac{dy}{dx} = \frac{1}{16 + x^2}$

(d) $\frac{dy}{dx} = xe^x$

(e) $\frac{dy}{dx} = \frac{1}{4 - x^2}$

풀이 각 문제는 양변을 적분함으로써 풀 수 있는데 부정적분이므로 적분상수가 나타난다. 즉 각 방정식은 무한히 많은 해를 가짐을 알 수 있다.

(a) $y = \int \cos x\, dx = \sin x + C$

(b) $y = \int \frac{x}{\sqrt{x^2+1}} dx$를 계산하기 위해서 $u = x^2 + 1$이라 하면

$du = 2x\, dx$이고

$$y = \frac{1}{2}\int \frac{2x}{\sqrt{x^2+1}} dx = \frac{1}{2}\int \frac{1}{\sqrt{u}} du$$

$$= \frac{1}{2}\int u^{-\frac{1}{2}} du = u^{\frac{1}{2}} + C$$

$$= \sqrt{x^2+1} + C$$

이다.

(c) $y = \int \frac{1}{16+x^2} dx$를 구하기 위해서 삼각치환법을 사용하여 보자.

$x = 4\tan\theta \left(-\frac{\pi}{2} < \theta < \frac{\pi}{2}\right)$라 놓으면

$$dx = 4\sec^2\theta\, d\theta = \int \frac{1}{16\sec^2\theta} 4\sec^2\theta\, d\theta$$
$$= \frac{1}{4}\int d\theta = \frac{1}{4}\theta + C$$
$$= \frac{1}{4} tan^{-1}\left(\frac{x}{4}\right) + C$$

이므로

$$y = \int \frac{1}{16+(4\tan\theta)^2} 4\sec^2\theta\, d\theta = \int \frac{1}{16+\tan^2\theta} 4\sec^2\theta\, d\theta$$

이다.

(d) $y = \int x e^x dx$에 부분적분을 사용하면

$$y = \int x e^x dx = x e^x - \int e^x dx = x e^x - e^x + C$$

이다.

(e) $y=\int \frac{1}{4-x^2}dx$를 구하기 위해서 부분분수를 사용하자.

$$\frac{1}{4-x^2}=\frac{1}{(2-x)(2+x)}=\frac{A}{2-x}+\frac{B}{2+x}$$

에서 $A=B=\frac{1}{4}$를 구할 수 있고

$$\begin{aligned} y &= \frac{1}{4}\int\left(\frac{1}{2-x}+\frac{1}{2+x}\right)dx \\ &= \frac{1}{4}[-\ln|2-x|+\ln|2+x|]+C \\ &= \ln\left|\frac{2+x}{2-x}\right|+C \end{aligned}$$

이다. ■

예 2에서 각 해는 독립변수의 함수 $y=y(x)$로 주어졌는데 이러한 경우의 해를 **양적인 해**(explicit solution)라고 한다. 그러나 어떤 미분방정식을 풀 때 방정식을 만족하는 x, y의 관계식만 구할 때가 있는데 이러한 것을 **음적인 해**(implicit solution)라고 한다. 또 예 2에서 각 방정식의 양적인 해는 임의의 상수 C를 포함하므로 C의 어떤 값에 대해서도 해가 존재하며 이러한 해의 모임을 미분방정식의 **해의 군**(family of solution)이라고 한다.

예제 3 방정식 $2x^2+y^2-2xy+5x=0$가 미분방정식

$$\frac{dy}{dx}=\frac{2y-4x-5}{2y-2x}$$

를 만족함을 보여라.

풀이 $y'=\frac{dy}{dx}$를 계산하기 위해서 $2x^2+y^2-2xy+5x=0$에 음함수의 미분법을 사용하면

$$4x+2y\frac{dy}{dx}-2x\frac{dy}{dx}-2y+5=0$$

를 얻고 이것은

$$\frac{dy}{dx}(2y-2x)=2y-4x-5$$

이므로 주어진 방정식의 해가 된다. ■

해의 군에서의 임의의 상수에 어떤 값을 취해서 얻을 수 없는 해를 **특이해**(singular solution)라 한다.

예제 4 미분방정식 $\frac{dy}{dx}=-2xy^2$의 해의 군은 k가 임의의 상수일 때 $y(x)=\frac{1}{x^2+k}$로 나타난다. 상수함수 $y=0$가 주어진 미분방정식에 대입하여 해가 되는지를 확인하고 $y=0$가 해이면 주어진 해의 군으로부터 얻을 수 있는지를 조사하자.

풀이 $y=0$이면 $\frac{dy}{dx}=0$이고 $-2xy^2=0$이므로 $y=0$는 해이다. 그러나 $y(x)=\frac{1}{x^2+k}$를 얻기 위해서는 $\frac{1}{x^2+k}=0$이어야하나 불가능하므로 $y=0$는 특이해이다. ■

연습문제 1.2

※ 다음에 주어진 함수가 미분방정식의 해임을 보여라.(A, B, C는 상수)

1. $\frac{dy}{dx}+2y=0$, $y(x)=e^{-2x}$, $y(x)=5e^{-2x}$
2. $\frac{dy}{dx}+y=\sin x$, $y(x)=e^{-x}-\frac{1}{2}cos x+\frac{1}{2}sin x$
3. $\frac{d^2y}{dx^2}+9\frac{dy}{dx}=0$, $y(x)=A+Be^{-9x}$

4. $\dfrac{d^2x}{dt^2}+x=t\cos t-\cos t,$

$x(t)=A\cos t+B\sin t+\dfrac{t^2}{4}sint-\dfrac{t}{2}sint+\dfrac{t}{4}cost$

5. $\dfrac{d^3y}{dx^3}-4\dfrac{dy}{dx}=0,\ y(x)=A+Be^{2x}+Ce^{-2x}$

※ 다음에 주어진 방정식이 미분방정식을 만족함을 보여라.

6. $\dfrac{dy}{dx}=-\dfrac{x}{y},\ x^2+y^2=16$

7. $y\cos x dx+(2y+\sin x)dy=0,\ y^2+y\sin x=1$

※ 적분을 이용하여 미분방정식의 해를 구하라.

8. $\dfrac{dy}{dx}=x\sin(x^2)$

9. $\dfrac{dy}{dx}=\dfrac{1}{x\ln x}$

10. $\dfrac{dy}{dx}=xe^{-x}$

11. $\dfrac{dy}{dx}=\dfrac{x-x^2}{(x+1)(x^2+1)}$

12. $\dfrac{dy}{dx}=(4-x^2)^{\frac{3}{2}}$

13. $y=x^m$이 방정식 $x^2y''-2xy'+2y=0$의 해가 되기 위한 m의 값을 구하라.

14. $y=e^{mx}$가 방정식 $y''-3y'-18y=0$의 해가 되기 위한 m의 값을 구하라.

1.3 초기값과 경계값 문제

많은 응용문제에서 어떤 해가 미분방정식을 만족하는 것뿐만 아니라, 하나 또는 그 이상의 조건을 함께 만족해야 하는 경우를 많이 볼 수 있다. 예를 들어 함수 $f(x) = 3x^2 - 4x$의 **원시함수**를 구하기 위해서 적분을 하면 $y(x) = x^3 - 2x^2 + C$를 얻는데 이것은 임의의 상수를 포함하고 있고 이것으로부터 모든 해를 얻을 수 있으므로 **일반해**라 부른다. 반면, 특정한 점 (1, 4)를 지나는 해를 찾기 위해서 보조조건 $y(1) = 4$를 만족하는 해를 구해야 하는데 이 조건을 일반해

$$y(x) = x^3 - 2x^2 + C$$

에 대입하면 $y(1) = (1)^3 - 2(1)^2 + C = 4$이므로 $C = 5$를 얻는다. 그러므로 $y(1) = 4$를 만족하는 해의 군 $y(x) = x^3 - 2x^2 + C$의 하나는

$$y(x) = x^3 - 2x^2 + 5$$

임을 알 수 있다. 즉 방정식

$$\begin{cases} \dfrac{dy}{dx} = 3x^2 - 4x \\ y(1) = 4 \end{cases}$$

의 해를 구하였는데 이러한 1계 미분방정식은 일반해에서 나타나는 하나의 미지의 상수를 결정하기 위해서 하나의 보조조건을 필요로 하였다. 그러한 보조조건은 종속변수의 초기값을 나타내므로 **초기조건**(initial condition)이라 하고, 초기조건을 포함하는 미분방정식을 **초기값 문제**(initial value problem)라고 한다.

예제 1 어떤 물체의 가속도가 공기저항에 대한 물체의 속도 $v(t)$와 같을 때 물체의 속도를 구하기 위해서 1계 미분방정식

$$\frac{dv}{dt} = 32 - v$$

를 생각하자. 이 방정식의 일반해가 $v(t) = 32 + Ce^{-t}$이고 물체의 초기속도가 $v(0) = 0$일 때 초기조건을 만족하는 해를 구하라.

풀이 일반해에 초기값을 대입하면 $v(0) = 32 + C = 0$이므로

$C = -32$이고 초기값 문제의 해는 $v(t) = 32 - 32e^{-t}$이다. ■

예제 2 초기값 문제 $\dfrac{dy}{dx} = \sin x,\ y(0) = 2$를 풀어라.

풀이 먼저 방정식의 양변을 적분하면 $y(x) = -\cos x + C$를 얻으므로 초기값 조건을 대입하면 $y(0) = -\cos 0 + C = -1 + C = 2$이고 $C = 3$이므로 해는 $y(x) = -\cos x + 3$이다. ■

다음 예에서 초기값 문제와 경계값 문제의 차이점을 알아보자.

예제 3 스프링의 끝에 매달려 있는 물체의 운동을 2계 미분방정식 $x'' + x = 0$으로 나타낼 수 있는데 여기서 $x(t)$는 시간 t에서 평형상태 $x = 0$로부터의 물체와의 거리를 나타낸다. 이 미분방정식의 일반해가 $x(t) = A\cos t + B\sin t$로 나타날 때 두 미지의 상수 A, B를 구하기 위해서 두 개의 보조조건이 필요하다. 물체의 초기위치가 $x(0) = 0$이고 초기속도를 $x'(0) = 1$로 가정하면 이것은 $t = 0$인 t의 같은 값에서 주어진 두 보조조건이므로 초기값 문제이다. 이 문제의 해를 구하기 위하여 주어진 초기값 조건을 이용하라.

풀이 $x'(0) = -A\sin t + B\cos t$이므로 $x(0) = A = 0$이고
$x'(0) = B = 1$이므로 해는 $x(t) = \sin t$이다. ■

예제 4 길이가 단위(unit) 1인 들보(beam)가 한쪽 끝을 누르는 힘에 따라 꺾이는 모양은 미분방정식

$$\frac{d^2y}{dx^2} + \frac{\pi^2}{4}y = 0,\ 0 < x < 1$$

의 해 $y(x)$의 그래프로 묘사할 수 있다. x축 위의 들보의 높이가 끝점 $x = 0$와 $x = 1$에서 알려져 있을 때 들보의 끝점인 경계에서 y의 값이 주어진 것이므로 이것은 경계값 문제이다. 위의 미분방정식의 해가

$$y(x) = A\cos\frac{\pi x}{2} + B\sin\frac{\pi x}{2}$$

일 때 들보의 꺾이는 모양을 구하기 위해서 경계값 조건 $y(0)=0$와 $y(1)=2$를 사용하라.

풀이 일반해에 $y(0)=0$를 대입하면

$$y(0)=A\cos 0+B\sin 0=A=0$$

이고 $y(1)=2$로부터

$$y(1)=B\sin\frac{\pi}{2}=B=2$$

이므로 경계값 문제의 해는

$$y(x)=2\sin\frac{\pi x}{2},\quad 0<x<1$$

이다. ■

위의 예 3과 예 4에 대한 수학적 모델은 제 5 장에서 자세히 다룬다.

연습문제 1.3

※ 주어진 일반해를 사용하여 초기값 문제 또는 경계값 문제의 해를 구하라.

1. $\dfrac{dy}{dx}+2y=0,\ y(0)=2,\ y(x)=Ae^{-2x}$

2. $\dfrac{d^2y}{dx^2}-\dfrac{dy}{dx}-12y=0,\ y(0)=0,\ y'(0)=1$

   $y(x)=Ae^{4x}+Be^{-3x}$

3. $\dfrac{d^2y}{dx^2}+9y=0,\ y(0)=0,\ y'(0)=1$

   $y(x)=A\cos 3x+B\sin 3x$

4. $\dfrac{d^3y}{dx^3}-2\dfrac{d^2y}{dx^2}=0,\ y(0)=0,\ y'(0)=1,\ y''(0)=3$

   $y(x)=A+Bx+Ce^{2x}$

5. $x^2 \dfrac{d^2y}{dx^2} - 12x\dfrac{dy}{dx} + 42y = 0,\ \ y(1) = 1,\ \ y'(1) = -1$

$y(x) = Ax^6 + Bx^7$

6. $y'' + 4y = 0$ 의 일반해가 $y = A\cos 2x + B\sin 2x$ 일 때 경계값 문제

$$\begin{cases} y'' + 4y = 0 \\ y(0) = 0, y(\pi) = 0 \end{cases}$$

이 무한히 많은 해를 가지는지를 판정하라.

7. $y'' + 36y = 0$의 일반해가 $y = A\cos 6x + B\sin 6x$일 때 경계값 문제

$$\begin{cases} y'' + 36y = 0 \\ y(0) = 0,\ y\left(\dfrac{\pi}{2}\right) = -2 \end{cases}$$

가 해를 가지는지를 판정하라.

1.4 미분방정식으로 나타나는 수학적 모델

이 절에서는 응용분야에서 미분방정식을 사용하여 어떻게 모델을 만들 수 있는가를 살펴보고 이 절에서 나타난 응용문제의 해법은 나중에 자세하게 다루기로 한다.

모집단문제

$P(t)$가 어떤 모집단의 개체수라 할 때 여기서의 모집단은 세포나 사람 또는 방사성의 물질을 나타낸다고 하자. 모집단 크기의 변화율이 현재의 모집단의 수에 비례한다고 하면 미분방정식 $\frac{dP}{dt} = kP$(k는 P의 증가 또는 감소율을 나타내는 상수)의 해는 모집단 $P(t)$의 크기를 나타낸다.

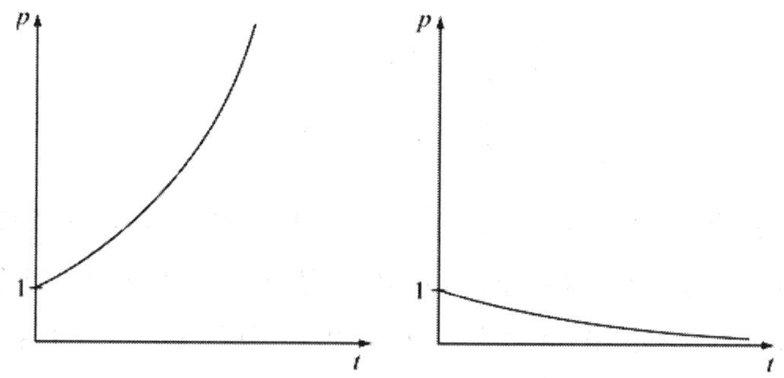

그림 1.1

이 모델은 모집단의 크기가 현재의 모집단의 크기에 비례한다는 사실은 영국의 경제학자 맬서스(Thomas Malthus, 1766-1834)가 처음으로 제기하였다. $k > 0$이면 $\frac{dP}{dt} > 0$이어서 $P(t)$는 증가하므로 주어진 미분방정식은 모집단의 크기가 증가하는 상태를 나타낸다. 이 경우 해의 그래프가 유계하지 않고 계속 증가함에 주목하라(그림 1.1). $k < 0$일 때는 $\frac{dP}{dt} < 0$이므로 $P(t)$는 감소하는 함수이고 이것은 모집단의 크기가 감소하는 경우를 말한다. 그런데 모델 $\frac{dP}{dt} = kP$는 어떤 모집단의 수의 증가나 감

소율을 일정하게 본 모델이므로 현상을 정확히 나타낸 모델이라고 볼 수 없다. 베르헐스트(Pierre Verhulst, 1804- 1849)는 증가율을 모집단에 관련되도록 $k(P)$를 사용하여 모델 $\frac{dP}{dt}=k(P)P$를 도입하였는데 많은 경우에 $k(P)=$(탄생률)-(사망률)로 생각하면 된다. 예를 들면 $k(P)=r-aP$로 정의할 수 있는데 로지스틱(logistic) 방정식인 이 모델로부터 모집단의 크기의 극한값을 예측할 수 있다.

여기서 r와 a는 양의 상수이고 $\frac{dP}{dt}=rP-aP^2$로 표현되므로 맬서스 모델에서와 같이 모집단의 크기가 무한히 커지는 것을 막을 수 있다. 현실적으로 두 개의(또는 그 이상의) 상호 경쟁인 모집단을 하나의 환경 속에서 생각할 수 있는데 이탈리아의 수학자 볼테라(Vito Volterra, 1860-1940)가 제 1 차 세계대전 전후의 아드리아 해에서의 상어와 상어먹이 사이의 작용에 대해서 이 모델을 처음으로 제기하였다. 이러한 종류의 또 다른 모델로서 **약육강식모델**(predator-prey model)이나 상호공생형태의 **모델**(symbiotic model) 등을 생각할 수 있는데 각 모집단에 대한 미분방정식을 고려해야 한다. 예를 들어 비선형방정식계인

$$\begin{cases} \frac{dx}{dt}=x(a-by) \\ \frac{dy}{dt}=y(-c+dx) \end{cases}$$

를 생각할 수 있는데 여기서 $x(t)$와 $y(t)$는 각각 시간 t에 대한 **먹이**(prey)와 **약탈자**(predator)의 모집단을 나타내고 a, b, c, d는 양의 상수이다. 이 작용은 $x(t)$를 감소(감소율b)시키고 $y(t)$를 증가(증가율 d)시키며, 상수 a는 $x(t)$의 증가율이며 c는 $y(t)$의 감소율(사망률)을 나타낸다.

이상적인 축전기와 유도자

축전기(capacitor)와 유도자(inductor)를 가진 전기회로에서 **저항**(resistance)이 없을 때를 가정하자. 축전기는 근접해 있는 두 금속의 전도체로 구성되는데 **전기전하**(charge)가 금속판의 한쪽에 적용되면 $-\theta$의 전하가 다른 반대쪽의 판에 나타나고 축전기에 **전압**(voltage) V가 생긴다. θ(전하), C(축전기), V(전압)의 양은 방정식 $\theta=CV$의 관계로 나타난다. V_A와 V_B가 각각 A, B에서의 전압을 나타내고 V_A-V_B를 V_{AB}로 나타낼 때 축전기를 통과하는 전류 $I_{A\to B}$는 미분방정식

$$I_{A\to B} = C\frac{d}{dt}V_{AB}$$

로 결정된다.(그림 1.2)

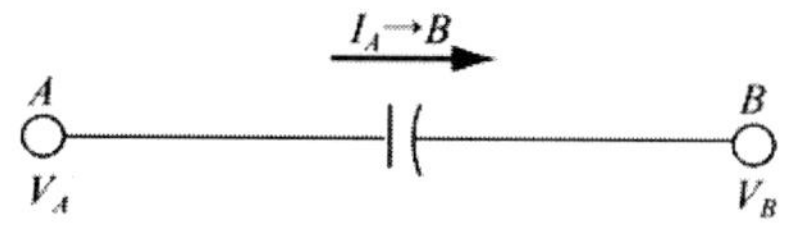

그림 1.2

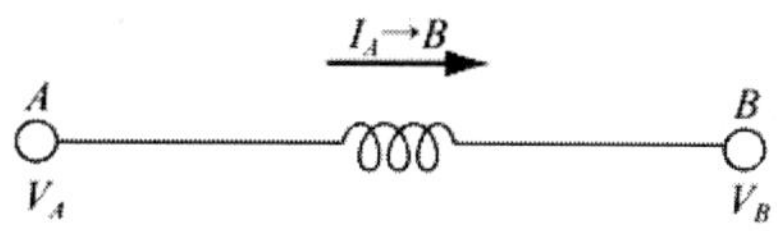

그림 1.3

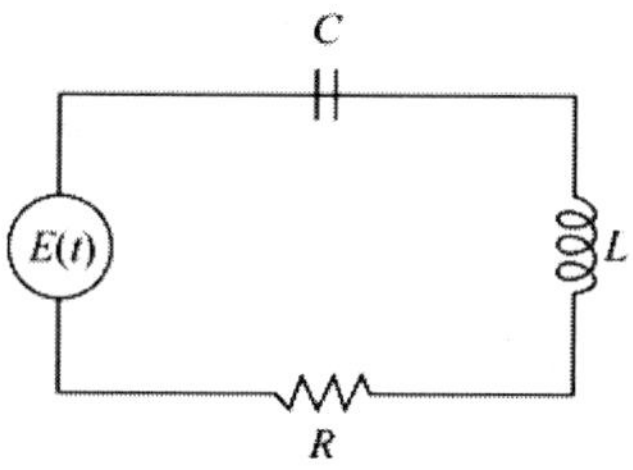

그림 1.4

비슷한 방법으로 유도자를 생각할 때 L이 유도자를 나타내고 I가 유도자를 지나는 전류라 할 때 V_{AB}는 $V_{AB} = L\frac{d}{dt}I$로 결정된다.(그림 1.3)

저항, 축전기, 유도자를 모두 포함하고 있는 좀더 복잡한 전기회로에서도 위의 기본 관계를 사용하여 수학적으로 나타낼 수 있다.

L-R-C 전기회로

L-R-C회로는 **유도자**($L=$ inductance), **저항**($R=$ Resistence), 축전기($C=$ capacitance)와 건전지와 같이 공급되는 전압 $E(t)$로 이루어지는데 이러한 회로에서 $\frac{d\theta}{dt} = I$를 만족하는 축전기에서의 전하 $\theta(t)$(coulomb)와 회로에서의 전류 $I(t)$(ampere)를 구하려고 한다(그림 1.4). 이러한 것들은 단순회로에서 구성요소인 축전기, 저항기, 유도자들을 통과할 때 생기는 전압강하의 합이 공급되는 전압 $E(t)$와 같다는 키르히호프의 법칙에 따라 모델

$$L\frac{dI}{dt}+RI+\frac{1}{C}\theta=E(t)$$

또는 양변을 미분하여

$$LI''+RI'+\frac{1}{C}\theta'=E(t)$$

로부터

$$LI''+RI'+\frac{1}{C}I=E(t)$$

로 나타낼 수 있다.

〈표〉 L-R-C 회로에서의 전압강하

회로의 구성요소	전압강하
유도자	$L\frac{dI}{dt}$
저항기	RI
축전기	$\frac{1}{C}Q$

역학(mechanics)

뉴턴의 제 2 운동법칙이란 시간에 대한 물체의 운동량의 변화율이 물체에 작용하는 합력과 같다는 것을 말한다. 이 법칙은

$$ma=F \text{ 또는 } m\frac{dv}{dt}=F$$

로 나타낼 수 있으며 자유낙하하는 물체의 속도와 위치를 결정하거나 로켓의 속도 또는 스프링 끝에 달려 있는 질량의 운동을 구하는 것 같은 많은 문제에서 모델로 사용되고 있다.

m을 공과 같은 물체의 질량이라 하고 g를 중력가속도, c를 양의 상수, $v(t)$를 시간 t에서의 물체의 속도라 하자. 이제 물체가 어떤 빌딩의 지붕에서 떨어진다고 할 때 공기저항이 물체의 가속도의 상수배라 하면 $v(t)$미분방정식 $m\frac{dv}{dt}=mg-cv$를 풀어서 구할 수 있다. 여기서 cv는 공기저항, mg는 중력을 나타낸다.

스프링-질량계(spring-mass system)

어떤 물체가 천장과 같은 곳의 고정된 스프링 끝에 매달려 있을 때 질량이 s 만큼 스프링을 늘어나게 한다고 하자. 후크(Hooke)의 법칙에 의하면 스프링의 복원력은 s에 비례한다. 즉 k가 스프링의 고유상수일 때 $F=ks$로 나타낼 수 있다. 물체의 질량이 아무 운동 없이 달려 있는 상태를 **평형위치**(equilibrium position)에 있다고 말한다. $x(t)$가 시간 t에서 평형위치에서부터 측정된 질량의 위치를 나타낸다고 할 때 스프링-질량계가 외부의 힘 $F(t)$와 속도 x'에 비례하는 제동의 힘에 좌우된다면 뉴턴의 제 2 운동법칙으로부터 얻을 수 있는 미분방정식은

$$mx''+cx'+kx=F(t)$$

이고 이 방정식의 해는 평형위치로부터 물체의 **변위**(displacement)를 나타낸다.

연습문제 1.4

1. t 년 후의 어떤 마을의 인구수 $p(t)$ (천 명)가 초기값 문제

$$\begin{cases} \dfrac{dp}{dt}=kp \\ p(0)=5 \end{cases}$$

의 해로써 나타낸다고 할 때

(a) $p(t)=Ce^{kt}$가 $\dfrac{dp}{dt}=kp$의 일반해임을 보이고 초기조건을 만족하는 C를 구하라.

(b) 인구가 6년 후에 세 배가 되었다면 k의 값은 무엇인가?

2. 방사선 등위원소(isotope)의 양이 현재의 양에 비례하여 분해될 때 $p(t)=Ce^{kt}$는 미분방정식 $\dfrac{dp}{dt}=kp$의 해를 구함으로써 찾을 수 있다. 50일 후에 1000mg의 초기 양이 920mg으로 줄어들었을 때 $p(t)$를 구하라.

3. 봄방학 후에 두 학생이 감기에 걸려 등교했다. 그 학생들이 감기에 걸린 동안 학교에 계속 머물렀을 때 감기에 전염된 학생수 $p(t)$는 로지스틱 방정식(logistic equation)인 $p(t) = \dfrac{2500}{1 + 1249e^{-2500kt}}$의 해로 표현 된다. 2일 후에 25명이 감기에 걸렸다면 k의 값은 얼마인가?

4. 질량이 $m = 2\text{slugs}\left(\dfrac{\text{lb} - \text{s}}{\text{ft}}\right)$인 낙하물체는 순간속도가 두 배인 공기저항에 영향을 받는다. 물체가 초기속도가 없이 떨어졌을 때의 속도는 초기값 문제

$$\begin{cases} 2\dfrac{dv}{dt} = 64 - 2v \\ v(0) = 0 \end{cases}$$

의 해로 표현되고 방정식의 일반해는 $v(t) = 32 + ke^{-t}$로 구할 수 있다. 초기조건을 사용하여 k를 구하고 $t = 1$일 때의 물체의 속도를 구하라.

5. L-R-C 회로에서

$$E(t) = 0, \quad L = 0.2\,\text{henry},$$

$$R = 300\text{ohms}, \quad C = 10^{-5}\,\text{farad}$$

를 만족하는 전류 $i(t)$에 대한 미분방정식을 구하라.

2 1계 미분방정식

2.1 변수분리형 미분방정식

제 1 장에서는 $\frac{dy}{dx}= f(x)$ 형태의 미분방정식을 양변에 적분을 취함으로써 풀 수 있었다. 이 방정식은 $dy= f(x)dx$ 형태로 나타낼 수 있어서 x 와 y 를 포함하는 항을 양쪽으로 분리할 수 있었다. 변수를 분리하는 방법은 비슷한 형태의 문제를 푸는 데에 확장해서 사용될 수 있다.

| 정의 2 | 변수분리형 미분방정식

1계 미분방정식 $\frac{dy}{dx}=f(x, y)$가 $\frac{dy}{dx}=g(x)p(y)$의 형태로 나타날 때 이러한 미분방정식을 **변수분리형**이라 한다.

변수분리형 방정식을 풀기 위해서 먼저 방정식을 $h(y)= \frac{1}{p(y)}$라 할 때

$$h(y)\frac{dy}{dx}= g(x)$$

형태로 나타낸다. $H(y)$와 $G(x)$를 $h(y)$와 $g(x)$의 부정적분이라 하자. 즉 $H'(y)= h(y)$, $G'(x)= g(x)$라 하면 방정식은

$$H'(y)\frac{dy}{dx}= G'(x)$$

가 된다. 이제 $y(x)$를 방정식의 해라 하면

$$\frac{d}{dx}H((y(x))= \frac{d}{dx}G(x)$$

이고, $H(y(x))$와 $G(x)$는 같은 미분형태를 가지므로 두 함수의 차이는 상수가 된다. 즉 $H(y(x))= G(x)+ C$이고 이 형태는 해 $y(x)$를 음함수적으로 표현한 것이다.

변수분리형 방정식을 푸는 방법

과정 1 $h(y)\dfrac{dy}{dx}=g(x)$를 풀기 위하여 dx를 양변에 곱하여

$$h(y)\,dy=g(x)\,dx$$

형태를 얻는다.

과정 2 양변을 적분하여

$$\int h(y)\,dy=\int g(x)\,dx \Rightarrow H(y)=G(x)+C$$

인 해를 얻는다.

예제 1 다음 미분방정식이 변수분리형인지를 보이고 해를 구하라.

(a) $\dfrac{dy}{dx}=2y$

(b) $\dfrac{dy}{dx}=-\dfrac{x}{y}$

(c) $\dfrac{dy}{dx}=\dfrac{2y^{\frac{1}{2}}-2y}{x}$

풀이 (a) 이 방정식은

$$\frac{dy}{y}=2dx$$

로 쓸 수 있으므로 변수분리형이고 왼쪽항을 y에 대해서 그리고 오른쪽을 x에 대해서 적분하면

$$\ln|y|=2x+c_1 \qquad (c_1\text{은 상수})$$

를 얻는다. 이것을 y에 대해서 풀면

$$|y|=e^{2x+c_1}=e^{2x}e^{c_1} \text{ 또는 } y=\pm e^{2x}\cdot e^{c_1}$$

이다. 그런데 e^{c_1}은 c_1의 값에 관계 없이 양의 상수이므로 $k=\pm e^{c_1}$이라 하면

$$y=ke^{2x}$$

이고 k는 양이나 또는 음의 상수가 된다. 만일 $k=0$이면 $y=0$이고 이것은 변수를 분리하는 과정에서 y로 나눌 때 고려하지 못한 미분방정식의

해이다. 이 문제에서와 같이 변수를 분리할 때 **인자**(divisor)가 0이 되게 하는 함수는 미분방정식의 해가 될 수도 있다. 그러므로 이 문제에서와 같이 변수분리형 방법을 사용하여 해를 얻었을 때에는 구한 해를 미분방정식에 대입해 봄으로써 이러한 함수의 존재를 확인해야만 한다.

(b) 주어진 방정식은

$$xdx = -ydy$$

로 나타낼 수 있으므로 변수분리형이다. 그러므로 적분을 취하면

$$\frac{x^2}{2} = -\frac{y^2}{2} + c_1$$

이고 이것은 $x^2 + y^2 = 2c_1$이므로 $k = 2c_1$라 하면

$$x^2 + y^2 = k$$

인 해를 얻는다. 이것은 중심이 원점이고 반지름이 $\sqrt{k}$인 원을 나타내는 음적인 해이다.

(c) 주어진 미분방정식은

$$\frac{dy}{2y^{\frac{1}{2}} - 2y} = \frac{dx}{x}$$

로 나타낼 수 있으므로 변수분리형이고 이것의 양변을 적분하면

$$\int \frac{1}{2y^{\frac{1}{2}}} \frac{dy}{\left(1 - y^{\frac{1}{2}}\right)} = \int \frac{dx}{x} + c_1$$

이다. 왼쪽을 적분하기 위하여 $u = 1 - y^{\frac{1}{2}}$이라 하면

$du = -\dfrac{dy}{2y^{\frac{1}{2}}}$이므로

$$\int -\frac{du}{u} = \int \frac{dx}{x} + c_1$$

이고 이것을 적분하면

$$-\ln|u| = \ln|x| + c_1$$

을 얻는다. 이제 $\ln\frac{1}{|u|} = \ln|x| + c_1$을 간단히 하면

$$\frac{1}{|u|} = e^{\ln|x| + c_1} = C|x|\ ,\ (C = e^{c_1})$$

이 되어서

$$\frac{1}{\left|1 - y^{\frac{1}{2}}\right|} = C|x| \quad \text{또는} \quad x = \pm\frac{1}{C\left(1 - y^{\frac{1}{2}}\right)}$$

이 방정식의 구하는 해가 된다. 이 해가 정의되기 위해서는 $0 \leqq y < 1$ 또는 $y > 1$이어야 함을 유의해야 한다. ■

변수분리형 방정식은 다른 형태의 미분방정식과 같이 초기값 조건과 더불어 주어질 때가 많다. 이러한 초기값 문제가 주어졌을 때는 다음 과정에 따른다.

1. 변수분리형 방정식의 해법에 따라 미분방정식의 일반해를 구한다.
2. 초기조건을 사용하여 일반해에서의 미지의 상수를 결정한다.

예제 2 다음 초기값 문제를 풀어라.

(a) $\frac{dy}{dx} = e^{2x+y},\ y(0) = 0$

(b) $y\cos x dx - (1 + y^2)dy = 0,\ y(0) = -1$

풀이 (a) $\frac{dy}{dx} = e^{2x}e^{y}$이므로 $e^{-y}dy = e^{2x}dx$인 변수분리형 방정식이고 이것을 적분하면

$$-e^{-y} = \frac{e^{2x}}{2} + c_1$$

이므로 $e^{-y} = -\frac{e^{2x}}{2} - c_1$이다. 양변에 자연대수를 취하면

$$-y = \ln\left(-\frac{e^{2x}}{2} - c_1\right) \quad \text{또는} \quad y = -\ln\left(-\frac{e^{2x}}{2} - c_1\right)$$

의 일반해를 얻는다. 이제 c_1을 구하기 위해서 초기조건을 사용하면

$y(0)=0$로부터 $1=-\dfrac{1}{2}-c_1$이고 $c_1=-\dfrac{3}{2}$이므로 해는

$$y=-\ln\left(-\frac{e^{2x}}{2}+\frac{3}{2}\right)$$

이다(그림 2.1). 자연대수의 정의역은 $(0,+\infty)$이므로 위의 해는

$$3-e^{2x}>0\,,\ \text{즉}\ x<\frac{\ln 3}{2}\approx 0.5493$$

인 x에 대해서 정의된다.

(b) 이 방정식은 $\cos x\,dx=\dfrac{1+y^2}{y}dy$이므로 변수분리형이고 오른쪽항은 $\dfrac{1}{y}+\dfrac{y^2}{y}=\dfrac{1}{y}+y$로 쓸 수 있어서 적분하면

$$\sin x+c_1=\ln|y|+\frac{1}{2}y^2$$

이다. 초기조건 $y(0)=-1$을 이 방정식에 대입하면 $c_1=\dfrac{1}{2}$이므로 음적인 해는 $\sin x+\dfrac{1}{2}=\ln|y|+\dfrac{1}{2}y^2$이다.(그림 2.2) ■

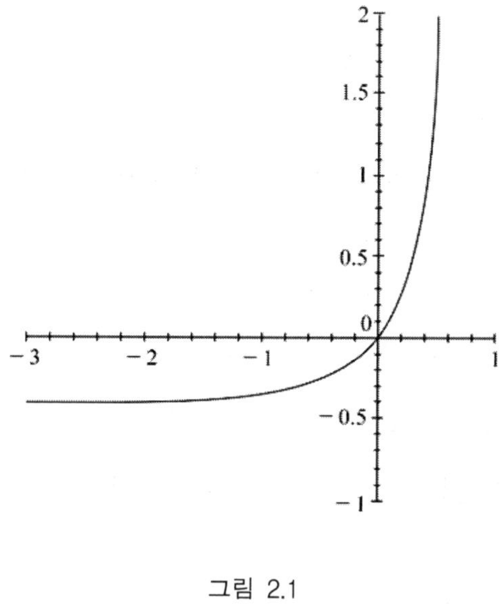

그림 2.1

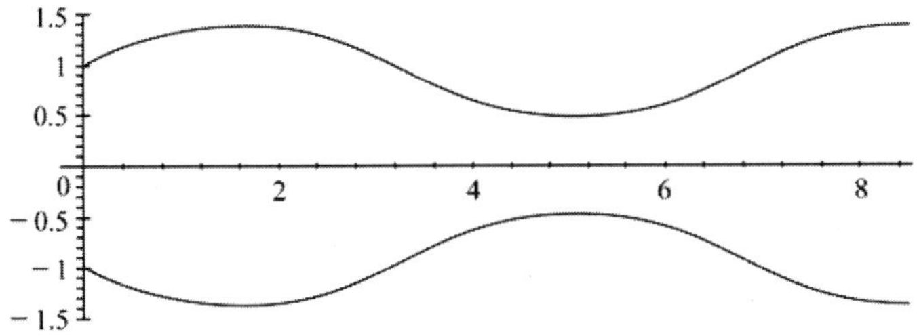

그림 2.2

연습문제 2.1

※ 다음 각 방정식을 풀어라.

1. $\dfrac{dy}{dx}=\dfrac{6x^2}{7y^3}$

2. $\dfrac{dy}{dx}=\dfrac{3y^7}{x^8}$

3. $(6+4x^3)dx+\left(5+\dfrac{9}{y^8}\right)dy=0$

4. $(x^2+2\sqrt{x})dx=-\dfrac{1}{2}y^{-\frac{5}{2}}dy$

5. $3\sin x\,dx-4\cos y\,dy=0$

6. $(5x^5-4\cos x)dx+(2\cos 9y+2\sin 7y)dy=0$

7. $(10+7e^{-3x})dx-(e^y-8y^3)dy=0$

8. $(3\sin x-\sin 3x)dx=(\cos 4y-4\cos y)dy$

9. $\left(2-\dfrac{5}{y^2}\right)dy+4\cos^2 x\,dx=0$

10. $\tan y\sec^2 y\,dy+\cos^3 2x\sin 2x\,dx=0$

11. $x\sin(x^2)\,dx=\dfrac{\cos\sqrt{y}}{\sqrt{y}}\,dy$

12. $\dfrac{\sqrt{\ln x}}{x}\,dx=\dfrac{e^{3/y}}{y^2}\,dy$

※ 다음 초기값 문제를 풀어라.

13. $\dfrac{dy}{dx} = x^3,\ y(0) = 4$

14. $dx = \cos x\, dy,\ y(0) = 2$

15. $\dfrac{dy}{dx} = \dfrac{\sqrt{x}}{y},\ y(0) = 2$

16. $\dfrac{dy}{dx} = \dfrac{e^x}{y+1},\ y(0) = -2$

17. $\dfrac{dy}{dx} = \dfrac{y}{\ln y},\ y(0) = e$

18. $\dfrac{dy}{dx} = \dfrac{1}{1+x^2},\ y(0) = 1$

19. 점(0,0)을 지나고 곡선 위의 점$(x,\ y)$에서 접선의 기울기가 $-\dfrac{y-2}{x-2}$인 곡선의 방정식을 구하라.

2.2 완전미분방정식

1계 미분방정식 $\frac{dy}{dx} = f(x, y)$는 $M(x, y)dx + N(x, y)dy = 0$로 표현할 수 있는데 이것을 풀기 위해서는 식의 왼쪽이 완전 미분형태인가를 알아야 한다. 두 변수함수 $F(x, y)$의 **전미분**(total differential)을

$$dF(x, y) := \frac{\partial F}{\partial x}(x, y)dx + \frac{\partial F}{\partial y}(x, y)dy$$

와 같이 정의하자.

| 정의 2 | 완전미분방정식

함수 $F(x, y)$가 사각형 모양의 영역 R에서 정의되고

$$\frac{\partial F}{\partial x}(x, y) = M(x, y) \text{와 } \frac{\partial F}{\partial y}(x, y) = N(x, y)$$

를 만족할 때 $M(x, y)dx + N(x, y)dy$를 R에서의 **완전미분형태**라고 한다. 즉 $F(x, y)$의 전미분이

$$dF(x, y) = M(x, y)dx + N(x, y)dy$$

를 만족할 때를 말한다. 또한 $M(x, y)dx + N(x, y)dy$가 완전미분형태일 때, 방정식

$$M(x, y)dx + N(x, y)dy = 0$$

를 **완전미분방정식**이라 한다.

완전미분방정식을 푼다는 것은 위에서 함수 $F(x, y)$를 찾는 문제와 같다고 할 수 있다. y가 어떤 구간 I에서 x의 함수라 하면 방정식

$$dF(x, y) = 0 \text{는 } x \in I$$

에 대해서 $\frac{d}{dx}F(x, y(x)) = 0$와 같으므로

$$F(x, y(x)) = C$$

이다. 즉 $dF(x, y) = 0$의 해는 $F(x, y) = C$로 주어진다.

다음 정리는 주어진 방정식이 완전미분방정식인가를 확인할 수 있는 판별법을 나타낸 것이다.

정리 1 완전미분방정식

$M(x, y)$와 $N(x, y)$가 사각형인 영역 R에서 연속인 1계 편미분을 가질 때, $M(x, y)dx + N(x, y)dy = 0$이 완전미분방정식이기 위한 필요충분조건은 모든 $(x, y) \in R$에 대해서

$$\frac{\partial M}{\partial y}(x, y) = \frac{\partial N}{\partial x}(x, y)$$

를 만족하는 것이다.

증명 여기서는 필요조건에 대한 증명만을 하기로 한다. 충분조건에 관한 증명은 완전미분방정식을 푸는 과정을 참고하면 된다.

$M dx + N dy = 0$가 완전미분형태라 하면

$$\frac{\partial F}{\partial x}(x, y) = M(x, y) \text{와 } \frac{\partial F}{\partial y}(x, y) = N(x, y)$$

를 만족하는 함수 $F(x, y)$가 존재한다. $\frac{\partial M}{\partial y}$와 $\frac{\partial N}{\partial x}$을 찾기 위해서 위의 방정식을 이용하면

$$\frac{\partial M}{\partial y}(x, y) = \frac{\partial^2 F}{\partial y\, \partial x}(x, y) \text{와 } \frac{\partial N}{\partial x}(x, y) = \frac{\partial^2 F}{\partial x\, \partial y}(x, y)$$

를 얻는다. 여기서 M과 N의 1계 편미분이 R에서 연속이므로 F의 2계 편미분도 연속이다. 그러므로 R에서

$$\frac{\partial M}{\partial y} = \frac{\partial^2 F}{\partial y\, \partial x} = \frac{\partial^2 F}{\partial x\, \partial y} = \frac{\partial N}{\partial x}$$

이다. ■

예제 1 (a) 방정식 $2xy^3dx + (1+3x^2y^2)dy = 0$이 완전미분방정식임을 보이고 (b) $x^2ydx + 5xy^2dy = 0$가 완전미분방정식이 아님을 보여라.

풀이 (a) $\frac{\partial}{\partial y}(2xy^3) = 6xy^2 = \frac{\partial}{\partial x}(1+3x^2y^2)$이므로 주어진 방정식은 완전미분

방정식이다.

(b) $\dfrac{\partial}{\partial y}(x^2y)= x^2 \neq 5y^2 = \dfrac{\partial}{\partial x}(5xy^2)$이므로 주어진 방정식은 완전미분방정식이 아니다. ■

위의 정리에 따라 주어진 방정식이 변수분리형이 아니면 $\dfrac{\partial M}{\partial y}$과 $\dfrac{\partial N}{\partial x}$을 계산하여 $\dfrac{\partial M}{\partial y}=\dfrac{\partial N}{\partial x}$를 만족하는지를 먼저 확인하여 완전미분방정식인지를 판단한다. 다음에 그 과정을 요약한다.

완전미분방정식을 푸는 방법

과정 1 $M\,dx + N\,dy= 0$가 완전미분형식이면 $\dfrac{\partial F}{\partial x}= M$이라 하고 x에 관해서 적분하면 $F(x, y) = \int M(x, y)\,dx + g(y)$를 얻는다.

과정 2 $g(y)$를 구하기 위해서 과정1에서의 $F(x, y)$식의 양변에 y에 대한 편미분을 구하고 $\dfrac{\partial F}{\partial y} = N$을 사용하여 $g'(y)$를 찾는다.

과정 3 $g'(y)$를 적분하여 $g(y)$를 구한 후 과정1의 $g(y)$를 구한 함수로 치환한다.

과정 4 $M\,dx + N\,dy = 0$의 해는 $F(x, y)= C$로 주어진다.

(주: 과정 1에서 $\dfrac{\partial F}{\partial y} = N$이라 하고 y에 대해서 적분하여 $F(x, y)$를 구할 수도 있다.)

예제 2 $(\sin y + y\cos x)dx + (\sin x + x\cos y)dy= 0$의 일반해를 구하라.

풀이 $\dfrac{\partial}{\partial y}(\sin y + y\cos x)= \cos y + \cos x = \dfrac{\partial}{\partial x}(\sin x + x\cos y)$이므로 주어진 방정식은 완전미분형태이다. 이제 어떤 함수 $f(x, y)$가

$\dfrac{\partial f}{\partial x}= \sin y + y\cos x$와 $\dfrac{\partial f}{\partial y} = \sin x + x\cos y$를 만족한다고 하자.

$\dfrac{\partial f}{\partial x}= \sin y + y\cos x$를 x에 대해서 적분하면

$$\int(\sin y + y\cos x)dx = x\sin y + y\sin x + g(y)$$

이고 $g(y)$는 y에 대한 임의의 함수인데 x에 대한 y의 함수의 미분은 0이므로 이러한 형태로 상수항이 나타나게 된다. 그러므로

$$f(x, y) = x\sin y + y\sin x + g(y)$$

이고 이것을 y에 대해서 미분하면

$$\frac{\partial f}{\partial y} = \sin x + x\cos y + g'(y)$$

이므로 $\sin x + x\cos y + g'(y) = \sin x + x\cos y$로부터
$g'(y) = 0$를 얻고 결국 어떤 상수 k에 대해서 $g(y) = k$이다. 그러므로
$f(x,y) = x\sin y + y\sin x + k$가 되어서 음적인 해
$x\sin y + y\sin x + k = c_1$ 또는 $x\sin y + y\sin x = C$
$(C = c_1 - k)$를 얻는다. ■

예제 3 $\begin{cases} 2x\sin y\,dx + (x^2\cos y - 1)dy = 0 \\ y(0) = \dfrac{1}{2} \end{cases}$ 인 초기값 문제의 해를 구하라.

풀이 $\dfrac{\partial}{\partial y}(2x\sin y) = 2x\cos y = \dfrac{\partial}{\partial x}(x^2\cos y - 1)$이므로 주어진 식은 완전미분방정식이다.

$f(x, y)$가 $\dfrac{\partial f}{\partial x} = 2x\sin y$이고 $\dfrac{\partial f}{\partial y} = x^2\cos y - 1$를 만족하는 함수라 하자.

$\dfrac{\partial f}{\partial x}$를 x에 대해서 적분하면

$$f(x, y) = \int 2x\sin y\,dx = x^2\sin y + g(y)$$

이고, 또 $\dfrac{\partial f}{\partial y} = x^2\cos y - 1$이므로 $f(x, y) = x^2\sin y + g(y)$를 y에 대해서 미분하여 비교하면 $\dfrac{\partial f}{\partial y} = x^2\cos y + g'(y)$에서

$$x^2\cos y - 1 = x^2\cos y + g'(y)$$

이므로 $g'(y) = -1$이다. 즉 $g(y) = -y + c_1$이고 $f(x, y) = x^2 \sin y - y + c_1$이므로 일반해는

$$x^2 \sin y - y + c_1 = C$$

가 된다. 이것은 $k = C - c_1$일 때

$$x^2 \sin y - y = k$$

로 쓸 수 있고 여기에 초기조건 $y(0) = \frac{1}{2}$를 대입하면 $0^2 \sin\left(\frac{1}{2}\right) - \frac{1}{2} = k$이므로 $k = -\frac{1}{2}$이 되어서

$$x^2 \sin y - y = -\frac{1}{2}$$

인 해를 얻는다. ■

예제 4 $\left(e^{\frac{y}{x}} - \frac{y}{x}e^{\frac{y}{x}} + \frac{1}{1+x^2}\right)dx + e^{\frac{y}{x}}dy = 0$의 일반해를 구하라.

풀이 $\frac{\partial}{\partial y}\left(e^{\frac{y}{x}} - \frac{y}{x}e^{\frac{y}{x}} + \frac{1}{1+x^2}\right) = -\frac{y}{x^2}e^{\frac{y}{x}} = \frac{\partial}{\partial x}\left(e^{\frac{y}{x}}\right)$

이므로 주어진 방정식은 완전미분형태이다. $f(x, y)$가

$$\frac{\partial f}{\partial x} = e^{\frac{y}{x}} - \frac{y}{x}e^{\frac{y}{x}} + \frac{1}{1+x^2} \text{ 과 } \frac{\partial f}{\partial y} = e^{\frac{y}{x}}$$

를 만족하는 함수일 때 $\frac{\partial f}{\partial y}$를 y에 대해서 적분하면

$$f(x,y) = \int e^{\frac{y}{x}}dy = \frac{1}{\frac{1}{x}}e^{\frac{y}{x}} + g(x) = xe^{\frac{y}{x}} + g(x)$$

를 얻는다. 이것을 x에 대해서 미분하면

$$\frac{\partial f}{\partial x} = e^{\frac{y}{x}} + x\left(-\frac{y}{x^2}e^{\frac{y}{x}}\right) + g'(x) = e^{\frac{y}{x}} - \frac{y}{x}e^{\frac{y}{x}} + g'(x)$$

이므로 $\frac{\partial f}{\partial x} = e^{\frac{y}{x}} - \frac{y}{x}e^{\frac{y}{x}} + \frac{1}{1+x^2}$와 비교하면

$g'(x) = \frac{1}{1+x^2}$이고 $g(x) = \tan^{-1}x$이므로 함수

$f(x,y) = xe^{\frac{y}{x}} + \tan^{-1}x$를 얻는다. 그러므로 일반해는

$xe^{\frac{y}{x}} + \tan^{-1}x = c$이다. ■

연습문제 2.2

※ 다음 각 방정식을 풀어라.

1. $3x^2\,dx - dy = 0$
2. $y^2\,dx + 2xy\,dy = 0$
3. $(2x + y^3)dx + (3xy^2 + 4)dy = 0$
4. $2xy\,dx + (x^2 + y^2)\,dy = 0$
5. $\sin^2 y\,dx + x\sin 2y\,dy = 0$
6. $\frac{y+y^2}{(y-x)^2}dx - \frac{x+x^2}{(x-y)^2}dy = 0$
7. $-2xy^2\sin(x^2)\,dx + 2y\cos(x^2)\,dy = 0$
8. $(1 + y^2\cos(xy))dx + (xy\cos(xy) + \sin(xy))dy = 0$
9. $((3+x)\cos(x+y) + \sin(x+y))dx + (3+x)\cos(x+y)dy = 0$
10. $2xy^2\,dx + 2x^2y\,dy = 0$, $y(1) = 1$
11. $(2xy + 3x^2)\,dx + (x^2 - 1)\,dy = 0$, $y(0) = 1$
12. $(e^y - 2xy)dx + (xe^y - x^2)dy = 0$, $y(0) = 0$

2.3 선형미분방정식

1계 선형미분방정식은 실제 응용문제에서 많이 접할 수 있는데, I가 x의 어떤 구간일 때

$$a_1(x)\frac{dy}{dx}+a_0(x)y=f(x),\ \ a_{1(x)}\neq 0,\ \ x\in I$$

형태의 미분방정식을 말한다. 이 방정식은

$$\frac{dy}{dx}+p(x)y=q(x)$$

형태로 쓸 수 있으며 이것을 표준형이라 부른다.

이 방정식이 완전미분방정식이 아닐 때 이 선형방정식

$$\frac{dy}{dx}+p(x)y=q(x)$$

에 적당한 함수 $\mu(x, y)$를 양변에 곱해줌으로써 완전미분방정식으로 변환하여 보자. 먼저 1계 선형미분방정식을 미분 형태로 다시 쓰면

$$dy+(p(x)y-q(x))dx=0$$

인데 $\mu(x, y)$를 가능한 한 가장 간단한 함수를 취하기 위해서 $\mu(x, y)$를 x만의 함수 또는 y만의 함수라 하자. μ를 x만의 함수라 하고 $\mu(x)$를 곱하면

$$\mu(x)dy+\mu(x)(p(x)y-q(x))dx=0$$

은 완전미분방정식이므로

$$\frac{\partial\mu}{\partial x}=\frac{\partial}{\partial y}[\mu(x)(p(x)y-q(x))]$$

를 만족한다. 여기서 μ, p, q는 모두 x만의 함수이므로

$$\frac{\partial}{\partial y}[\mu(x)p(x)y]=\mu(x)p(x)\frac{\partial}{\partial y}[y]=\mu(x)p(x)$$

이고 $\frac{\partial}{\partial y}[q(x)]=0$이어서 방정식은

$$\mu'(x)=\mu(x)p(x)\quad \text{또는}\quad \frac{d\mu(x)}{dx}=\mu(x)p(x)$$

이며 이것은 변수분리형방정식임을 알 수 있다. 이 방정식을 μ에 대해서 풀면

$$\mu(x) = e^{\int p(x)dx}$$

를 얻는다. 즉 $\mu(x) = e^{\int p(x)dx}$를 $\frac{dy}{dx} + p(x)y = q(x)$에 곱하면 완전미분방정식

$$e^{\int p(x)dx}\frac{dy}{dx} + e^{\int p(x)dx}p(x)y = e^{\int p(x)dx}q(x)$$

을 얻는다. 이와 같이 완전미분방정식이 아닌 방정식에 곱해져서 원래의 방정식을 완전미분방정식으로 만들어 주는 함수를 적분인자라고 하는데 여기서는 $\mu(x) = e^{\int p(x)dx}$가 선형방정식의 적분인자가 된다. 이제 방정식을 풀기 위해서

$$\frac{d}{dx}\left(e^{\int p(x)dx} \cdot y\right) = e^{\int p(x)dx}\frac{dy}{dx} + e^{\int p(x)dx}p(x)y$$

를 이용하여 다시 쓰면

$$\frac{d}{dx}\left(e^{\int p(x)dx} \cdot y\right) = e^{\int p(x)dx} \cdot q(x)$$

가 되고 이것은 x에 대해서 적분하면

$$e^{\int p(x)dx}y = \int e^{\int p(x)dx}q(x)dx + C$$

가 되어서 $e^{\int p(x)dx}$로 양변을 나누어 주면 일반해

$$\begin{aligned} y &= \frac{\int e^{\int p(x)dx} \cdot q(x)dx + C}{e^{\int p(x)dx}} \\ &= e^{-\int p(x)dx}\int e^{\int p(x)dx}q(x)dx + Ce^{-\int p(x)dx} \end{aligned}$$

를 얻는다.

선형미분방정식을 푸는 방법

과정 1 방정식을 표준형으로 나타낸다.

$$\frac{dy}{dx} + p(x)y = q(x)$$

과정 2 적분인자 $\mu(x)$를 찾는다.

$$\mu(x) = e^{\int p(x)\,dx}$$

과정 3 표준형에 $\mu(x)$를 곱하여 다음 형태를 얻는다.

$$\mu(x)\frac{dy}{dx} + p(x)\mu(x)y = \mu(x)q(x)$$
$$\Leftrightarrow \frac{d}{dx}(\mu(x)y) = \mu(x)q(x)$$

과정 4 양변을 적분한 후 $\mu(x)$로 나누어 다음의 해를 얻는다.

$$y = \mu(x)^{-1}\left(\int \mu(x)q(x)\,dx + C\right)$$

예제 1 $x\dfrac{dy}{dx} + y = x\sin x$의 일반해를 구하라.

풀이 주어진 방정식을 표준형으로 다시 쓰면 $\dfrac{dy}{dx} + \dfrac{1}{x}y = \sin x$가 되므로 $p(x) = \dfrac{1}{x}$이고 $q(x) = \sin x$이다. 그러므로 적분인자는

$$\mu(x) = e^{\int \frac{1}{x}dx} = e^{\ln|x|} = x, \ (x > 0)$$

이고 $\dfrac{d}{dx}(xy) = x\dfrac{dy}{dx} + y = x\sin x$이므로 $xy = \displaystyle\int x\sin x\,dx$를 얻고 부분적분을 이용하면

$$xy = \int x\sin x\,dx = -x\cos x + \int \cos x\,dx = -x\cos x + \sin x + C$$

이다. 그러므로 주어진 방정식의 일반해는

$$y = \frac{-x\cos x + \sin x + C}{x}, \ x > 0$$

이다. 위의 예에서 $x < 0$에 대해서 해를 구하기 위해서는

$$\mu = e^{\int \frac{1}{x}dx} = e^{\ln|x|} = -x$$

로 취하면 된다. ■

예제 2 $\dfrac{dy}{dx}-\dfrac{4x}{x^2+1}y=(1+x^2)^3e^x$의 일반해를 구하라.

풀이 주어진 방정식은 이미 표준형이므로 $p(x)=-\dfrac{4x}{x^2+1}$이고 적분인자는

$$\mu(x)=e^{-\int\frac{4x}{x^2+1}dx}=e^{-2\ln(x^2+1)}=(x^2+1)^{-2}=\frac{1}{(x^2+1)^2}$$

이며 $\dfrac{d}{dx}[\mu(x)y]=\mu(x)(1+x^2)^3e^x$로부터 오른쪽항을 부분적분을 이용하여 적분하면

$$\begin{aligned}\int\mu(x)(1+x^2)^3e^x dx &= \int\frac{1}{(1+x^2)^2}(1+x^2)^3e^x dx\\ &= \int(1+x^2)e^x dx\\ &= (1+x^2)e^x-2\int xe^x dx\\ &= (1+x^2)e^x-2xe^x+2e^x+C\\ &= (x^2-2x+3)e^x+C\end{aligned}$$

이므로 주어진 방정식의 일반해는

$$y(x)=(x^2+1)^2[(x^2-2x+3)e^x+C]$$

이다. ■

예제 3 초기값 문제 $\begin{cases}\dfrac{dy}{dx}+5x^4y=x^4\\ y(0)=-7\end{cases}$ 의 해를 구하라.

풀이 주어진 방정식은 표준형이고 $p(x)=5x^4$이므로 적분인자는

$$\mu(x)=e^{\int 5x^4dx}=e^{x^5}$$

이고 $d(e^{x^5}y)=x^4e^{x^5}$의 양변을 적분하면 $e^{x^5}y=\dfrac{1}{5}e^{x^5}+C$이고, 일반해는

$y=\frac{1}{5}+Ce^{-x^5}$이다. 일반해에서의 미지의 상수 C를 구하기 위해서 초기값 조건 $y(0)=-7$을 사용하면 $-7=\frac{1}{5}+C$에서 $C=-\frac{36}{5}$을 얻으므로 주어진 초기값 문제의 해는 $y=\frac{1}{5}-\frac{36}{5}e^{-x^5}$이다. ■

연습문제 2.3

※ 다음 각 방정식을 풀어라.

1. $\frac{dy}{dx}+\frac{1}{x}y=x$
2. $\frac{dy}{dx}+\frac{1}{x}y=e^x$
3. $\frac{dy}{dx}-\frac{2x}{1+x^2}y=2x$
4. $dy=\left(2x+\frac{xy}{x^2-1}\right)dx$
5. $\frac{dy}{dx}-y\tan x=e^{-2x}$
6. $\frac{dy}{dx}-\frac{3x}{x^2-4}y=x^2$
7. $\frac{dy}{dx}-\frac{4x}{4x^2-9}y=x^3$
8. $\frac{dy}{dx}-\frac{9x}{9x^2+49}y=x$
9. $\frac{dy}{dx}+xy=x^3$
10. $\frac{dy}{dx}=\frac{1}{y^2+x}$
11. $y\,dx-(x+3y^2)\,dy=0$
12. $\frac{dp}{dt}=t^3+\frac{p}{t}$
13. $\frac{dy}{dx}-y=4e^x$, $y(0)=4$
14. $\frac{dy}{dx}+3x^2y=e^{-x^3}$, $y(0)=2$
15. $\frac{dy}{dx}+\frac{y}{x}=\frac{\cos x}{x}$, $y\left(\frac{\pi}{2}\right)=\frac{4}{\pi}$, $x>0$
16. $\frac{dy}{dx}+\frac{e^x}{e^x+1}y=\frac{x}{e^x+1}$, $y(0)=1$
17. $\frac{dx}{dt}=x+t+1$, $x(0)=2$

2.4 동차미분방정식

| 정의 1 | 동차미분방정식

1계 미분방정식 $M(x, y)dx + N(x, y)dy = 0$에서 M, N이

$$M(tx, ty) = t^n M(x, y) \text{과 } N(tx, ty) = t^n N(x, y)$$

를 만족할 때 주어진 미분방정식을 n차(degree)의 **동차미분방정식**이라 한다.

예제 1 방정식 $(x^2 + yx)dx - y^2 dy = 0$는 동차미분방정식임을 보여라.

풀이 $M(x, y) = x^2 + yx,\ N(x, y) = -y^2$라 하면 주어진 방정식은

$$M(tx, ty) = (tx)^2 + (ty)(tx) = t^2(x^2 + yx) = t^2 M(x, y)$$

이고 $N(tx, ty) = -t^2y^2 = t^2 N(x, y)$이므로 2 차의 동차방정식이다. ■

동차방정식은 치환

$$y = ux \quad \text{또는} \quad x = vy$$

에 의해서 변수분리형방정식으로 변환될 수 있다. $N(x, y)$가 $M(x, y)$보다 덜 복잡한 표현이면 $y = ux$로 치환하고 $M(x, y)$가 $N(x, y)$보다 간단한 표현이면 $x = vy$로 치환하는 것이 좋다. 치환 후에 풀기 어려운 적분이 생기면 다른 치환을 시도하는 것이 좋다.

예제 2 $(x^2 - y^2)dx + xy\,dy = 0$의 해를 구하라.

풀이 주어진 방정식이 2 차의 동차미분방정식임을 쉽게 알 수 있으며 $N(x, y) = xy$가 $M(x, y) = x^2 - y^2$보다 간단한 표현이므로 $y = ux$의 치환을 사용해 보도록 한다.

이 때 $dy = udx + xdu$이므로 $(x^2 - y^2)dx + xydy = 0$는

$$(x^2-(ux)^2)dx+x(ux)(udx+xdu)=0$$
$$(x^2-u^2x^2)dx+x^2u(udx+xdu)=0$$
$$x^2dx-u^2x^2dx+u^2x^2dx+ux^3du=0$$
$$x^2dx+x^3udu=0$$

로 간단히 된다. 이것은 $\frac{1}{x}dx=-udu$의 변수분리형으로 쓸 수 있고 양변을 적분하면 $\ln|x|=-\frac{1}{2}u^2+C$가 되며 여기에 $u=\frac{y}{x}$를 다시 대입하면

$$\ln|x|=-\frac{1}{2}\left(\frac{y}{x}\right)^2+C \text{ 또는 } x=ke^{-\frac{y^2}{(2x^2)}}(k=\pm e^C)$$

이다. 이 문제에서는 $x=vy$의 치환으로도 같은 결과를 얻을 수 있다. $x=vy$라 하면 $dx=vdy+ydv$이므로

$$\begin{aligned}0&=(x^2-y^2)dx+xydy\\&=(v^2y^2-y^2)(vdy+ydv)+vyydy\\&=v^3y^2dy-y^2vdy+v^2y^3dv-y^3dv+vy^2dy\\&=(v^3y^2-y^2v+vy^2)dy+(v^2y^3-y^3)dv\\&=y^2v^3dy+y^3(v^2-1)dv\end{aligned}$$

이고 이것은 변수분리형인 $\frac{dy}{y}=\frac{(1-v^2)}{v^3}dv=\left(\frac{1}{v^3}-\frac{1}{v}\right)dv$로 쓸 수 있으므로 적분하면 $\ln|y|=-\frac{1}{2v^2}-\ln|v|+c_1$이 되어서 간단히 하면 $\ln|vy|=-\frac{1}{2v^2}+c_1$이어서

$$vy=Ce^{-\frac{1}{2v^2}},\quad (C=\pm e^{c_1})$$

이고, 다시 $v=\frac{x}{y}$를 대입하면 일반해 $x=Ce^{-\frac{y^2}{2x^2}}$를 얻는다. ■

예제 3 초기값 문제 $\begin{cases} (x^2 e^{\frac{y}{x}} - y^2)dx + xydy = 0 \\ y(1) = 0 \end{cases}$ 을 풀어라.

풀이 $M(x, y) = x^2 e^{\frac{y}{x}} - y^2$, $N(x, y) = xy$라 하면

$$M(tx, ty) = (tx)^2 e^{\frac{ty}{tx}} - (ty)^2 = t^2 (x^2 e^{\frac{y}{x}} - y^2) = t^2 M(x, y)$$

이고 $N(tx, ty) = (tx)(ty) = t^2 xy = t^2 N(x, y)$이므로 2 차의 동차미분방정식이다. $y = ux$로 치환하면 $dy = udx + xdu$이므로 방정식에 대입하면

$$\left(x^2 e^{\frac{ux}{x}} - (ux)^2\right)dx + x(ux)(udx + xdu) = 0$$

이고 변수분리형 방정식

$$x^2 (e^u - u^2)du + x^2 u^2 dx + x^3 udu = 0$$

$$x^2 e^u dx + x^3 udu = 0$$

$$ue^{-u} du = -\frac{1}{x}dx$$

를 얻는다. 부분적분을 사용하여 적분하면

$$ue^{-u} + e^{-u} = \ln|x| + C$$

이고 $u = \frac{y}{x}$를 다시 대입하면 일반해 $\left(1 + \frac{y}{x}\right)e^{-\frac{y}{x}} = \ln|x| + C$를 얻는다. 이제 초기조건 $y(1) = 0$을 만족하는 상수 C를 구하기 위해서 $x = 1$, $y = 0$을 일반해에 대입하면 $1 = 0 + C$이므로 $C = 1$을 얻는다. 그러므로 초기값 문제의 해는

$$\left(1 + \frac{y}{x}\right)e^{-\frac{y}{x}} = \ln|x| + 1$$

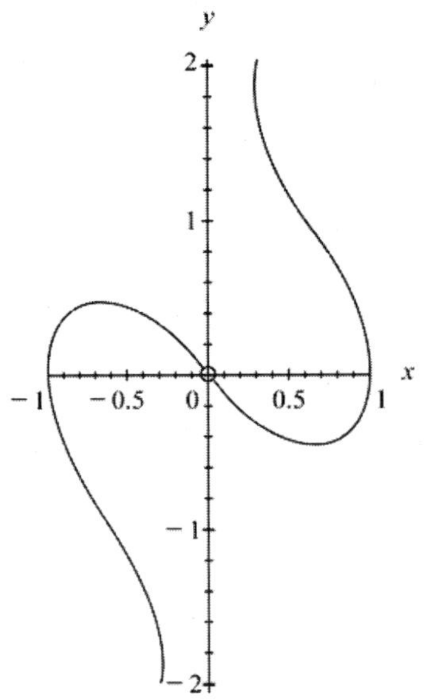

그림 2.3

이 된다.(그림 2.3) ■

정의 1을 사용하지 않고도 주어진 방정식이 동차미분방정식인지를 결정하는 다른 방법을 살펴보자. 주어진 방정식이 n차의 동차방정식이라 하면 정의 1 에 의해서

$$M(x,\ y) = M\left(x,\ x\frac{y}{x}\right) = x^n\ M\left(1,\ \frac{y}{x}\right)$$

이고

$$N(x,\ y) = N\left(x,\ x\frac{y}{x}\right) = x^n\ N\left(1,\ \frac{y}{x}\right)$$

이므로

$$\frac{dy}{dx} = -\ \frac{M(x,\ y)}{N(x,\ y)} = -\ \frac{x^n\ M\left(1,\ \frac{y}{x}\right)}{x^n\ N\left(1,\ \frac{y}{x}\right)} = G\left(\frac{y}{x}\right)$$

가 되어서 $\frac{dy}{dx}$는 $\frac{y}{x}$만의 함수로 표현되므로 이러한 방정식을 동차방정식이라 부르기도 한다. 예를 들어 방정식 $(x-y)dx+xdy=0$을 생각해 보자. 이 방정식은

$$\frac{dy}{dx}=\frac{y-x}{x}=\frac{y}{x}-1$$

로 나타낼 수 있으므로 $\frac{dy}{dx}=G\left(\frac{y}{x}\right)$의 형태라 할 수 있고, 주어진 방정식은 동차방정식이다.

반면에 $(x-2y+1)dx+(x-y)dy=0$은

$$\frac{dy}{dx}=\frac{x-2y+1}{y-x}=\frac{1-2\left(\frac{y}{x}\right)+\left(\frac{1}{x}\right)}{\left(\frac{y}{x}\right)-1}$$

이므로 분자의 $\frac{1}{x}$ 때문에 오른쪽 표현은 $\frac{y}{x}$만의 함수로 표현할 수 없다. 그러므로 이 방정식은 동차방정식이 아니다. 동차방정식을 풀기 위해서는 $v=\frac{y}{x}$로 치환하여 $\frac{dy}{dx}=G(v)$형태로 나타내고 $\frac{dy}{dx}$도 x와 v를 사용하여 다시 표현한다. 즉 $y=vx$이면 $\frac{dy}{dx}=v+x\frac{dv}{dx}$이므로 방정식 $\frac{dy}{dx}=G(v)$는 $v+x\frac{dv}{dx}=G(v)$이 되는데 이것은 변수분리형이므로

$$\int\frac{1}{G(v)-v}dv=\int\frac{1}{x}dx$$

를 계산함으로써 음적인 해를 얻을 수 있다.

예제 4 $(xy+y^2+x^2)dx-x^2dy=0$을 풀어라.

풀이 주어진 방정식은 변수분리형, 완전방정식, 그리고 선형방정식 중 그 어느 형태도 아님을 알 수 있다. 이제 주어진 방정식을

$$\frac{dy}{dx}=\frac{xy+y^2+x^2}{x^2}=\frac{y}{x}+\left(\frac{y}{x}\right)^2+1$$

로 바꾸면 오른쪽이 $\frac{y}{x}$의 함수이므로 동차미분방정식임을 알 수 있

다. $v=\dfrac{y}{x}$로 치환하면 $v+x\dfrac{dv}{dx}=v+v^2+1$이고 이것은 변수분리형 이므로 변수를 분리한 후 적분하면

$$\int \frac{1}{v^2+1}\,dv = \int \frac{1}{x}\,dx$$

이므로 $\tan^{-1}v = \ln|x|+C$이다. 그러므로
$v=\tan(\ln|x|+C)$이고

$$y = x\,\tan(\ln|x|+C)$$

가 주어진 방정식의 해이다. ■

연습문제 2.4

※ 다음의 동차방정식을 풀어라.

1. $2x\,dx+(y-3x)\,dy=0$
2. $(xy-y^2)\,dx+x(x-3y)\,dy=0$
3. $(x^3+y^3)\,dx-xy^2\,dy=0$
4. $(2y-3x)\,dx+x\,dy=0$
5. $(x^2+xy+y^2)\,dx-xy\,dy=0$
6. $\dfrac{dy}{dx}=\dfrac{x+4y}{4x+y}$
7. $(x-y)\,dx+x\,dy=0$
8. $y\,dx+(xy+y)\,dy=0$
9. $(2x^2-7xy+5y^2)\,dx+xy\,dy=0$
10. $y^2\,dx=(xy-4x^2)\,dy$
11. $(x^2-y^2)\,dy+(y^2+xy)\,dx=0$
12. $x(\ln x-\ln y)\,dy=y\,dx$
13. $\dfrac{dx}{dy}=\dfrac{2y}{x}e^{-\frac{x}{y}}+\dfrac{x}{y}$
14. $x\,dy-(y+\sqrt{x^2+y^2})\,dx=0$, $y(1)=0$
15. $y^4\,dx+(x^4-xy^3)\,dy=0$, $y(1)=2$

2.5 1계 미분방정식의 존재정리

초기값 문제와 경계값 문제에서 방정식의 해는 많을 수도 있고 전혀 없을 수도 있으며 유일하게 존재할 수도 있다. 이 절에서는 유일한 해를 갖는 초기값 문제의 형태에 대해서 다음의 존재정리를 증명없이 기술한다. 이 정리의 증명은 해석학 관련 책에서 찾을 수 있다.

| 정리 1 | 존재성과 유일성 정리

초기값 문제

$$\begin{cases} y' = f(x, y) \\ y(x_0) = y_0 \end{cases}$$

에서 함수 f와 $\dfrac{\partial f}{\partial y}$가 점 $(x_0,\ y_0)$를 포함하는 직사각형의 영역 $R = \{(x,\ y) \mid a < x < b,\ c < y < d\}$에서 연속이면 x_0를 중심으로 하는 구간 $|x - x_0| < h$에서 초기값 조건을 만족하는 미분방정식의 해가 유일하게 존재한다.

점 $(x_0,\ y_0)$를 포함하는 직사각형인 영역 $R = \{(x,\ y) \mid a < x < b,\ c < y < d\}$에서 $\dfrac{\partial f}{\partial y}$가 연속이라는 조건이 위의 정리에서 포함되지 않으면 주어진 초기값 문제는 적어도 하나의 해를 가지나 해의 유일성을 보장하지는 못한다.

예제 1 초기값 문제 $\begin{cases} \dfrac{dy}{dx} = \dfrac{x}{y} \\ y(0) = 0 \end{cases}$ 를 풀어라. 결과가 정리 1에 모순이 되는가?

풀이 주어진 방정식은 $y\,dy = x\,dx$로 쓸 수 있으므로 적분하면 $y^2 - x^2 = c$의 해의 군을 얻는다. 초기조건을 사용하면 $0^2 - 0^2 = c$이므로 $c = 0$가 되어서 $(0,\ 0)$을 지나는 해는 $y^2 - x^2 = 0$이다. 그러므로 주어진 방정식은 두 개의 해 $y = x$와 $y = -x$를 갖는다. 이렇게 초기값 문제를 만족하는 두 개의 해가 있는데 함수 $\frac{x}{y}$가 점 $(0, 0)$에서 연속이 아니므로 정리의 가정을 충족시키지 못하여 위의 정리에 모순이 아니다. ■

예제 2 초기값 문제 $\begin{cases} \frac{dy}{dx} = y \\ y(0) = 1 \end{cases}$ 이 유일한 해를 가짐을 보여라.

풀이 이 경우, $f(x, y) = y$, $x_0 = 0$, $y_0 = 1$이므로 f와 $\frac{\partial f}{\partial y}$ 모두 점 $(x_0, y_0) = (0, 1)$을 포함하는 모든 직사각형 영역에서 연속이다. 그러므로 위의 정리에 의해서 초기값 문제는 유일한 해를 갖는다. 한편 주어진 초기값 문제를 직접 풀어봄으로써 확인해 볼 수도 있다. 주어진 방정식은 $\frac{dy}{y} = dx$인 변수분리형이므로 일반해는 $y = ce^x$이고 초기조건 $y(0) = 1$을 만족하는 해는 $y = e^x$ 하나뿐이다. ■

존재성과 유일성의 정리는 초기값 문제가 유일한 해를 갖기 위한 충분조건을 제공할 뿐이며 필요조건은 아니다. 만일 초기값 문제가 정리의 가정을 만족하지 못할 때 유일한 해를 갖지 않는다고 결론지어서는 안 된다. 그러한 경우 문제에 따라 초기값 문제는 유일한 해를 가질 수도 있고 해가 없을 수도 있으며 무한히 많은 해를 가질 수도 있다.

예제 3 다음 초기값 문제의 해를 찾아라.

(a) $\begin{cases} \frac{dy}{dx} = \frac{x}{y^{2/3}} \\ y(0) = 0 \end{cases}$

(b) $\begin{cases} 2(xy^3 - x^5 y)dx + (x^6 - x^2 y^2)dy = 0 \\ y(0) = 0 \end{cases}$

풀이 존재성과 유일성 정리는 $\frac{x}{y^{2/3}}$과 $-\frac{2(xy^3 - x^5 y)}{x^6 - x^2 y^2}$ 모두 점 $(0, 0)$에서 불연속이므로 두 문제 모두에 대해서 근의 존재성을 보장하지 못한다.

(a) $\frac{dy}{dx} = \frac{x}{y^{2/3}}$은 변수분리형이고 해는 $\frac{3}{5}y^{5/3} = \frac{1}{2}x^2 + C_1$에서

$y=\left(\frac{5}{6}x^2+C\right)^{3/5}$ 이다. 초기조건을 사용하면 유일한 해 $y=\left(\frac{5}{6}\right)^{\frac{3}{5}}x^{\frac{6}{5}}$를 얻을 수 있다.

(b) 주어진 방정식을 $(x^4+y^2)^2$으로 나누면 완전미분방정식을 얻고 일반해는

$$x^2y = C(x^4+y^2)$$

이다. 초기조건을 사용하면 $0=0$가 되어서 임의의 어떤 값 C에 대해서 $x^2y=C(x^4+y^2)$은 주어진 초기값 문제의 해가 된다. 그러므로 무한히 많은 해가 존재하여서 초기값 문제의 해는 유일하지 않다. ■

연습문제 2.5

1. 존재성과 유일성의 정리가 다음 초기값 문제에 대한 해의 존재성과 유일성을 보장하는지 확인하여라.

   (a) $\frac{dy}{dx}+x^2=y^2,\ y(0)=0$

   (b) $\frac{dy}{dx}+x^2=y^{-2},\ y(0)=0$

   (c) $\frac{dy}{dx}=y+\frac{1}{1-x},\ y(1)=0$

2. $y=0$와 $y=x|x|$ 모두가 초기값 문제 $\frac{dy}{dx}=2\sqrt{|y|},\ y(0)=0$의 해임을 보여라. 이것은 존재성과 유일성 정리에 모순되는가?

3. 초기값 문제 $\frac{dy}{dx}=y\sqrt{x},\ y(1)=1$은 $x=1$을 포함하는 어떤 구간에서 유일한 해를 갖는지 조사하여라. 또 방정식을 직접 풀어서 결과를 확인하여라.

4. 초기값 문제 $y'=\sin y-\cos x,\ y(\pi)=0$는 $x=\pi$를 포함하는 어떤 구간에서 유일한 해를 갖는지 조사하라.

5. 존재성과 유일성의 정리를 사용하여 방정식 $\dfrac{dy}{dx} = \sqrt{y^2 - 1}$ 이 다음에 주어진 점을 지나는 유일한 해를 갖는지 확인하라.

(a) $(0,\ 2)$ (b) $(4,\ -1)$

(c) $\left(0,\ \dfrac{1}{2}\right)$ (d) $(2,\ 1)$

3 1계 미분방정식으로 표현되는 수학적 모델

3.1 모집단의 증가와 감소

모집단에 관계된 많은 응용문제는 1계 미분방정식을 사용해서 나타낼 수 있는데, 특히 박테리아 배양에서의 세포의 수, 어떤 나라의 인구 수, 화석에 남아 있는 방사선 물질의 양 등에 관한 문제가 대표적인 예이다.

맬서스 모델(Malthus Model)

시간 t에서의 모집단의 크기 $y(t)$의 변화률이 현재의 양에 비례한다고 하자. 이것은 1계 초기값 문제

$$\begin{cases} \dfrac{dy}{dt} = ky \\ y(0) = y_0 \end{cases}$$

로 나타낼 수 있는데 여기서 y_0는 초기 모집단의 크기를 나타낸다. 이 문제는 맬서스의 연구 업적에 따라 맬서스 모델로 알려져 있는데 $k>0$이면 모집단의 크기는 증가하고, $k>0$이면 모집단의 크기는 감소한다. 맬서스 모델을 임의의 k와 y_0에 대하여 풀어보면 $\dfrac{dy}{dt} = ky$는 $\dfrac{dy}{y} = k\,dt$로 쓸 수 있는데 적분하면

$$\int \frac{dy}{y} = \int k\,dt$$

$$\ln|y| = kt + c_1$$

$$y = ce^{kt} \ (c = e^{c_1})$$

을 얻는다. 여기서 모집단 y는 $y \geqq 0$이므로 $|y| = y$이다. c를 결정하기 위해서 초기조건을 사용하면 $y_0 = y(0) = ce^{k \cdot 0} = c$이고 위의 초기값 문제의 해는 $y = y_0 e^{kt}$이다.

예제 1 중성자(neutron)의 수가 다른 어떤 원소의 형태를 핵종(nuclides)이라 한다. 어떤 핵종은 안정적이지 못한데, 예를 들어 칼륨$-40(^{40}\mathrm{K})$는 자연적으로 아르곤$-40(^{40}\mathrm{Ar})$으로 감소한다. 어떤 핵종에서 일어나는 이러한 현상은 정확히 이해되지 못하다가 1896년 베크렐(Henri Becquerl, 1852-1908)이 발견하였는데 퀴리(Marie Curie, 1867-1934)가 1898년에 이러한 감소 현상을 연구하기 시작하여 방사선 작용

(radioactivity)이라 불렀으며 방사성 물질인 폴로늄과 라듐을 발견하였다. 마리 퀴리는 그녀의 남편인 삐에르 퀴리(Pierre Curie, 1859-1906), 그리고 베크렐과 함께 방사성 작용에 대한 업적으로 1903년에 노벨물리학상을 받았으며 폴로늄과 라듐에 대한 발견으로 1911년에 노벨화학상을 받았다. 충분히 큰 $^{40}\mathrm{K}$ 의 표본은 약 1.2×10^9년 후에 표본의 반이 $^{40}\mathrm{Ar}$ 로 감소되는데 핵종의 반감기는 주어진 표본이 감소하여 반으로 줄어드는 데 걸리는 시간이다. 핵종이 감소하는 비율은 주어진 핵종의 반감기가 상수이고 표본의 크기와 관계가 없기 때문에 현재의 양에 비례한다. 폴로늄 $^{209}\mathrm{Po}$ 의 반감기가 100년일 때 50년 후에 남는 $^{209}\mathrm{Po}$ 의 양은 초기의 양에 몇 %인가?

풀이 y_0를 $^{209}\mathrm{Po}$의 현재의 초기의 양이라 하면 t년 후의 양은 $y(t)=y_0 e^{kt}$가 된다. $y(100)=\frac{1}{2}y_0$와 $y(100)=y_0 e^{100k}$를 사용하면

$$y_0 e^{100k}=\frac{1}{2}y_0$$

이고, 이것을 e^k에 대하여 풀면

$$e^{100k}=\frac{1}{2},(e^k)^{100}=\frac{1}{2},e^k=\left(\frac{1}{2}\right)^{\frac{1}{100}}$$

이므로

$$y(t)=y_0 e^{kt}=y_0(e^k)^t=y_0\left(\frac{1}{2}\right)^{\frac{t}{100}}$$

가 된다. 그런데 $y(50)=y_0\left(\frac{1}{2}\right)^{\frac{50}{100}}\approx 0.7071y_0$ 이므로 50년 후에는 $^{209}\mathrm{Po}$ 의 초기의 양의 70.71%가 남는다. ■

예제 2 최근에 발견된 이집트의 석관(sarcophagus)의 표본이 탄소-14를 63% 함유하고 있음을 알게되었다. 탄소-14의 반감기가 5730년일 때 석관은 얼마나 오래되었는가?

풀이 $y(t)$를 t 년 후에 표본에 함유된 탄소-14의 %라 하면 $y(0)=1$이고 $y(t)=y_0 e^{kt}$로부터 $y(5730)=e^{5730k}=0.5$ 이므로 이것을 k에 대하여 풀

면

$$\ln(e^{5730k}) = \ln(0.5)$$

$$5730k = \ln(0.5)$$

$$k = \frac{\ln(0.5)}{5730} = \frac{-\ln 2}{5730}$$

을 얻는다. 그러므로 $y(t) = e^{kt} = e^{\frac{-\ln 2}{5730}t} = 2^{-\frac{t}{5730}}$이고 $y(t) = 0.63$을 만족하는 t의 값을 구해야 하므로

$$2^{-\frac{t}{5730}} = 0.63 = \frac{63}{100}$$

$$\ln(2^{-\frac{t}{5730}}) = \ln\frac{63}{100}$$

$$\frac{-t}{5730} ln2 = \ln\frac{63}{100}$$

$$t = \frac{-5730\ln\frac{63}{100}}{\ln 2} = \frac{5730(\ln 100 - \ln 63)}{\ln 2} \approx 3819.48$$

로부터 석관은 약 3819년 정도 된 것으로 생각할 수 있다. ■

모집단의 증가율이 현재의 모집단의 크기에 비례할 때 주어진 시간에서 모집단의 크기를 구하기 위해서 맬서스 모델을 이용할 수 있다.

예제 3 박테리아 배양기에서 세포의 수가 3일 후에 두 배로 늘어났다면 초기 세포수의 세 배로 증가하기 위해서는 며칠이 걸리겠는가?

풀이 $y(0) = y_0$라 하면 모집단의 크기는 $y(t) = y_0 e^{kt}$로 주어지고 $y(3) = 2y_0$이다. 이것을 $y(t) = y_0 e^{kt}$에 대입하면

$$y(3) = y_0 e^{3k} = 2y_0$$

이고 e^k에 대해서 풀면 $e^{3k} = 2$, $(e^k)^3 = 2$에서 $e^k = 2^{\frac{1}{3}}$이므로

$$y(t) = y_0 (e^k)^t = y_0 2^{\frac{1}{3}}$$

이다. $y(t) = y_0 2^{\frac{t}{3}} = 3y_0$를 t에 대해서 풀면 $2^{\frac{t}{3}} = 3$에서 $\frac{t}{3}\ln 2 = \ln 3$이므로 $t = \frac{3\ln 3}{\ln 2} \approx 4.755$일 후에 모집단의 크기는 세 배가 된다. ■

로지스틱(Logistic) 방정식

벨기에의 수학자 베르헐스트(Pierre Verhulst)가 처음으로 소개한 모집단의 증가모델 $y'(t) = (r - ay(t))y(t)$, (a, r는 상수)를 로지스틱 방정식(또는 베르헐스트 방정식)이라 한다. 로지스틱 방정식은 $(r - ay(t))$항이 상수가 아니라는 점에서 맬서스 모델과 구별되는데 이 방정식은

$$\frac{dy}{dt} = (r - ay)y = ry - ay^2$$

로 표현되고 여기서 $-y^2$은 증가를 억제하는 요소를 나타낸다.

이러한 가정 아래서 로지스틱 모델은 맬서스 모델과 달리 계속 증가하거나 일정하게 증가 또는 감소하지 않는다. 이러한 로지스틱 방정식은 변수분리형이므로 $\frac{dy}{dt} = (r - ay)y$를 $\frac{dy}{(r - ay)y} = dt$로 쓸 수 있고 이것을 부분분수형으로 고쳐 쓰면

$$\left(\frac{\frac{a}{r}}{r - ay} + \frac{\frac{1}{r}}{y}\right)dy = dt$$

$$\left(\frac{a}{r - ay} + \frac{1}{y}\right)dy = rdt$$

$$-\ln|r - ay| + \ln|y| = rt + c$$

를 얻는다. 이것을 log의 성질을 이용해서 y에 대해서 풀면

$$\ln\left|\frac{y}{r - ay}\right| = rt + c\,, \frac{y}{r - ay} = \pm e^{rt + c} = ke^{rt}\ (k = \pm e^c)$$

이고 $y = r\left(\frac{1}{k}e^{-rt} + a\right)^{-1}$을 얻는다. 이제 초기조건 $y(0) = y_0$를 사용하여 k에 대해서

풀면

$$\frac{y_0}{r - ay_0} = k$$

가 되어서 이것을 일반해에 대입해서 간단히 하면

$$y = \frac{ry_0}{ay_0 + (r - ay_0)e^{-rt}}$$

를 얻는다. 여기서 주목할 점은 $\lim_{t \to \infty} y(t) = \frac{r}{a}$ 인데 로지스틱 방정식의 일반해가 $t \to \infty$ 일 때 0이 아닌 유한한 값에 접근하는 반면에 맬서스 모델은 $t \to \infty$ 일 때 무한대 또는 0으로 접근한다는 사실이다.

연습문제 3.1

※ 다음 문제를 풀어라(특별한 가정이 없는 한 맬서스 모델을 이용하여 풀어라.)

1. 초기의 박테리아 수가 $n = 100$이라 하자. 박테리아의 수가 3 일마다 배로 늘어난다면 30일 후에는 박테리아의 수가 얼마나 되겠는가? 또 박테리아 수가 4250이 되려면 시간이 얼마나 걸리겠는가?

2. 어떤 물질의 반감기가 1000시간이라 하자. 이 물질이 초기에 100 g 이 있었다면 1 시간 후에는 얼마나 남겠는가? 또 500시간 후에는 얼마의 양이 남겠는가?

3. 어떤 화학 반응에서 화학물질 A가 현재의 A의 양에 비례하여 화학물질 B로 전환되고 있다. 화학물질 A의 양이 5 시간 후에 초기 양의 $\frac{1}{2}$이 남았다면 A의 초기 양의 $\frac{1}{6}$이 남으려면 얼마나 걸리겠는가? 또, 15시간 후에는 화학물질 A의 초기 양의 얼마가 남겠는가?

4. 어떤 방사능 물질이 10일 후에 800 g 이 남았고 15일 후에는 560 g 이 남았다면 이

물질의 반감기는 얼마인가?

5. 고고학 탐사에서 과학자들이 화석화된 사람뼈 근처에서 고대유물을 발견하였다. 유물과 화석의 탄소-14의 함유량이 현대의 샘플에 포함된 탄소-14의 양의 각각 65%와 60%라고 할 때 그 유물이 발견된 화석화된 사람과 같은 시대에 쓰여졌던 것인지를 판단하여라.

6. $r=\dfrac{1}{100}$, $a=\dfrac{1}{10^8}$이고 $y(0)=100,000$일 때 로지스틱 방정식을 풀어라. 또 $y(25)$를 구하여라. 인구의 극한(limiting population)은 얼마인가?

7. 2500명이 재학하는 고립된 지역의 캠퍼스에 학생 5명이 방학 후 감기가 걸려서 돌아왔다. 바이러스가 퍼지는 비율이 감기에 걸린 학생의 수 y에 비례할 뿐만 아니라 감염되지 않은 학생의 수 $2500-y$에도 동시에 비례한다고 하자. 25명의 학생이 1 일 후에 감기에 걸렸다고 할 때 t일 후에 감기에 걸린 학생의 수를 찾기 위해서 초기값 문제

$$\frac{dy}{dt}=ky(2500-y),\ y(0)=5$$

를 풀어라. 5일 후에는 얼마나 많은 학생이 감기에 걸려 있겠는가?

3.2 뉴턴의 냉각법칙

계 선형미분방정식은 온도에 관련된 여러 가지 문제를 푸는 데 이용할 수 있다. 예를 들어 검시관이 살인사건이 발생한 시간을 추정하거나 화학자가 플라스틱 혼합물이 식어서 굳는 데 필요한 시간을 예측하거나 기술자가 공장의 냉각설비를 설계하는 데 이용할 수 있다. 이러한 각 문제는 서로다른 성질의 문제이나 뉴턴의 냉각법칙이라는 기본법칙에 근거하여 미분방정식으로 모델링하여 해결할 수 있다.

뉴턴의 냉각법칙이란 식어가는 물체의 온도 $T(t)$의 변화율이 물체의 온도와 물체를 감싸고 있는 매개체의 고정된 온도 T_s의 차에 비례함을 말한다. 이러한 현상은 1계 초기값 문제

$$\frac{dT}{dt}=k(T-T_s),\ \ T(0)=T_0$$

로 표현할 수 있는데, T_0는 물체의 초기온도이고 k는 비례상수이다. 이 방정식은 변수분리형이므로 $\dfrac{dT}{T-T_S}=k\,dt$로 쓸 수 있고

$$\ln|T-T_s|=kt+C$$

로 된다. 이것을 자연 log의 성질을 이용하여 간단히 하면

$$T=C_1e^{kt}+T_s\,(C_1=e^c)$$

이고 초기값 조건을 사용하면

$$T_0=C_1+T_s$$

이므로 $C_1=T_0-T_s$가 되어서 방정식의 해는

$$T=(T_0-T_s)e^{kt}+T_s$$

이다. $k<0$이면 $\lim\limits_{t\to\infty}e^{kt}=0$이므로 $\lim\limits_{t\to\infty}T(t)=T_s$로부터 물체의 온도가 시간이 지남에 따라 그것을 둘러싸고 있는 매개체의 온도에 접근함을 알 수 있다.

예제 1 파이를 350°F의 오븐에서 꺼내서 온도가 75°F인 곳에서 식혔다. 15분 후에 파이의 온도가 150°F로 되었다면 파이가 80°F로 식기 위해서는 얼마나 걸리겠는가?

풀이 $T_0 = 350$과 $T_s = 75$를 $T = (T_0 - T_s)e^{kt} + T_s$에 대입하면

$$T(t) = (350 - 75)e^{kt} + 75 = 275e^{kt} + 75$$

이고 이것으로부터 k 또는 e^{kt}를 찾을 수 있다.
$T(15) = 150$ 이므로

$$T(15) = 275e^{15k} + 75 = 150$$

에서 e^k에 대해서 풀면

$$275e^{15k} = 75$$

$$e^{15k} = \frac{3}{11}$$

$$(e^k)^{15} = \frac{3}{11}$$

$$e^k = \left(\frac{3}{11}\right)^{\frac{1}{15}}$$

이므로

$$T(t) = 275(e^k)^t + 75 = 275\left(\frac{3}{11}\right)^{\frac{t}{15}} + 75$$

이다. $T(t) = 80$을 만족하는 t를 구하기 위해서 방정식

$$275\left(\frac{3}{11}\right)^{\frac{t}{15}} + 75 = 80$$

을 t에 대해서 풀면

$$275\left(\frac{3}{11}\right)^{\frac{t}{15}} = 5\,,\ \left(\frac{3}{11}\right)^{\frac{t}{15}} = \frac{1}{55}$$

$$\ln\left[\left(\frac{3}{11}\right)^{\frac{t}{15}}\right] = \ln\left(\frac{1}{15}\right) = -\ln 55$$

$$t = \frac{-15\ln 55}{\ln\left(\frac{3}{11}\right)} = \frac{-15\ln 55}{\ln 3 - \ln 11} \approx 46.264$$

이므로 파이는 약 46분 후에 $80^{\circ}\mathrm{F}$로 식음을 알 수 있다.

한편 $T(t) = 275\left(\frac{3}{11}\right)^{\frac{t}{15}} + 75$로부터 $275\left(\frac{3}{11}\right)^{\frac{t}{15}} > 0$이므로

$T(t) = 275\left(\frac{3}{11}\right)^{\frac{t}{15}} + 75 > 75$, 즉 파이는 위의 모델에 의해서 유한한 시간 내에서는 실내 온도와 같게 될 수 없음을 알 수 있다. 그러나 t가 ∞로 접근 할 때 $\lim\limits_{t \to \infty}\left[275\left(\frac{3}{11}\right)^{\frac{t}{15}}\right] = 75$이므로 파이의 온도가 실내온도인 $75^{\circ}\mathrm{F}$에 접근한다. ■

예제 2 살인사건의 조사과정에서 사망시간의 추정은 매우 중요한데 이러한 시간을 추정하는 데 뉴턴의 냉각법칙을 이용할 수 있다. 예를 들어 정상적인 사람의 체온이 $98.6^{\circ}\mathrm{F}$일 때 $82^{\circ}\mathrm{F}$인 시신이 정오에 발견되었고 두 시간 후에 $72^{\circ}\mathrm{F}$로 측정되었다면 주위 공기의 온도가 $65^{\circ}\mathrm{F}$일 때 대략적인 사망 시간은 언제가 되겠는가?

풀이 $T(t)$를 시간 t에서의 시신의 체온이라 하고 $T(0)$를 발견하였을 때의 체온, $T(2)$는 발견된 후 2 시간 후의 체온을 나타낸다고 하자.

이 문제에서는 $T_0 = 82$, $t_s = 65$이므로 $T = (T_0 - T_s)e^{kt} + T_s$에 대입하면

$$T(t) = (82-65)e^{kt} + 65 = 17e^{kt} + 65$$

를 얻는다. $T(2) = 72$이므로 $T(2) = 17e^{kt} + 65 = 72$를 e^k에 대하여 풀면 $e^k = \left(\frac{7}{17}\right)^{\frac{1}{2}}$이고

$T(2) = 17e^{2k} + 65 = 17\left(\frac{7}{17}\right)^{\frac{t}{2}} + 65$이므로

$$T(t) = 17\left(\frac{7}{17}\right)^{t/2} + 65$$

이다.(그림 3.1) 이제 $T(t)=98.6$인 t의 값을 찾기 위해서

$17\left(\frac{7}{17}\right)^{\frac{t}{2}}+65=98.6$을 t에 대해서 풀면

$$t=\frac{2\ln(1.97647)}{\ln 7-\ln 17}=-1.53569$$

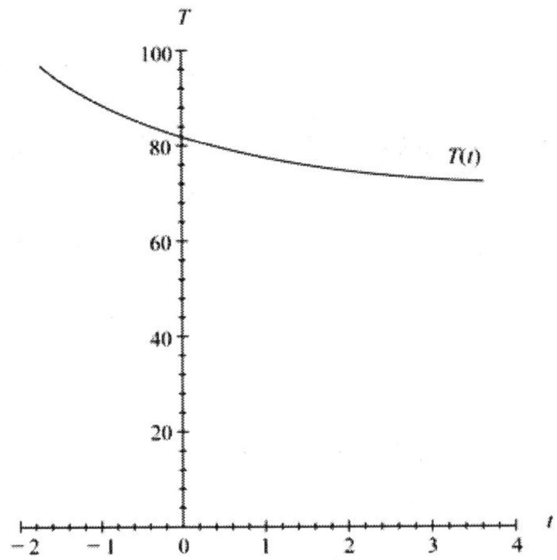

그림 3.1

를 얻는다. 그러므로 사망 시간은 시신이 발견되기 약 1.53시간 전에 일어났으므로 약 오전 10 : 30에 사건이 일어났다고 결론지을 수 있다. ■

앞에 예제들에서는 주위의 온도가 일정하다는 것을 가정하였는데 실제로는 그렇지 않을 수도 있다. 예를 들어 하룻동안 빌딩 안의 온도는 바깥 온도가 변하기 때문에 결정하기가 조금 복잡하다. 만약 빌딩에 가열이나 냉각 시스템이 없다면 시간 t에서 빌딩 안의 온도 $u(t)$를 구하기 위해서는 $C(t)$가 바깥 온도를 나타내는 함수이고 $k>0$는 빌딩이 외부와 어느 정도 차단되어 있는지를 나타내는 상수라 할 때 미분방정식

$$\frac{du}{dt}=k\,(C(t)-u(t))$$

를 풀어야 한다. 이 방정식에 따라서 $C(t)>u(t)$이면 $\frac{du}{dt}>0$가 되어 u가 증가하고, 반면에 $C(t)<u(t)$이면 $\frac{du}{dt}<0$이므로 u는 감소한다.

예제 3 조지아 주에 있는 애틀랜타에서 4월 한 달 동안의 바깥 온도가

$$C(t) = 70 - 10\cos\left(\frac{\pi t}{12}\right), \quad 0 \leqq t \leqq 24$$

로 측정되었다. $k = \frac{1}{4}$일 때 초기온도가 $60^{\circ}\mathrm{F}$인 빌딩 안의 온도를 구하라.

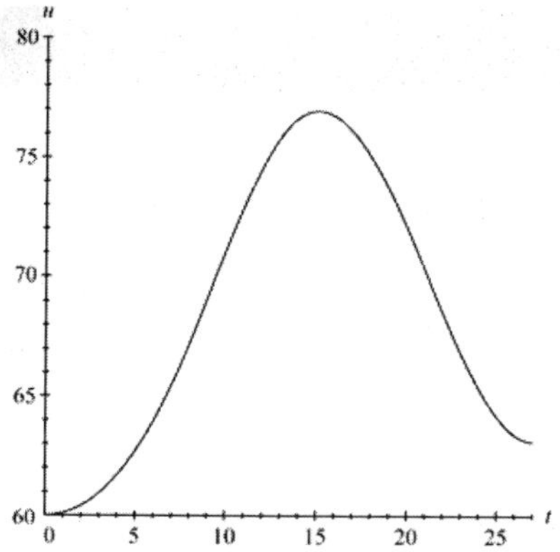

그림 3.2

풀이 이것은 초기값 문제

$$\begin{cases} \dfrac{du}{dt} = k\left[70 - 10\cos\dfrac{\pi t}{12} - u\right] \\ u(0) = 60 \end{cases}$$

로 나타낼 수 있는데 이 미분방정식을

$$\frac{du}{dt} + ku = k\left[70 - 10\cos\frac{\pi t}{12}\right]$$

로 쓴 후 적분인자를 사용하면

$$u(t) = \frac{10}{9+\pi^2}\left(63 + 7\pi^2 - 9\cos\frac{\pi t}{12} - 3\pi\sin\frac{\pi t}{12}\right) + C_1 e^{-\frac{t}{4}}$$

인 해를 얻을 수 있는데 여기서 $k = \frac{1}{4}$일 때의 초기조건 $u(0) = 60$을 사용하여 임의의 상수 C_1을 결정하면

$$u(t) = \frac{10}{9+\pi^2}\left(63 + 7\pi^2 - 9\cos\frac{\pi t}{12} - 3\pi\sin\frac{\pi t}{12}\right) + \frac{10\pi^2}{9+\pi^2}e^{-\frac{t}{4}}$$

이다.(그림 3.2) ■

연습문제 3.2

※ 뉴턴의 냉각법칙을 이용하여 다음의 문제를 풀어라.

1. 커피잔의 온도가 처음 커피를 부었을 때 100℃였다. 방 안의 온도가 30℃이고 15분 후에 커피잔의 온도가 80℃로 내려갔다면 커피잔이 50℃로 내려가는 데 얼마나 걸리겠는가?

2. 오렌지 음료의 용기를 40°F인 냉장고에서 꺼내서 용기의 온도가 5분 후에 40°F가 되었다면 방안의 온도가 75°F일 때 용기의 온도가 60°F가 되려면 얼마의 시간이 걸리겠는가?

3. 어떤 사체가 오후 3시에 발견되었을 때 79°F였고 세 시간 후에 68°F가 되었다. 주위의 온도가 60°F일 때 사망 시간을 추정하라. (정상적인 체온은 98.6°F이다.)

4. 온도가 90°F인 온도계가 온도가 70°F인 방에 놓여 있다. 3분 뒤에 온도계가 80°F가 되었다면 5분 뒤에는 몇 도를 가리키겠는가?

5. 커피를 잔에 처음 부었을 때의 커피의 온도가 200°F였고 2분 후에 170°F가 되었다. 방의 온도가 68°F라면 커피가 140°F가 되기 위해서 얼마의 시간이 걸리겠는가?

6. 위싱턴의 2월의 온도가

$$C(t) = 40 - 5\cos\frac{\pi t}{12}, \quad 0 \leqq t \leqq 24$$

로 측정되었다. $k = \frac{1}{4}$일 때 초기온도가 50°인 빌딩의 온도를 결정하여라(냉·난방 시스템이 없다고 가정하자).

3.3 자유낙하운동

어떤 물체의 운동을 1계 미분방정식을 사용하여 나타낼 수 있는데 먼저 그러한 운동을 모델링하기 위해서 필요한 이론을 기술하겠다.

| 정의 1 | 뉴턴의 제2운동법칙

시간에 따른 어떤 물체의 운동량의 변화율은 물체에 작용하는 **합력**(resultant forces)과 같다.

물체의 운동량은 그것의 질량과 속도의 곱으로 정의되므로 위의 법칙은 m이 물체의 질량이고 v가 운동의 속도, 그리고 F가 물체에 작용하는 힘의 합일 때

$$\frac{d}{dt}(mv) = F$$

로 나타낼 수 있다. 그런데 물체의 질량 m은 상수이므로

$$m\frac{dv}{dt} = F$$

로 쓸 수 있다. 물체가 중력에 의해 영향을 받으므로 속도는 미분방정식

$$m\frac{dv}{dt} = mg \qquad \text{또는} \qquad \frac{dv}{dt} = g$$

에 의해서 결정된다. 여기서 $g \approx 32\ \mathrm{ft/s^2}$ 또는 $g \approx 9.8\ \mathrm{m/s^2}$ 이다.(표 3.1 참조)

위의 미분방정식은 공기저항과 같은 저항 받는 힘이 무시되었을 경우에만 적용 가능하며 어떤 저항력이 고려되었을 때는 물체에 작용하는 모든 힘을 생각해야 하므로 방정식은

$$m\frac{dv}{dt} = \sum (\text{물체에 작용하는 모든 힘})$$

표 3.1

뉴턴의 제 2 운동법칙에 관한 문제를 풀 때 유용한 단위		
	영국식(English)	미터식(International)
질량	$\text{slug}\left(\frac{\text{lb}-\text{s}^2}{\text{ft}}\right)$	kilogram (Kg)
힘	pound (lb)	$\text{Newton}\left(\frac{m-\text{Kg}}{\text{s}^2}\right)$
거리	foot (ft)	meter (m)
시간	second (s)	second (s)

모양으로 나타난다. 여기서 운동 방향은 양의 방향으로 취해졌을 경우이다.

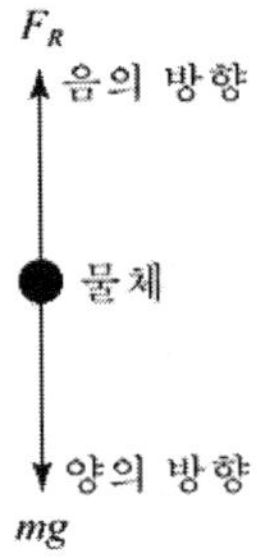

그림 3.3

공기 저항 F_R은 물체가 떨어질 때 물체에 반대방향으로 작용하고 g는 운동방향과 같은 방향으로 작용하므로 미분방정식

$$m\frac{dv}{dt} = mg + (-F_R)$$

로 나타낼 수 있다. 아래로 떨어지는 방향이 양의 방향임을 주의해야 한다.(그림 3.3) 저항받는 힘은 주로 물체의 속도에 비례하므로 미분방정식은 저항을 일으키는 물질에 따라 선형이나 비선형방정식으로 결정된다.

예제 1 질량 $m = 1$의 slug 를 가진 어떤 물체를 높이 1000 ft인 곳에서 초기속도 2 ft/s 로 던졌을 때 시간에 따른 거리함수와 속도를 구하라. 이 문제에서는 공기저항이 물체의 순간속도와 같다고 가정한다.

풀이 공기저항이 순간속도와 같으므로 $F_R = v$이어서

$m\dfrac{dv}{dt} = mg - F_R$로부터 $m = 1$이므로

$$\frac{dv}{dt} = 32 - v$$

를 얻고 초기속도 $v(0) = 2$가 주어졌으므로 초기값 문제

$$\begin{cases} \dfrac{dv}{dt} = 32 - v \\ v(0) = 2 \end{cases}$$

를 얻는다. 이 방정식은 여러 가지 방법으로 풀 수 있는데 1계 선형미분방정식으로 생각하여 적분인자를 구하여 해를 구해보자.

적분인자가 e^t이므로 방정식은 $\dfrac{d}{dt}(e^t v) = 32e^t$이고 양변을 적분하면 $e^t v = 32e^t + C$이므로 $v = 32 + Ce^{-t}$이다. 또, 초기속도를 이용하면

$$v(0) = 32 + Ce^0 = 32 + C = 2$$

가 되어 $C = -30$을 얻는다. 그러므로 물체의 속도는 $v = 32 - 30e^{-t}$이다. 시간 t동안 움직인 거리 $S(t)$를 구하기 위해서 초기조건 $S(0) = 0$와 함께 1계 미분방정식

$$\frac{ds}{dt} = v = 32 - 30e^{-t}$$

를 생각하자. 양변을 적분하면 $S = 32t + 30e^{-t} + C_2$이고 $S(0) = 0$로부터 $S(0) = 32(0) + 32e^0 + C_2 = 30 + C_2 = 0$이므로 $C_2 = -30$이다. 그러므로 움직인 거리는 $S = 32t + 30e^{-t} - 30$이다(그림 3.4). 여기서

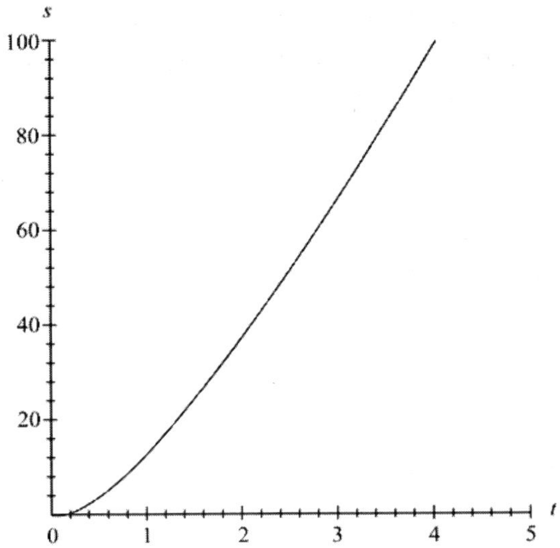

그림 3.4

제한속도인 $\lim_{t \to \infty} v(t)$는 32 ft/sec를 넘지 않음을 주목하라. ■

예제 2 예 1 에서 1 slug인 물체를 2 ft/sec의 초기속도로 낙하산에 매달아 던졌을 때 저항이 v^2로 증가하였다면 어떤 시간 t에서의 속도는 얼마인가? 또 제한속도는 얼마인가?

풀이 이 상황은 초기값 문제

$$\begin{cases} \dfrac{dv}{dt} = 32 - v^2 \\ v(0) = 2 \end{cases}$$

로 모델링될 수 있는데 이것은 변수분리형이므로 부분분수를 사용하여 해를 구해보자.

$$\frac{dv}{32 - v^2} = dt$$

$$\frac{dv}{(4\sqrt{2} + v)(4\sqrt{2} - v)} = dt$$

$$\frac{1}{8\sqrt{2}}\left[\frac{1}{v+4\sqrt{2}}-\frac{1}{v-4\sqrt{2}}\right]dv=dt$$

$$\ln|v+4\sqrt{2}|-\ln|v-4\sqrt{2}|=8\sqrt{2}\,t+C$$

$$\left|\frac{v+4\sqrt{2}}{v-4\sqrt{2}}\right|=C_1e^{8\sqrt{2}\,t}\qquad(C_1=e^c)$$

$$\frac{v+4\sqrt{2}}{v-4\sqrt{2}}=ke^{8\sqrt{2}\,t}\qquad(k=\pm C_1)$$

이므로 v에 대해서 풀면

$$v+4\sqrt{2}=ke^{8\sqrt{2}\,t}(v-4\sqrt{2})$$

$$(1-ke^{8\sqrt{2}\,t})v=-4\sqrt{2}(ke^{8\sqrt{2}\,t}+1)$$

이고

$$v=\frac{-4\sqrt{2}(ke^{8\sqrt{2}\,t}+1)}{1-ke^{8\sqrt{2}\,t}}$$

가 된다. 이제 초기조건을 사용하면 $k=\dfrac{1+2\sqrt{2}}{1-2\sqrt{2}}$이고 로피탈의 정리를 사용하여 제한속도를 구해보면

$$\lim_{t\to\infty}v(t)=\frac{-4\sqrt{2}\,k}{-k}=4\sqrt{2}\ \text{ft/sec}$$

이다. 예 1에서는 제한속도가 32ft/sec이었으므로 이 문제에서는 낙하산이 물체의 속도를 감소시켰음을 알 수 있다. ■

예제 3 질량이 m인 물체의 초기 위치가 지면위 s_0인 지점에서 초기속도 v_0로 위를 향하여 수직으로 던져졌을 때 공기저항이 물체의 속도에 비례한다는 가정하에 시간에 대한 물체의 속도와 높이를 구하라.

풀이 물체의 운동은 위를 향하므로 g와 F_k는 운동방향과 반대로 작용한다. 그러므로 문제에서의 운동현상은

$m\dfrac{dv}{dt}=-mg-cv$로부터 초기값 문제

$$\begin{cases} \dfrac{dv}{dt} = -g - \dfrac{c}{m}v \\ v_0 = v(0) \end{cases}$$

로 표현될 수 있다. 방정식 $\dfrac{dv}{dt} + \dfrac{c}{m}v = -g$의 적분인자는 $e^{\int \frac{c}{m}dt} = e^{\frac{ct}{m}}$이고 이것을 방정식의 양변에 곱하면

$$e^{\frac{c}{m}dt}\frac{dv}{dt} + \frac{c}{m}v\,e^{\frac{ct}{m}} = -g\,e^{\frac{ct}{m}}$$

을 얻어서

$$\frac{d}{dt}(e^{\frac{ct}{m}}v) = -g\,e^{\frac{ct}{m}}$$

로 표현되고, 적분하면 $e^{\frac{ct}{m}}v = -\dfrac{gm}{c}e^{\frac{ct}{m}} + C$가 되어 일반해는

$$v(t) = -\frac{gm}{c} + Ce^{-\frac{ct}{m}}$$

이다. 초기값 조건 $v(0) = v_0$를 사용하여 C에 대해서 풀면

$$C = \frac{cv_0 + gm}{c} \text{ 이고 } v(t) = -\frac{gm}{c} + \frac{cv_0 + gm}{c}e^{-\frac{ct}{m}}$$

이다. 또 시간 t에서 땅 위부터의 위치를 $s(t)$라 하면 이것은 속도함수를 적분하여

$$s(t) = \int v(t)\,dt = \int\left(-\frac{gm}{c} + \frac{cv_0 + gm}{c}e^{-\frac{ct}{m}}\right)dt$$

$$= -\frac{gm}{c}t - \frac{cmv_0 + gm^2}{c^2}e^{-\frac{ct}{m}} + C$$

를 얻을 수 있다. 초기높이가 $s(0) = s_0$일 때 위의 식을 C에 대해 풀면

$$C = \frac{gm^2 + c^2 s_0 + cmv_0}{c^2}$$

이므로

$$s(t) = -\frac{gm}{c}t - \frac{cmv_0 + gm^2}{c^2}e^{-\frac{ct}{m}} + \frac{gm^2 + c^2 s_0 + cmv_0}{c^2}$$

이다. ■

영국단위계에서는 **파운드**(pound)가 힘을 나타내므로 어떤 물체의 무게 w가 주어졌을 때 그 물체의 질량을 구하기 위해서는

$$w = mg \quad \text{또는} \quad m = \frac{w}{g}$$

의 관계를 사용해야 한다. 반면에 국제적인 미터식 단위에서는 물체의 질량이 보통 **킬로그램**(kilogram)으로 주어진다.

연습문제 3.3

1. 무게가 32lb인 바위가 절벽 위에서 평형상태로부터 떨어졌다.
   (a) 공기저항이 순간속도 v와 같다고 할 때 시간 t에서의 바위의 속도를 구하라.
   (b) $t=2$초 일 때 바위의 속도를 구하라.

2. 무게가 1lb인 물체가 8 ft/s 인 초기속도로 아래로 던져졌다.
   (a) 공기저항이 순간속도의 두 배라 할 때 시간 t에서의 물체의 속도를 구하라.
   (b) $t=1$초일 때 물체의 속도를 구하라.

3. 무게가 4 oz 인 공이 초기속도 64 ft/s 로 공기 중에 위로 던져졌다.
   (a) 공기저항이 순간속도의 $\frac{1}{16}$이라 할 때 시간 t에서의 물체의 속도를 구하여라.
   (b) 공이 최대 높이까지 올라가는 데 얼마나 걸리겠는가?

4. 0.5 lb인 돌이 300 ft의 높이로부터 초기속도 없이 아래로 떨어졌다. 공기저항이 순간속도의 $\frac{1}{64}$배라 할 때 시간 t동안 물체가 움직인 거리와 속도를 구하라.

5. 10 kg인 물체가 높은 곳으로부터 떨어졌을 때,
   (a) 공기저항이 순간속도의 10배라 하면 속도는 얼마인가?
   (b) 물체의 제한속도는 얼마인가?

6. 100 kg 의 로켓이 초기속도 100 m/s 로 수직으로 발사되었다.
   (a) 공기저항이 순간속도의 $\frac{1}{10}$배라면 시간 t에서의 로켓의 높이와 속도는 얼마인가?
   (b) 로켓이 최고 얼마만큼 높이 올라가겠는가?

7. 10 kg인 물체가 초기속도 v_0m/s 로 공기 중에 수직으로 올려졌다. 극한속도(limiting velocity)가 -19.6 m/s 일 때 물체에 작용하는 공기저항이 $F_k = cv$라면 c에 대해서 알 수 있는 것을 말해보라.

8. 192 lb인 낙하자가 비행기에서 떨어졌다. (즉, $v_0 = 0$) 낙하자의 속도가 60 ft/s 일 때 낙하산을 펴서 공기저항이 $F_k = 3v^2$가 되었다. 낙하자의 속도 $v(t)$를 구하라. 또 낙하자의 극한속도는 얼마인가?

4 2계 선형미분방정식

4.1 선형미분연산자

f가 주어진 함수일 때

$$\frac{d^2y}{dt^2} = f\left(t\,,\ y\,,\ \frac{dy}{dt}\right)$$

형태의 방정식을 **2 계 상미분방정식**이라 한다. 위의 방정식에서 t는 응용 문제에서 주로 시간을 나타내므로 독립변수로 사용되었지만 이 장에서는 주로 x로 표기하고 y는 종속변수로 사용한다.

| 정의 1 | **2계 선형미분방정식**

$$a_2(x)\frac{d^2y}{dx^2} + a_1(x)\frac{dy}{dx} + a_0(x)y = b(x)$$

형태의 방정식을 **2계 선형미분방정식**이라 부른다.

여기서 $a_0(x)$, $a_1(x)$, $a_2(x)$, $b(x)$는 어떤 구간 I에서 정의된 연속함수이다. 특히 a_0, a_1, a_2가 상수일 때를 **계수가 상수인 방정식**이라 한다.

$a_2(x) \neq 0$인 경우를 생각하므로 방정식은 표준형인

$$\frac{d^2y}{dx^2} + p(x)\frac{dy}{dx} + q(x)y = g(x)$$

형태로 다시 쓸 수 있다. 여기서

$$p(x) = \frac{a_1(x)}{a_2(x)}\,,\ q(x) = \frac{a_0(x)}{a_2(x)}\,,\ g(x) = \frac{b(x)}{a_2(x)}$$

는 I에서 연속이다. 또 $g(x) = 0$일 때의 방정식

$$\frac{d^2y}{dx^2} + p(x)\frac{dy}{dx} + q(x) = 0$$

를 **동차방정식**이라 하고 $g(x) \neq 0$일 때의 방정식을 **비동차방정식**이라 한다.

다음에 표현을 간단히 하기 위해서 $y' = \dfrac{dy}{dx}$를 사용하여 방정식의 왼쪽부분을

새로운 함수 $L[y]$로 정의하여 보자. 즉

$$L[y] := y'' + py' + qy$$

라 하자. 여기서 일반적인 함수라 함은 정의역의 각 원소가 치역의 유일한 원소에 관하여 사상이므로 L은 함수의 집합 위에서 정의된 함수로 이해할 수 있다. 즉 L은 2 계 도함수가 연속인 함수를 정의역으로 갖고 치역이 연속함수인 일정한 규칙을 가진 사상이다. 이러한 사상을 **연산자**라 하고 L은 미분을 포함하므로 **미분연산자**라 한다. 연산자 L에 관한 함수 y의 치역은 함수 $L[y]$이고 어떤 점 x에서의 함수값은 $L[y](x)$로 나타낼 수 있다. 예를 들어 $p(x) = x$이고 $q(x) = x-1$이면

$$L[y](x) = y''(x) + xy'(x) + (x-1)y(x)$$

이므로 $y_1(x) = x^3$이면

$$L[y_1](x) = 6x + x(3x^2) + (x-1)x^3 = x^4 + 2x^3 + 6x$$

가 되어 L은 함수 x^3을 함수 $x^4 + 2x^3 + 6x$로 보내는 사상이다. 1계 선형방정식과 같이 2계 선형미분방정식에 대한 초기값 문제도 유일한 해를 갖는다.

보조정리 1 연산자의 선형성

$L[y] = y'' + py' + gy$라 할 때 y_1과 y_2가 구간 I에서 2계 도함수가 연속인 함수이고 C가 상수이면

$$L[y_1 + y_2] = L[y_1] + L[y_2],\quad L[Cy_1] = CL[y_1]$$

을 만족한다.

증명 I에서

$$\begin{aligned} L[y_1 + y_2] &= (y_1 + y_2)'' + p(y_1 + y_2)' + g(y_1 + y_2) \\ &= (y_1'' + y_2'') + p(y_1' + y_2') + g(y_1 + y_2) \\ &= (y_1'' + py_1' + gy_1) + (y_2'' + py_2' + gy_2) \\ &= L[y_1] + L[y_2] \end{aligned}$$

이며 두 번째도 자명하다. ■

위의 두 관계를 만족하는 연산자를 **선형연산자**라 하고 그렇지 않은 경우 **비선형연산자**라 한다.

예제 1 y의 2계 도함수가 모든 실수에 대해서 연속인 함수일 때 $T[y](x) := y''(x) + \sin(y(x))$라 정의하면 T가 비선형연산자임을 보여라.

풀이 $y_1(x) = x$라 하면 $y_1''(x) \equiv 0$이므로 $T[Cy_1](x) = \sin(Cx)$이고 $CT[y_1](x) = C\sin x$이므로 일반적으로 $\sin(Cx) \neq C\sin x$이다. 즉 T는 선형성을 만족하지 못한다. ■

|정리 1| 해의 1차결합

y_1과 y_2가 동차방정식 $y'' + py' + qy = 0$의 해라면 상수 C_1, C_2에 대해서 y_1과 y_2의 1차결합인 $C_1y_1 + C_2y_2$도 동차방정식의 해이다.

예제 2 $y_1(x) = e^{2x}\cos 3x$와 $y_2(x) = e^{2x}\sin 3x$가 동차방정식 $y'' - 4y' + 13y = 0$의 해일 때 초기조건 $y(0) = 2$와 $y'(0) = -5$를 만족하는 동차방정식의 해를 구하라.

풀이 정리 1에 의해서 1차결합 $y(x) = C_1 e^{2x}\cos 3x + C_2 e^{2x}\sin 3x$도 동차방정식의 해이다. y'를 구해보면

$$\begin{aligned} y'(x) &= C_1(2e^{2x}\cos 3x - 3e^{2x}\sin 3x) \\ &\quad + C_2(2e^{2x}\sin 3x + 3e^{2x}\cos 3x) \end{aligned}$$

이므로 초기값 조건을 대입하면 $C_1 = 2, 2C_1 + 3C_2 = -5$에서 $C_1 = 2$, $C_2 = -3$을 얻는다. 그러므로

$y(x) = 2e^{2x}\cos 3x - 3e^{2x}\sin 3x$이다. ■

| 정리 2 | 해의 존재성과 유일성

$p(x)$, $q(x)$, $f(x)$가 점 x_0를 포함하는 구간(a, b)에서 연속인 함수일 때 임의의 초기값 y_0, y_1에 대해서 초기값 문제

$$\begin{cases} \dfrac{d^2y}{dx^2} + p(x)\dfrac{dy}{dx} + q(x)y = f(x) \\ y(x_0) = y_0,\ \ y'(x_0) = y_1 \end{cases}$$

은 구간 (a,b)에서 유일한 해를 갖는다.

예제 3 초기값 문제

$$\begin{cases} \dfrac{d^2y}{dx^2} + \dfrac{1}{x-3}\dfrac{dy}{dx} + \sqrt{x}\,y = \ln x \\ y(1) = 3,\ \ y'(1) = -5 \end{cases}$$

의 해가 유일하게 존재하기 위한 가장 큰 구간을 정리 2를 이용하여 결정하라.

풀이 정리 2에서

$$p(x) = \frac{1}{x-3},\ \ q(x) = \sqrt{x},\ \ f(x) = \ln x,\ \ x_0 = 1$$

이고 $p(x)$는 $x \neq 3$에서 연속이며 $q(x)$와 $f(x)$는 $x > 0$에서 연속이므로, $p(x)$, $q(x)$, $f(x)$가 동시에 연속이고, $x_0 = 1$를 포함하는 가장 큰 구간은 $(0, 3)$이다. 정리로부터 주어진 초기값 문제는 구간 $(0, 3)$에서 유일한 해를 가짐을 알 수 있다. ■

D를 x에 대한 미분이라 하고 D^2를 x에 관해서 두 번 미분한 것이라 하자. 즉

$$Dy := \frac{dy}{dx},\ \ D^2y := \frac{d^2y}{dx^2}$$

일반적으로 $D^ny := \dfrac{d^ny}{dx^n}$이라 하자. 이러한 기호를 사용하면 위에서 정의한 L은

$$L[y] = D^2y + pDy + qy = (D^2 + pD + q)y$$

로 쓸 수 있다. 예를 들어 $L[y] = y'' + 4y' + 3y$이면

$$L[y] = D^2y + 4Dy + 3y = (D^2 + 4D + 3)y$$

이다. 특히 p와 q가 상수일 때 $D^2 + pD + q$는 D에 대한 다항식으로 취급하여 인수분해할 수 있다.

예제 4 연산자의 곱을 생각할 때, 연산자 $D^2 + 4D + 3$은 곱 $(D+1)(D+3)$과 같음을 보여라.

풀이 두 번 미분가능한 임의의 함수 y 에 대해서

$$\begin{aligned}(D+1)(D+3)y &= (D+1)[(D+3)y] = (D+1)[y' + 3y] \\ &= D[y' + 3y] + 1\cdot[y' + 3y] \\ &= (y'' + 3y') + (y' + 3y) \\ &= y'' + 4y' + 3y = (D^2 + 4D + 3)y\end{aligned}$$

이므로

$$(D+1)(D+3) = D^2 + 4D + 3$$

이다. ■

연습문제 4.1

1. $L[y](x) = x^2y''(x) - 3xy'(x) - 5y(x)$일 때 다음을 계산하라.
   (a) $L[\cos x]$ (b) $L[x^{-1}]$ (c) $L[x^r]$ (r는 실수)

2. y가 모든 실수 x에 대해서 연속인 2계 도함수를 갖는 임의의 함수일 때 $T[y](x) := y''(x) - y'(x) + y^2(x)$이 비선형연산자임을 보여라.

3. $y_1(x) = e^{2x}\cos x$, $y_2(x) = e^{2x}\sin x$가 동차방정식

$$y'' - 4y' + 5y = 0$$

의 해일 때 다음 초기값 조건을 만족하는 방정식의 해를 구하라.

(a) $y(0) = 1$, $y'(0) = -1$

(b) $y(\pi) = 4e^{2\pi}$, $y'(\pi) = 5e^{2\pi}$

4. 다음에서 y_0, y_1이 실수일 때 초기조건 $y(1) = y_0$, $y'(1) = y_1$을 만족하는 미분방정식이 유일한 해를 갖는지 정리를 사용하여 조사하라.

(a) $(1+x^2)y'' + xy' - y = \tan x$

(b) $x(x-3)y'' + 2xy' - y = x^2$

(c) $e^x y'' - \dfrac{y'}{x-3} + y = \ln x$

(d) $x^2 y'' + y = \cos x$

5. 다음 문제에서 존재정리를 사용할 수 있는지를 조사하고 사용할 수 있으면 어떤 결과를 얻는지를 말하고 사용할 수 없으면 그 이유를 밝혀라.

(a) $y'' + yy' = x^2 - 1$; $y(0) = 1$, $y'(0) = -1$

(b) $x^2 z'' + xz' + z = \cos x$; $z(0) = 1$, $z'(0) = 0$

(c) $(1-t)x'' + tx' - 2x = \sin t$; $x(0) = 1$, $x'(0) = 2$

(d) $y'' + xy' - x^2 y = 0$; $y(0) = 0$, $y(1) = 0$

6. 다음에 주어진 연산자 L을 미분연산자 D를 사용하여 표현하라.

(a) $L[y]: = y'' + 7y' + 12y$

(b) $L[z]: = 2z'' + z' - z$

(c) $L[y]: = y'' + xy$

(d) $L[y]: = x^2 y'' - xy' + y$

4.2 동차방정식의 기본해

이 절에서는 동차방정식의 기본 성질에 대해서 설명한다. 먼저 방정식

$$L(y) = \frac{d^2y}{dx^2} - y = 0$$

을 생각하자. 두 함수 $y_1 = e^x$와 $y_2 = e^{-x}$가 방정식의 해가 됨은 쉽게 확인할 수 있고, L이 선형이므로 정리에 의해서 임의의 상수 C_1과 C_2에 대해서 $C_1e^x + C_2e^{-x}$도 해가 됨을 알 수 있다. 그런데 적당한 C_1과 C_2를 취함으로써 $C_1e^x + C_2e^{-x}$가 방정식의 모든 해를 나타낸다고 할 수 있을까? 이 물음에 대한 답은 4.1 절에서 서술한 존재정리에서 찾을 수 있다. $\phi(x)$를 방정식의 해라 하고 x_0를 어떤 실수라 하자. 상수 C_1과 C_2가

$$\begin{aligned} C_1e^{x_0} + C_2e^{-x_0} &= \phi(x_0) \\ C_1e^{x_0} - C_2e^{-x_0} &= \phi'(x_0) \end{aligned}$$

를 만족한다고 할 때 $\phi(x)$와 $C_1e^x + C_2e^{-x}$는 x_0에서 똑같은 초기조건을 만족하므로 정리에서 해의 유일성에 의해서 모든 x에 대해서 $\phi(x) = C_1e^x + C_2e^{-x}$임을 알 수 있다. 위에서 C_1을 구하면

$$C_1 = \frac{\phi(x_0) + \phi'(x_0)}{2e^{x_0}}$$

이고 C_2는

$$C_2 = \frac{\phi(x_0) - \phi'(x_0)}{2e^{-x_0}}$$

인데 여기서 e^{x_0}와 e^{-x_0}는 0일 수 없으므로 C_1과 C_2를 찾기 위해서 항상 위의 과정을 수행하면 된다. 그러므로 해의 유일성에 의해서 모든 x에 대해서 C_1과 C_2를 위와 같이 찾을 수 있을 때

$$\phi(x) = C_1e^x + C_2e^{-x}$$

이므로 방정식의 모든 해가 두 개의 특수해의 선형조합으로 나타낼 수 있음을 알

수 있다. 일반적인 선형동차방정식에 대해서도 두 해 y_1과 y_2가 어떤 조건만 만족한다면 비슷한 결과를 얻을 수 있다.

정리 1 해의 표현: 동차방정식의 경우

p와 q가 (a, b)에서 연속일 때 y_1과 y_2가 (a, b)에서

$$y'' + p(x)y' + q(x)y = 0$$

의 두 개의 해라고 할 때 (a, b) 안의 어떤 점 x_0에서

$$y_1(x_0)y_2'(x_0) - y_1'(x_0)y_2(x_0) \neq 0$$

이면 C_1과 C_2가 상수일 때 (a, b)에서 방정식의 모든 해는

$$y(x) = C_1 y_1(x) + C_2 y_2(x)$$

형태로 표현된다.

정리 1에서 C_1과 C_2가 임의의 상수일 때 위의 해에서의 y_1과 y_2의 선형조합은 방정식의 일반해가 된다.

증명 $\phi(x)$가 방정식의 해라 하자. x_0가 정리의 조건을 만족하는 점일 때

$$C_1 y_1(x_0) + C_2 y_2(x_0) = \phi(x_0)$$
$$C_1 y_1'(x_0) + C_2 y_2'(x_0) = \phi'(x_0)$$

인 방정식계를 갖고, 이것에서 C_1을 구하기 위해서 방정식의 첫 번째 식에 $y_2'(x_0)$를 곱하고 두 번째 식에 $y_2(x_0)$를 곱하여 빼 주면

$$C_1 [y_1(x_0) y_2'(x_0) - y_1'(x_0) y_2(x_0)] = \phi(x_0) y_2'(x_0) - \phi'(x_0) y_2(x_0)$$

이고 x_0에 대한 조건을 사용하면

$$C_1 = \frac{\phi(x_0)y_2'(x_0) - \phi'(x_0)y_2(x_0)}{y_1(x_0)y_2'(x_0) - y_1'(x_0)y_2(x_0)}$$

를 얻는다. 비슷한 방법으로 C_2를 구하면

$$C_2 = \frac{\phi'(x_0)\, y_1(x_0) - \phi(x_0)\, y_1'(x_0)}{y_1(x_0)\, y_2'(x_0) - y_1'(x_0)\, y_2(x_0)}$$

이 되어 함수 $C_1 y_1 + C_2 y_2$와 ϕ는 같은 초기값을 만족하는 방정식의 해이므로 해의 유일성의 성질에 의해서 (a,b)에서 같은 함수가 된다. ■

| 정의 1 | 론스키 행렬식

임의의 두 미분 가능한 함수 y_1과 y_2에 대해서 함수

$$W[y_1, y_2](x) := \begin{vmatrix} y_1(x) & y_2(x) \\ y_1'(x) & y_2'(x) \end{vmatrix} = y_1(x)\, y_2'(x) - y_1'(x)\, y_2(x)$$

를 y_1과 y_2의 **론스키 행렬식**(Wronskian)이라 한다.

| 정의 2 | 기본해 집합

구간(a,b)에서 $y'' + py' + qy = 0$의 해가 (a,b)에 있는 어떤 x_0에 대해서 $W[y_1,y_2](x_0) \neq 0$를 만족할 때 $\{y_1,\ y_2\}$를 **기본해 집합**(fundamental set of solution)이라 한다.

동차방정식을 푸는 과정

$y'' + py' + qy = 0$ 의 모든 해를 구하기 위해서는

과정 1 기본해 집합을 이루는 두 해 y_1, y_2를 찾는다.

과정 2 C_1과 C_2가 임의의 상수일 때 일반해는

$$y(x) = C_1 y_1(x) + C_2 y_2(x)$$

이다.

예제 1 $y_1(x) = \cos 3x$와 $y_2(x) = \sin 3x$가 $(-\infty, \infty)$에서 방정식 $y'' + 9y = 0$의 해일 때 방정식의 일반해를 구하라.

풀이 먼저 $\{\cos 3x, \sin 3x\}$가 기본해 집합임을 보인다. $y_1(x) = \cos 3x$와 $y_2(x) = \sin 3x$가 주어진 방정식의 해임은 쉽게 확인할 수 있으므로 단지 $(-\infty, \infty)$에 있는 어떤 x에 대해서 $W[y_1, y_2](x_0) \neq 0$를 보이면 된다. 정의를 사용하면

$$W[y_1, y_2](x) = (\cos 3x)(\sin 3x) - (-3\sin 3x)(\sin 3x)$$
$$= 3(\cos^2 3x + \sin^2 3x) = 3 \neq 0$$

이므로 $\{\cos 3x, \sin 3x\}$는 기본해집합이며 일반해는

$$y(x) = C_1 \cos 3x + C_2 \sin 3x$$

이다. ■

| 정의 3 | 1차독립과 1차종속

구간 I에 있는 모든 x에 대해서 $C_1 y_1(x) + C_2 y_2(x) = 0$를 만족하며 동시에 0이 아닌 상수 C_1, C_2가 존재하면 두 함수 y_1과 y_2는 구간 I에서 **1차종속**이라 한다. 1차종속이 아닌 두 함수를 **1차독립**이라 부른다.

구간 I에서 두 함수 y_1과 y_2가 1차종속이라면 $C_1 y_1(x) + C_2 y_2(x) = 0$를 만족하며 동시에 0이 아닌 상수 C_1과 C_2가 존재한다. $C_1 \neq 0$라 하고 y_1에 대해서 풀면 $y_1 = -\dfrac{C_2}{C_1} y_2$이므로 y_1과 y_2에서 하나는 다른 하나에 상수를 곱한 관계이다.

예제 2 다음에 주어진 함수 y_1과 y_2가 $(-5, 5)$에서 1차종속인지를 결정하라.

(a) $y_1(x) = e^{3x}$, $y_2 = x + 1$

(b) $y_1(x) = \sin 2x$, $y_2(x) = \cos x \sin x$

(c) $y_1(x) = x$, $y_2(x) = |x|$

풀이 (a) $y_1(x) = e^{3x}$와 $y_2 = x + 1$가 서로 상수배 관계에 있지 않음은 쉽게 알 수 있다. 실제로 $x \in (-5, 5)$에 대해서 $e^{3x} = C(x+1)$를 만족하는 C가 있다고 하면

$$x = 0\text{일 때 } e^0 = C(0+1) \Rightarrow C = 1$$

이고

$$x = 1\text{일 때 } e^3 = C(1+1) \Rightarrow C = \frac{e^3}{2} \neq 1$$

이므로 e^{3x}와 $x+1$은 1차독립이다.

(b) $y_1(x) = \sin 2x = 2\sin x \cos x$이므로 $y_1(x) = 2y_2(x)$가 되어서 y_1과 y_2는 $(-5, 5)$에서 1차종속임을 알 수 있다.

(c) $y_1(x) = x$와 $y_2 = |x|$는 구간 $(0, 5)$에서는 동일하나 주어진 구간 $(-5, 5)$에서는 서로 상수배 관계를 만드는 상수가 없으므로 y_1과 y_2는 구간$(-5, 5)$에서 1차독립이다. ■

| 정리 2 | 1차독립이기 위한 필요충분조건

p와 q가 연속함수일 때 y_1과 y_2를 구간 (a, b)에서 $y'' + py' + qy = 0$의 해라 하고 초기값 x_0가 $x_0 \in (a, b)$라 하자. y_1과 y_2가 (a, b) 위에서 1차종속이기 위한 필요충분조건은 초기값 벡터인 $\begin{bmatrix} y_1(x_0) \\ y_1'(x_0) \end{bmatrix}$와 $\begin{bmatrix} y_2(x_0) \\ y_2'(x_0) \end{bmatrix}$가 1차종속인 것이다.

증명 $(\Rightarrow)$ y_1과 y_2가 1차종속이라 하면 (a,b)에서 $y_1 = Cy_2$인 C가 존재하고 $y_1' = Cy_2$이며

$$\begin{bmatrix} y_1(x_0) \\ y_1'(x_0) \end{bmatrix} = \begin{bmatrix} Cy_2(x_0) \\ Cy_2'(x_0) \end{bmatrix} = C\begin{bmatrix} y_2(x_0) \\ y_2'(x_0) \end{bmatrix}$$

이다.

$(\Leftarrow)$ 초기값벡터가 1차종속이라 하자. 즉

$$\begin{bmatrix} y_1(x_0) \\ y_1'(x_0) \end{bmatrix} = C\begin{bmatrix} y_2(x_0) \\ y_2'(x_0) \end{bmatrix}$$

이면 $y_1(x_0) = Cy_2(x_0)$이고 $y_1'(x_0) = Cy_2'(x_0)$이며 y_1과 Cy_2는 같은

초기값 문제의 해이므로 해의 유일성에 의해서 (a,b)에서 $y_1 = Cy_2$이므로 y_1과 y_2는 1차종속이다. ■

두 열벡터(column)

$$\begin{bmatrix} u_1 \\ u_2 \end{bmatrix},\ \begin{bmatrix} v_1 \\ v_2 \end{bmatrix}$$

가 1 차독립이기 위한 필요충분조건은 $\begin{vmatrix} u_1 & v_1 \\ u_2 & v_2 \end{vmatrix} = u_1 v_2 - v_1 u_2 \neq 0$ 인 것이다.

보조정리 1 기본해집합과 1차독립성

y_1과 y_2가 (a,b) 위에서 $y'' + py' + qy = 0$의 해일 때 $\{y_1,\ y_2\}$ 가 $(a,\ b)$에서 기본해 집합이기 위한 필요충분조건은 y_1과 y_2가 $(a,\ b)$에서 1차독립인 것이다.

증명 $x_0 \in (a,\ b)$라 하자. 위의 정리 2 에 의해서 두 해 y_1과 y_2가 $(a,\ b)$ 위에서 1차독립이기 위한 필요충분조건은 초기벡터

$$\begin{bmatrix} y_1(x_0) \\ y_1{}'(x_0) \end{bmatrix} \text{와 } \begin{bmatrix} y_2(x_0) \\ y_2{}'(x_0) \end{bmatrix}$$

가 1차독립인 것이므로

$$W[y_1,\ y_2](x_0) = \begin{vmatrix} y_1(x_0) & y_2(x_0) \\ y_1{}'(x_0) & y_2{}'(x_0) \end{vmatrix} \neq 0$$

가 되어 $\{y_1, y_2\}$는 기본해 집합이 된다. ■

보조정리 1에서 점 x_0는 $(a,\ b)$에서 임의로 취해졌다. x_1이 $(a,\ b)$의 또 다른 점이라면 $(a,\ b)$ 위에서 두 해 y_1과 y_2의 1 차독립성은 $W[y_1,\ y_2](x_1) \neq 0$인 조건과 같다. 그러므로 $(a,\ b)$의 어떠한 점을 취하더라도 1차독립성은 유지된다.

정의 3 **해에 대한 론스키 행렬식의 성질**

y_1과 y_2가 구간 (a,b) 위에서 $y''+py'+qy=0$의 해일 때 두 해의 론스키 행렬식 $W[y_1, y_2](x)$는 (a,b)에서 항상 0이거나 또는 어떤 x에 대해서도 0 이 아니다. 또한 두 해의 론스키 행렬식이 모든 x에 대해서 0이기 위한 필요충분조건은 두 해가 1차종속인 것이다.

예제 3 $y_1(x)=x^{-1}$과 $y_2(x)=x^3$이 구간 $(0, \infty)$에서 방정식

$$x^2y''-xy'-3y=0$$

의 해임을 보이고 일반해를 구하라.

풀이 y_1과 y_2가 해가 된다는 것을 보이는 것은 자명하며 또한 구간 $(0, \infty)$에서 x^{-1}과 x^3은 1차독립이므로 일반해는

$$y(x)=C_1x^{-1}+C_2x^3$$

이다. ■

론스키 행렬식과 1차독립에 대한 성질은 n개의 함수 $y_1(x), \ldots, y_n(x)$의 집합으로 확장할 수 있다. 이것은 고계 선형미분방정식을 다룬 제 6 장에서 다룰 것이다. 기본원칙은 이 장에서 다루는 2계 방정식과 같다.

2계 동차선형미분방정식의 일반해는 1차독립인 두 개의 해를 찾아 그것을 1차결합시킴으로써 얻을 수 있다.

연습문제 4.2

1. 함수 y_1, y_2가 $(0, 1)$에서 1차종속인지를 판별하고 론스키 행렬식 $W[y_1, y_2](x)$를 계산하라.
   (a) $y_1(x)=e^x\cos 2x$, $y_2(x)=e^{-x}\sin 2x$

(b) $y_1(x) = xe^{2x}$, $y_2(x) = e^{2x}$

(c) $y_1(x) = x^2\cos(\ln x)$, $y_2(x) = x^2\sin(\ln x)$

(d) $y_1(x) = \tan^2 x - \sec^2 x$, $y_2(x) = 3$

2. 다음 문제에서

(i) 함수 y_1과 y_2가 주어진 미분방정식의 1차독립인 해인지를 결정하라.

(ii) 주어진 미분방정식의 일반해를 구하라.

(iii) 주어진 초기조건을 만족하는 해를 찾아라.

(a) $y'' - 2y' + 5y = 0$

$y_1(x) = e^x\cos 2x$, $y_2(x) = e^x\sin 2x$, $y(0) = 2$, $y'(0) = 0$

(b) $x^2y'' - 2y = 0$

$y_1(x) = x^2$, $y_2(x) = x^{-1}$, $y(1) = -2$, $y'(1) = -7$

(c) $y'' - 5y' + 6y = 0$

$y_1(x) = e^{2x}$, $y_2(x) = e^{3x}$, $y(0) = -1$, $y'(0) = -4$

(d) $xy'' - (x+2)y' + 2y = 0$

$y_1(x) = e^x$, $y_2(x) = x^2 + 2x + 2$, $y(1) = 0$, $y'(1) = 1$

3. $y_1 = x^3$, $y_2 = |x^3|$일 때 y_1과 y_2가 다음 주어진 구간에서 1차독립인지를 결정하라. 또 구간 $(-\infty, \infty)$에서 론스키 행렬식 $W[y_1, y_2](x)$를 계산하라.

(a) $[0, \infty)$ (b) $(-\infty, 0]$ (c) $(-\infty, \infty)$

4.3 계수축소방법

앞의 절에서 2계 동차선형방정식의 일반해는 두 개의 1차독립인 해의 1차결합으로 나타낼 수 있음을 보았다. 그러나 주어진 방정식에 대해서 단 하나의 자명하지 않은 해만을 찾을 수 있을 경우에는 다른 방법을 사용해야 한다. 이 절에서는 2계 동차방정식의 하나의 해를 구할 수 있을 때 그것과 1차독립인 관계에 있는 또 다른 하나의 해를 구하는 방법인 계수축소방법에 관하여 다루겠다. 일단 계수축소방법으로 두 번째 해가 구해지면 그것은 첫 번째 해와 함께 1차독립인 집합이므로 4.2절에서 언급한 것과 같이 두 함수의 1차결합을 통해서 방정식의 일반해를 얻을 수 있다.

y_1 을 동차방정식

$$y'' + p(x)y' + q(x)y = 0$$

의 자명하지 않는 해라 하자. 이제 y_1과 1차독립인 관계에 있는 해를 찾기 위해서 $y(x) = v(x)\,y_1(x)$를 택해 보자. 이것의 양변을 미분하면

$$y' = v\,y_1' + v'y_1\,, \quad y'' = vy_1'' + 2v'y_1' + v''y_1$$

이고, 주어진 방정식에 대입하면

$$(vy_1'' + 2vy_1' + v''y_1) + p(v\,y_1' + v'y_1) + qvy_1 = 0$$

또는

$$(y_1'' + py_1' + qy_1)v + y_1 v'' + (2y_1' + py_1)v' = 0$$

이다.

y_1이 방정식의 해이므로 $y_1'' + py_1' + qy_1 = 0$ 이어서 위 식은

$$y_1 v'' + (2y_1' + py_1)v' = 0$$

이다. 이제 $w = v'$ 로 치환해서 변수분리형인 1계 미분방정식

$$y_1 w' + (2y_1' + py_1)w = 0$$

을 얻고 변수를 분리하고 적분하면

$$\int \frac{dw}{w} = -2\int \frac{y_1{}'}{y_1} dx - \int p\, dx$$

$$\ln w = \ln(y_1^{-2}) - \int p\, dx$$

$$w = \frac{e^{-\int p(x)dx}}{y_1^2}$$

이다. 이제 w를 v'로 바꾸고 다시 적분하면

$$v = \int \frac{e^{-\int p(x)\,dx}}{[y_1(x)]^2}\, dx$$

를 얻는다. 그러므로 1차독립인 두 번째 해는 $y(x) = v(x)y_1(x)$이다. 위의 과정을 요약하면 다음과 같다.

계수축소법의 과정

방정식 $y'' + py' + qy = 0$에의 자명하지 않은 해 y_1을 알고 있을 때 이것과 1차독립인 관계에 있는 다른 해를 구하기 위해서 다음의 방법 중 하나를 이용한다.

1. $y(x) = v(x)y_1(x)$라 놓고 이것을 준 방정식에 대입하여 v'에 대한 변수분리형 방정식을 얻는다. 이 변수분리형 방정식을 풀어서 v'를 찾아 적분하여 v를 얻는다. $y_2(x) = v(x)y_1(x)$가 두 번째 해가 된다.

또는

2. $p(x)$와 $y_1(x)$를 계수축소법 공식에 사용하여 찾는다.

$$y(x) = y_1(x)\int \frac{e^{-\int p(x)\,dx}}{[y_1(x)]^2}\, dx$$

2계 방정식이 $a_2(x)y'' + a_1(x)y' + a_0(x)y = 0$형태로 주어졌을 때는 $a_2(x)$로 각 항을 나누어 반드시 표준형인

$$y'' + p(x)y' + q(x)y = 0$$

으로 고쳐 쓴 후 위의 공식을 사용해야 한다. 그러므로 $p(x) = \dfrac{a_1(x)}{a_2(x)}$가 된다.

예제 1 $y_1 = e^x$ 가 방정식 $y'' - 2y' + y = 0$ 의 해일 때 y_1과 1차독립인 두 번째 해를 구하라.

풀이 방법 1: $y = v(x)\, y_1(x) = v e^x$라 하자. 이 때

$$y' = ve^x + v'e^x, \quad y'' = ve^x + 2v'e^x + v''e^x$$

이고 이것을 방정식에 대입하면

$$(ve^x + 2v'e^x + v''e^x) - 2(ve^x + v'e^x) + ve^x = 0$$

이므로 $v'' = 0$이고 $v = C_1 x + C_2$이다. $C_1 = 1$, $C_2 = 0$로 취하면 $y = v y_1 = x e^x$이다.

방법 2: 공식을 사용하면 $p(x) = -2$이고 $y_1 = e^x$이므로

$$-\int p(x)\, dx = \int 2\, dx = 2x + C_1$$

이다. $C_1 = 0$를 취하면

$$y(x) = y_1 \int \frac{e^{-\int p(x)\,dx}}{y_1^2}\, dx = e^x \int \frac{e^{2x}}{(e^x)^2}\, dx = e^x \int dx = e^x (x + C_2)$$

이다. 다시 $C_2 = 0$이라 하면 $y = x e^x$인 두 번째 해를 얻는다. ■

연습문제 4.3

1. 다음에서 주어진 해를 사용하여 1차독립인 두 번째 해를 구하라.

(a) $y'' + 2y' - 15y = 0$, $y_1 = e^{3x}$

(b) $x^2 y'' + 6xy' + 6y = 0$, $x > 0$; $y_1 = x^{-2}$

(c) $xy'' + (1-2x)y' + (x-1)y = 0,\ x > 0\,;\ y_1 = e^x$

2. 방정식 $xy''' + (1-x)y'' + xy' - y = 0$은 해 $f(x) = x$를 갖는다. 치환 $y = v(x)f(x)$를 이용하여 위의 3계방정식을 변수 $\omega = v$로 동차인 2계 선형방정식으로 바꾸어라.

3. $y_1 = x$는 방정식 $y'' - xy' + y = 0$의 해이다.
   (a) y_1과 1차독립인 두 번째 해를 적분 형태로 표시하여라.
   (b) (a)를 이용하여 방정식의 해를 매클로린급수로 표현하여라.

4.4 계수가 상수인 동차선형방정식

이 절에서는 계수가 상수인 2계 동차선형방정식

$$a\,y'' + b\,y' + c\,y = 0$$

에 대하여 설명하겠다. 여기서 $a\,(\neq 0)$, b, c 는 실수인 상수이다. 상수인 함수는 어떤 구간에서도 연속이므로 존재정리에 의해서 방정식은 $(-\infty\,,\,\infty)$에 있는 모든 x에 대해서 정의되는 해를 가짐을 알 수 있다. 또 방정식의 1차독립인 두 해 y_1과 y_2를 찾을 수 있으면 C_1과 C_2가 임의의 상수일 때 일반해 $y = C_1\,y_1 + C_2\,y_2$를 구할 수 있다. 방정식을 살펴보면, 해의 미분형태에 상수를 곱하여 더한 것이 0이 됨을 알 수 있는데 $y = e^{m\,x}$은 미분이 $e^{m\,x}$에 상수를 곱한 형태이므로 해의 모양으로 적합함을 알 수 있다. 이제 $y = e^{m\,x}$를 해라 하고 주어진 방정식에 대입하면

$$am^2e^{m\,x} + bm\,e^{m\,x} + Ce^{m\,x} = 0$$
$$e^{m\,x}\,[am^2 + bm + c] = 0$$

인데 $e^{m\,x} \neq 0$이므로 $am^2 + bm + c = 0$을 얻는다. 그러므로 $y = e^{m\,x}$가 방정식의 해가 된다는 것은 m이 방정식 $am^2 + bm + c = 0$를 만족한다는 것과 같다. 이러한 방정식을 동차방정식에 대한 **특성방정식**(characteristic equation) 또는 **보조방정식**(auxiliary equation)이라 한다. 특성방정식의 근은 근의 공식에 의해서

$$m_1 = \frac{-b + \sqrt{b^2 - 4ac}}{2a} \text{ 와 } m_2 = \frac{-b - \sqrt{b^2 - 4ac}}{2a}$$

가 되는데 **판별식**(discriminant)의 $b^2 - 4ac$의 부호에 따라 서로 다른 두 실근과 중근 그리고 복소수근이 될 수 있다. 그러므로 $b^2 - 4ac$의 부호에 따라 얻는 특성방정식의 근의 종류에 의해서 다음의 세 가지 경우를 생각할 수 있다.

경우 1 (서로 다른 두 실근)

특성방정식의 근이 서로 다른 두 실근 m_1과 m_2이면 $e^{m_1 x}$와 $e^{m_2 x}$는 방정식의 1차독립인 해이므로 방정식 일반해는 C_1과 C_2가 임의의 상수일 때

$$y(x) = C_1 e^{m_1 x} + C_2 e^{m_2 x}$$

이다.

경우 2 (중근)

특성방정식이 중근 m을 가지면 방정식의 1차독립인 두 해는 e^{mx}과 xe^{mx}이고 C_1과 C_2가 임의의 상수일 때 일반해는

$$y(x) = C_1 e^{mx} + C_2 x e^{mx}$$

이다.

특성방정식이 중근을 가질 때는 단 하나의 해

$$y = e^{m_1 x} = e^{m_2 x} = e^{mx}$$

를 가지므로 1차독립인 관계에 있는 두 번째 해를 찾기 위해서 앞에서 언급한 계수축소방법을 이용할 수 있다. 즉 계수축소법의 공식을 사용하면

$$y_2 = y_1 \int \frac{e^{-\int p\,dx}}{{y_1}^2} dx = e^{mx} \int \frac{e^{-\int \frac{b}{a} dx}}{e^{2mx}} dx$$

(여기서 $p = \dfrac{b}{a}$ 임을 주의하라.)

$$= e^{mx} \int \frac{e^{mx}}{e^{mx}} dx \quad \left(-\frac{b}{a} = 2m\right)$$

$$= e^{mx} \int dx = x e^{mx}$$

를 얻으므로 일반해는

$$y = C_1 e^{mx} + C_2 x e^{mx}$$

이다.

경우 3 (복소근)

특성방정식의 근이 켤레복소근인 $m_1 = \alpha + i\beta$와 $m_2 = \alpha - i\beta$를 가질 때 임의의 상수 C_1, C_2에 대해서 일반해는

$$y = e^{\alpha x}(C_1 \cos\beta x + C_2 \sin\beta x)$$

이다.

$i^2 = -1$이고 $\alpha, \beta > 0$가 실수일 때 복소근인 두 근을 $m_1 = \alpha + i\beta$, $m_2 = \alpha - i\beta$라 하면 경우 1에 의해서

$$y = c_1 e^{(\alpha + i\beta)x} + c_2 e^{(\alpha - i\beta)x}$$

가 된다. 여기서 복소수의 지수함수를 실수값의 함수로 나타내기 위해서 오일러 공식

$$e^{i\theta} = \cos\theta + i\sin\theta \quad (\theta \text{ 는 실수})$$

을 이용하면 $e^{i\beta x} = \cos\beta x + i\sin\beta x$이고

$$e^{-i\beta x} = \cos\beta x - i\sin\beta x$$

이므로

$$e^{i\beta x} + e^{-i\beta x} = 2\cos\beta x, e^{i\beta x} - e^{-i\beta x} = 2i\sin\beta x$$

를 얻는다. $y = C_1 e^{(\alpha + i\beta)x} + C_2 e^{(\alpha - i\beta)x}$는 임의의 상수값 C_1, C_2에 대해서도 방정식의 근이므로

$$C_1 = C_2 = 1, \ C_1 = 1, \ C_2 = -1$$

을 방정식에 각각 취하면 두 개의 해

$$y_1 = e^{(\alpha + i\beta)x} + e^{(\alpha - i\beta)x}$$
$$y_2 = e^{(\alpha + i\beta)x} - e^{(\alpha - i\beta)x}$$

를 얻는다. 그런데

$$y_1 = e^{\alpha x}(e^{i\beta x} + e^{-i\beta x}) = 2e^{\alpha x}\cos\beta x$$

$$y_2 = e^{\alpha x}(e^{i\beta x} - e^{-i\beta x}) = 2ie^{\alpha x}\sin\beta x$$

이므로 이 두 실수의 함수 $e^{\alpha x}\cos\beta x$와 $e^{\alpha x}\sin\beta x$도 방정식의 해가 된다. 또한 $W(e^{\alpha x}\cos\beta x, e^{\alpha x}\sin\beta x) = \beta e^{2\alpha x}$이고 $\beta > 0$이므로 두 함수 $e^{2x}\cos\beta x$와 $e^{2x}\sin\beta x$는 구간 $(-\infty, \infty)$에서 미분방정식의 기본해 집합을 이루게 되어서 일반해는

$$\begin{aligned} y &= C_1 e^{dx}\cos\beta x + C_2 e^{\alpha x}\sin\beta x \\ &= e^{\alpha x}(C_1\cos\beta x + C_2\sin\beta x) \end{aligned}$$

이다.

예제 1 다음에 주어진 미분방정식을 풀어라.

(a) $2y'' - 5y' - 3y = 0$ (b) $y'' - 10y' + 25y = 0$

(c) $y'' - y' + y = 0$

풀이 (a) 특성방정식은 $2m^2 - 5m - 3 = (2m+1)(m-3) = 0$이고 두 개의 서로 다른 실근 $m_1 = -\dfrac{1}{2}$, $m_2 = 3$을 가지므로 경우 1에 의해서 일반해는

$$y = c_1 e^{\frac{-x}{2}} + c_2 e^{3x}$$

이다.

(b) 특성방정식은 $m^2 - 10m + 25 = (m-5)^2 = 0$이고 중근 $m_1 = m_2 = 5$을 가지므로 경우 2에 의해서

$$y = c_1 e^{5x} + c_2 x e^{5x}$$

가 방정식의 일반해이다.

(c) 특성방정식은 $m^2 + m + 1 = 1$이므로 두 개의 복소근

$$m_1 = -\frac{1}{2} + \frac{\sqrt{3}}{2}i \text{ 와 } m_2 = -\frac{1}{2} - \frac{\sqrt{3}}{2}i$$

를 갖고 경우 3에 의해서 방정식은 일반해

$$y = e^{-\frac{x}{2}}\left(c_1\cos\frac{\sqrt{3}}{2}x + c_2\sin\frac{\sqrt{3}}{2}x\right)$$

를 갖는다. ■

예제 2 초기값 문제 $y''+2y'-y=0$, $y(0)=0$, $y'(0)=-1$을 풀어라.

풀이 특성방정식은 $m^2+2m-1=0$이므로 근의 공식을 이용하면 $m_1=-1+\sqrt{2}$, $m_2=-1-\sqrt{2}$인 두 실근을 구할 수 있고 일반해는

$$y(x)=C_1e^{(-1+\sqrt{2})x}+C_2e^{(-1-\sqrt{2})x}$$

가 된다. 이제 C_1과 C_2를 구하기 위해서 초기조건을 대입하면

$$y(0)=C_1e^0+C_2e^0, y'(0)=(-1+\sqrt{2})C_1e^0+(-1-\sqrt{2})C_2e^0$$

가 되어서

$$C_1+C_2=0,\ (-1+\sqrt{2})C_1+(-1-\sqrt{2})C_2=-1$$

이므로, $C_1=-\dfrac{\sqrt{2}}{4}$, $C_2=\dfrac{\sqrt{2}}{4}$를 얻는다. 그러므로 일반해는

$$y(x)=-\frac{\sqrt{2}}{4}e^{(-1+\sqrt{2})x}+\frac{\sqrt{2}}{4}e^{(-1-\sqrt{2})x}$$

이다. ■

예제 3 초기값 문제 $y''-4y'+13y=0$, $y(0)=-1$, $y'(0)=2$를 풀어라.

풀이 특성방정식 $m^2-4m+13=0$의 근은 $m_1=2+3i$와 $m_2=2-3i$이므로 경우 3에 의해서 일반해는

$$y=e^{2x}(c_1\cos 3x+c_2\sin 3x)$$

이다. 이제 초기값 $y(0)=-1$을 사용하면

$$-1=e^0(c_1\cos 0+c_2\sin 0)=c_1 \text{ 이고 } c_1=-1$$

이므로 $y=e^{2x}(-\cos 3x+c_2\sin 3x)$가 되고 이것을 미분하면

$$y'=e^{2x}(3\sin 3x+3c_2\cos 3x)+2e^{2x}(-\cos 3x+c_2\sin 3x)$$

이다. 이제 $y'(0)=2$를 대입하면 $2=3c^2-2$에서 $c_2=\dfrac{4}{3}$을 얻으므로 초기값 문제의 해는

$$y = e^{2x}\left(-\cos 3x + \frac{4}{3}\sin 3x\right)$$

가 된다. ■

연습문제 4.4

※ 다음에 주어진 방정식의 해를 구하라.

1. $y'' + 4y = 0$
2. $z'' - 6z' + 10z = 0$
3. $\omega'' + 4\omega' + 26w = 0$
4. $4y'' - 4y' + 26y = 0$
5. $y'' - 8y' + 7y = 0$
6. $z'' + 10z' + 25z = 0$
7. $y'' + 2y' + 5y = 0$
8. $y'' + 10y' + 41y = 0$
9. $y'' - y' + 7y = 0$
10. $3v'' + 4v' + 9v = 0$
11. $y'' + 2y' + 2y = 0$; $y(0) = 2$, $y'(0) = 1$
12. $\omega'' - 4\omega' + 2\omega = 0$; $\omega(0) = 0$, $\omega'(0) = 1$
13. $y'' - 4y' + 5y = 0$; $y(0) = 1$, $y'(0) = 6$
14. $y'' - 2y' + 2y = 0$; $y(\pi) = e^{\pi}$, $y'(\pi) = 0$

4.5 중첩법칙과 비동차방정식

미분연산자 L을

$$L[y](x) := y'' + p(x)y' + q(x)y$$

라고 정의하였을 때, $L[y_1](x) = g_1(x)$이고 $L[y_2](x) = g_2(x)$라 하면 L이 선형연산자이므로 1차결합 $C_1 y_1(x) + C_2 y_2(x)$는

$$L[C_1 y_1(x) + C_2 y_2(x)] = C_1 g_1 + C_2 g_2$$

를 만족한다.

| 정리 1 | 중첩(superposition) 법칙

L이 선형미분연산자일 때 y_1을 미분방정식 $L[y](x) = g_1(x)$의 해라 하고 y_2를 $L[y](x) = g_2(x)$의 해라 하면 임의의 상수 C_1, C_2에 대하여 $C_1 y_1 + C_2 y_2$는 미분방정식

$$L[y](x) = C_1 g_1(x) + C_2 g_2(x)$$

의 해가 된다.

예제 1 $y_1(x) = -\frac{x}{3} - \frac{2}{9}$가 방정식 $y'' + 2y' - 3y = x$의 해이고

$y_2(x) = \frac{e^{2x}}{5}$가 방정식 $y'' + 2y' - 3y = e^{2x}$의 해일 때

$$y'' + 2y' - 3y = 4x - 5e^{2x}$$

의 해를 구하라.

풀이 $L[y] := y'' + 2y' - 3y$라 하자. $L[y_1](x) = g_1(x) = x$이고 $L[y_2](x) = g_2(x) = e^{2x}$라 하면

$$4x - 5e^{2x} = 4g_1(x) - 5g_2(x)$$

이므로 중첩법칙에 의해서

$$4y_1(x) - 5y_2(x) = 4\left(-\frac{x}{3} - \frac{2}{9}\right) - 5\left(\frac{e^{2x}}{5}\right)$$
$$= -\frac{4x}{3} - \frac{8}{9} - e^{2x}$$

가 주어진 비동차방정식의 해가 된다. ■

다음에는 비동차방정식의 해가 상응하는 동차방정식의 일반해와 비동차방정식의 특수해의 합으로 이루어짐을 살펴보자.

정리 1 비동차방정식의 해의 표현

$y_p(x)$가 구간 (a,b)에서 비동차방정식

$$y'' + p(x)y' + q(x)y = g(x)$$

의 특수해라 하고 $y_1(x)$과 $y_2(x)$가 구간 (a,b)에서 동차방정식

$$y'' + p(x)y' + q(x)y = 0$$

의 1차독립인 해라 하면 구간 (a,b)에서 비동차방정식의 일반해는

$$y(x) = y_p(x) + C_1 y_1(x) + C_2 y_2(x)$$

이다.

증명 $\phi(x)$가 비동차방정식의 해일 때 $\phi(x)$와 $y_p(x)$는 모두 비동차방정식의 해이므로 **중첩**(superposition)**법칙**에 의해서 $\phi(x) - y_p(x)$는 동차방정식의 해가 된다. 4.2절의 정리 1에 의해 적당한 상수 C_1과 C_2에 대해서

$$\phi(x) - y_p(x) = C_1 y_1(x) + C_2 y_2(x)$$

이고 이것은 위에 주어진 일반해와 동치가 된다. ■

비동차방정식을 푸는 과정

$y'' + py' + qy = g$를 풀기 위해서는

과정 1 상응하는 동차방정식 $y'' + py' + qy = 0$의 일반해
$y_c = C_1 y_1 + C_2 y_2$를 구한다.

과정 2 주어진 비동차방정식의 특수해 y_p를 찾는다.

과정 3 주어진 비동차방정식의 일반해는 동차방정식의 일반해와 비동차방정식의 특수해의 합으로써 나타난다.
즉, $y = y_p + C_1 y_1 + C_2 y_2$이다.

예제 2 $y_p(x) = x^2$이 비동차방정식 $y'' - y = 2 - x^2$의 특수해일 때 방정식의 일반해를 구하라.

풀이 비동차방정식에 상응하는 동차방정식 $y'' - y = 0$의 특성방정식은 $m^2 - 1 = 0$이므로 $m = \pm 1$이어서 일반해는 $y_c = C_1 e^x + C_2 e^{-x}$이다. 그러므로 주어진 방정식의 일반해는

$$y(x) = x^2 + C_1 e^x + C_2 e^{-x}$$

이다. ■

다음 두 절에서는 비동차인 2계 선형미분방정식의 특수해를 찾는 방법에 대해서 다룬다.

연습문제 4.5

※ 2계 비동차방정식과 특수해가 주어졌을 때 일반해를 구하라.

1. $y'' - y = x$, $y_p(x) = -x$
2. $\theta'' - \theta' - 2\theta = 1 - 2x$, $\theta_p(x) = x - 1$

3. $y'' + 2y' + 4y - 4\cos 2x = 0$, $y_p(x) = \sin 2x$

4. $\dfrac{d^2\theta}{dt^2} - \dfrac{d\theta}{dt} + \theta = \sin t$, $\theta_p(t) = \cos t$

5. $y'' = 2y' - y + 2e^x$, $y_p(x) = x^2 e^x$

6. $y_1(x) = \cos x$는 방정식 $y'' - y' + y = \sin x$의 해이고 $y_2(x) = \dfrac{e^{2x}}{3}$는 방정식 $y'' - y' + y = e^{2x}$의 해이다. 다음의 방정식의 해를 구하라.
   (a) $y'' - y' + y = 5\sin x$
   (b) $y'' - y' + y = \sin x - 3e^{2x}$
   (c) $y'' - y' + y = 4\sin x + 18e^{2x}$

7. $L[y] := y'' - 2y$, $y_1(x) := \dfrac{(\tan x)}{2}$,

   $y_2(x) := -\dfrac{x}{2}$, $y_3(x) := -\dfrac{1}{2}$

   이라 하자. $L[y_1](x) = \tan^3 x$, $L[y_2](x) = x$, $L[y_3](x) = 1$임을 보이고 다음과 같이 주어진 미분방정식의 일반해를 구하라.
   (a) $L[y](x) = \tan^3 x - 1$　　(b) $L[y](x) = x - 2$
   (c) $L[y](x) = 2\tan^3 x + 3x - 4$　　(d) $L[y](x) = \dfrac{x - \tan^3 x}{4}$

4.6 미정계수법

이 절에서는 비동차항이 어떤 특정한 형태의 함수일 때 비동차선형미분방정식의 특수해를 찾는 방법을 설명한다.

예제 1 $L[y](x) := y'' + 3y' + 2y = 3x + 1$의 특수해를 구하라.

풀이 $L[y_p](x) = 3x + 1$인 $y_p(x)$를 찾아보자. $y_p = Ax + B$에 대해서

$$L[y_p](x) = 0 + 3A + 2(Ax + B) = 2Ax + (3A + 2B)$$

이므로 $2Ax + (3A + 2B) = 3x + 1$를 얻는다. 양변의 계수를 비교하면 $2A = 3$이고 $3A + 2B = 1$이므로 $A = \frac{3}{2}, B = -\frac{7}{4}$가 되어서

$$y_p(x) = \frac{3}{2}x - \frac{7}{4}$$

이다. ■

위의 예를 보면 L이 상수계수를 가진 선형미분연산자이고, $p_n(x)$가 n차의 다항식일 때 $L[y](x) = p_n(x)$를 만족하는 특수해를 찾기 위해서

$$y_p(x) = A_n x^n + \dots + A_1 x + A_0$$

로 특수해의 형태를 추측하여 $A_0, A_1, \dots, A_n$을 결정할 수 있음을 알 수 있다. 이러한 방법을 **미정계수법**이라 부른다.

예제 2 $L[y](x) := y'' + 3y' + 2y = e^{3x}$의 특수해를 구하라.

풀이 $y_p(x) = Ae^{3x}$라 하면

$$L[y_p](x) = 9Ae^{3x} + 3(3Ae^{3x}) + 2(Ae^{3x}) = 20Ae^{3x}$$

이므로 $20Ae^{3x} = e^{3}$이고 $A = \frac{1}{20}$이다. 그러므로

$$y_p(x) = \frac{1}{20} e^{3x}$$

이다. ■

a와 α가 상수일 때, $L[y](x) = a e^{\alpha x}$ 형태의 비동차방정식에서는 $y_p(x) = A e^{\alpha x}$로 추측하여 $L[y_p](x) = a e^{\alpha x}$를 풀어서 상수 A를 구한다.

예제 3 $L[y](x) := y'' - y' - y = \sin x$의 특수해를 구하라.

풀이 $L[y_p](x) = \sin x$인 y_p를 구하자. 먼저 $y_p(x) = A\sin x$라 하면 $L[y_p](x) = -2A\sin x - A\cos x$가 되나 방정식의 비동차항은 단지 $\sin x$이므로 이것을 만족하는 A의 값은 없다. $y_p(x)$를 다른 모양으로 추측해야 하므로 $y_p(x) = A\cos x + B\sin x$라 놓으면

$$L[y_p](x) = (-2A - B)\cos x + (A - 2B)\sin x$$

이고 $(-2A - B)\cos x + (A - 2B)\sin x = \sin x$가 되므로

$$2A - B = 0,\ A - 2B = 1$$

을 얻고 $A = \frac{1}{5}$, $B = -\frac{2}{5}$를 구할 수 있다. 그러므로 특수해는

$$y_p(x) = \frac{1}{5}\cos x - \frac{2}{5}\sin x$$

가 된다. ■

일반적으로 비동차방정식이 $L[y](x) = a\cos\beta x + b\sin\beta x$의 형태이면 특수해를 $y_p(x) = A\cos\beta x + B\sin\beta x$로 추측해서 $L[y_p](x) = a\cos\beta x + b\sin\beta x$로부터 A, B를 구할 수 있다.

예제 4 $L[y](x) = y'' + y' = 5$의 특수해를 구하라.

풀이 비동차항이 상수인 5이므로 예 1로부터 $y_p(x) = A$라 추측하고 $L[y_p](x) = 5$라 놓자. 그러나 이 때 $L[y_p](x) = 0 \neq 5$가 되어 예 1에서

적용한 미정계수법을 여기서는 사용할 수 없다. 1계 미분방정식을 얻기 위해서 주어진 방정식을 적분하면

$$y' + y = 5x + C_1 \quad (C_1\text{은 상수})$$

이고 2.3절에서 설명한 1계 선형미분방정식의 해법을 이용하면

$$y(x) = 5x - 5 + C_1 + C_2 e^{-x}$$

을 얻는다. 이것은 위의 1계 방정식의 일반해이므로 주어진 2계 미분방정식의 일반해가 된다. 여기에서 $C_1 = 5$, $C_2 = 0$라 놓으면 비동차방정식의 특수해로써 $y_p(x) = 5x$를 얻는다. 이러한 과정을 살펴보면 앞부분에서 추측한 $y_p(x)$가 $y_p(x) = A$가 아닌 $y_p(x) = Ax$라 하고 앞에서 사용한 미정계수법을 사용하면 $A = 5$를 구할 수 있다. ■

위의 예에서 $y_p = A$인 형태로 미정계수법을 사용할 수 없었던 이유는 상수가 비동차방정식에 상응하는 동차방정식의 해이기 때문이다. 그러나 $\widetilde{y_p} = x y_p$로 특수해의 모양을 추측하였을 때 미정계수법이 쉽게 사용되었다. 그러므로 미정계수법을 사용하는 데 다음과 같은 사실을 유의해야 한다.

특수해 y_p를 구할 때 추측한 y_p가 주어진 비동차방정식에 상응하는 동차방정식의 해가 되면 y_p 대신에 $x^s y_p$를 특수해의 형태로 놓아야 한다. 여기서 s는 $x^s y_p$에서의 어떤 항도 비동차에 상응하는 동차방정식의 해가 되지않는 가장 작은 음이 아닌 정수이다.

예제 5 $y'' - y' - 12y = e^{4x}$의 특수해의 형태를 구하라.

풀이 주어진 비동차방정식에 상응하는 동차방정식 $y'' - y' - 12y = 0$의 특성방정식은 $m_1 = 4$와 $m_2 = -3$의 근을 가지므로 동차방정식의 일반해는

$$y_c(x) = C_1 e^{4x} + C_2 e^{-3x}$$

이다. 방정식의 비동차항이 e^{4x}이므로, 특수해를 $y_p(x) = Ae^{4x}$라 추측해 보자. 그런데 e^{4x}는 동차방정식의 근이므로 비동차방정식은 $y_p(x) = Axe^{4x}$ 형태의 특수해를 갖는다. ■

표 4.1 $L[y]$가 상수인 계수를 가질 때 $L[y](x)=g(x)$의 특수해 $y_p(x)$의 형태

형태	$g(x)$	$y_p(x)$
i	$P_n(x)=a_nx^n+\cdots+a_1x+a_0$	$x^sP_n(x)=x^s[A_nx^n+\cdots+A_1x+A_0]$
ii	ae^{ax}	$x^sA\,e^{\alpha x}$
iii	$a\cos\beta x+b\sin\beta x$	$x^s\{A\cos\beta x+B\sin\beta x\}$
iv	$P_n(x)\,e^{\alpha x}$	$x^sP_n(x)\,e^{\alpha x}$
v	$P_n(x)\cos\beta x+g_m(x)\sin\beta x$ $[g_m(x)=b_mx^m+\cdots+b_1x+b_0]$	$Q_N(x)=B_Nx^N+\cdots+B_1x+B_0$ $x^s\{P_N(x)\cos\beta x+Q_N(x)\sin\beta x\}$ $N=\max(n,m)$
vi	$a\,e^{\alpha x}\cos\beta x+b\,e^{\alpha x}\sin\beta x$	$x^s\{A\,e^{\alpha x}\cos\beta x+B\,e^{\alpha x}\sin\beta x\}$
vii	$P_n(x)\,e^{\alpha x}\cos\beta x+g_m(x)\,e^{\alpha x}\sin\beta x$	$x^s\,e^{\alpha x}\{P_N(x)\cos\beta x+Q_N(x)\sin\beta x\}$ $N=\max(n,m)$

s는 $y_p(x)$의 어떤항도 동차방정식 $L[y](x)=0$의 해가 되지 않게 하는 음이 아닌 가장 작은 정수이다.

예제 6 표 4.1을 이용하여 $g(x)$가 다음과 같이 주어졌을 때 비동차방정식 $y''+2y'-3y=g(x)$의 특수해의 형태를 구하라.

(a) $g(x)=7\cos 3x$ (b) $g(x)=5\,e^{-3x}$

(c) $g(x)=x^2\cos\pi x$ (d) $g(x)=2x\,e^{x}\sin x-e^{x}\cos x$

(e) $g(x)=x^2\,e^{x}+3x\,e^{x}$

풀이 상응하는 동차방정식의 특성방정식은 $m^2+2m-3=0$이므로 $m_1=1$, $m_2=-3$을 갖고 동차방정식의 일반해는

$$y_c(x)=C_1\,e^{x}+C_2\,e^{-3x}$$

가 된다.

(a) $g(x)=7\cos 3x$이므로 $a=7$, $b=0$, $\beta=3$인 형태 III이고

$$y_p(x)=A\cos 3x+B\sin 3x$$

이다.

(b) $g(x)=5e^{-3x}$이므로 형태 II이고 $y_p(x)=x^sAe^{-3x}$이나 e^{-3x}가 동차방정식의 해이므로 $s=1$를 취하면 $y_p(x)=Axe^{-3x}$의 형태를 가진다.

(c) $g(x)=x^2\cos\pi x$는 형태 V이고 $P_2(x)=x^2$, $g_0(x)\equiv 0$이므로 $N=\max\{2, 0\}=2$를 취하면

$$y_p(x)=(A_2x^2+A_1x+A_0)\cos\pi x+(B_2x^2+B_1x+B_0)\sin\pi x$$

이다.

(d) $g(x)=2xe^x\sin x-e^x\cos x$는 $P_0(x)=-1$, $g_1(x)=2x$인 형태 VII이므로 $N=\max\{0, 1\}=1$을 취하면

$$y_p(x)=e^x\{(A_1x+A_0)\cos x+(B_1x+B_0)\sin x\}$$

의 형태가 된다.

(e) $g(x)=x^2e^x+3xe^x=(x^2+3x)e^x$는 형태 IV이고 $P_2(x)=x^2+3x$이어서 $y_p(x)=x^s(A_2x^2+A_1x+A_0)e^x$의 형태를 갖는데 A_0e^x가 동차방정식의 해가 되므로 $s=1$을 취하여

$$y_p(x)=x(A_2x^2+A_1x+A_0)e^x$$

를 얻는다. ■

위의 예들에서 보여준 과정을 요약하면 다음과 같다.

미정계수방법

$L[y]=g$의 특수해를 구하기 위해서

과정 1 주어진 선형방정식이 상수계수만을 가지고 있는지 그리고 비동차항인 $g(x)$가 미정계수법에 적합한 함수들인지도 확인한다.

과정 2 비동차방정식에 상응되는 동차방정식 $L[y](x)=0$를 푼다.

과정 3 $g(x)$의 형태에 따라 특수해 $y_p(x)$의 적당한 모양을 추측한다. 이 때 $y_p(x)$의 어떤 항도 상응하는 동차방정식의 해가 되어서는 안 된다.

과정 4 $L[y_p](x) = g(x)$라 놓고 상응하는 계수를 찾기 위해서 선형방정식계를 구한다.

과정 5 $y_p(x)$의 상수를 찾기 위해서 과정 4에서 구한 선형방정식계를 푼다.

예제 7 $y'' - y = 2e^{-x} - 4xe^{-x} + 10\cos 2x$의 일반해를 구하라.

풀이 먼저 상응하는 동차방정식 $y'' - y = 0$를 풀면 일반해

$$y_c(x) = C_1 e^{x} + C_2 e^{-x}$$

를 얻는다. 방정식의 비동차항은 두 가지 형태의 합으로 되어 있으므로 중첩법칙을 이용하기 위하여 두 개의 방정식

$$y'' - y = 2e^{-x} - 4xe^{-x} \text{와} \quad y'' - y = 10\cos 2x$$

를 생각하자. 첫 번째 방정식의 특수해는 $y_q(x) = x^s(A_1x + A_0)e^{-x}$의 형태를 가지며 A_0e^{-x}는 상응하는 동차방정식의 해이므로 $s = 1$을 취한다. 그러므로

$$y_q(x) = (A_1x^2 + A_0x)e^{-x}$$

이며 첫 번째 방정식에 y_q를 대입하면

$$-4A_1xe^{-x} + (2A_1 - 2A_0)e^{-x} = -4xe^{-x} + 2e^{-x}$$

이므로 $-4A_1 = -4$, $2A_1 - 2A_0 = 2$로부터 $A_1 = 1$, $A_0 = 0$이고 $y_q(x) = x^2e^{-x}$가 첫 번째 비동차방정식의 특수해가 된다. 한편, 두 번째 비동차방정식의 특수해는

$$y_r(x) = A\cos 2x + B\sin 2x \quad (s = 0)$$

의 모양이고 이것을 두 번째 방정식에 대입하면

$$-5A\cos 2x - 5B\sin 2x = 10\cos 2x$$

가 되어서 $A = -2$, $B = 0$이므로

$$y_r(x) = -2\cos 2x$$

이다. 이제 중첩법칙으로부터 원래 주어진 비동차방정식의 특수해는 $y_q + y_r$, 즉

$$y_p(x) = y_q + y_r = x^2 e^{-x} - 2\cos 2x$$

이므로 비동차방정식의 일반해는 위에서 구한 특수해와 상응하는 동차방정식의 일반해의 합인

$$y(x) = C_1 e^{x} + C_2 e^{-x} + x^2 e^{-x} - 2\cos 2x$$

가 된다. ■

연습문제 4.6

※ 다음에 주어진 방정식의 특수해를 찾아라.

1. $y'' + 2y = -8$
2. $z'' + z = 5e^{2x}$
3. $2x' + x = 3t^2 + 10t$
4. $y'' - y' + 9y = 3\sin 3x$
5. $\dfrac{d^2\theta}{dr^2} - 5\dfrac{d\theta}{dr} + 6\theta = re^{r}$
6. $\theta'' - \theta = t\sin t$
7. $y'' - 2y' + y = 8e^{x}$
8. $z'' - 6z' + 9z = x^2 + e^{x}$

※ 다음에 주어진 방정식의 일반해를 구하라.

9. $y'' - y = -11x + 1$
10. $y'' + y' - 2y = x^2 - 2x + 3$
11. $y'' - 3y' + 2y = e^{t}\sin t$
12. $y'' + 2y' + 2y = e^{-\theta}\cos\theta$
13. $x'' - 4x' + 4x = te^{2t}$
14. $y'' - 3y = x^2 - e^{x}$
15. $y'' + y' + y = \cos x - x^2 e^{x}$

※ 다음의 초기값 문제를 풀어라.

16. $y' - y = 1,\ y(0) = 0$

17. $z'' + z = 2e^{-x};\ z(0) = 0,\ z'(0) = 0$

18. $y'' - y' - 2y = \cos x - \sin 2x;\ y(0) = -\dfrac{7}{20},\ y'(0) = \dfrac{1}{5}$

19. $y'' - 7y' + 10y = x^2 - 4 + e^x;\ y(0) = 3,\ y'(0) = -3$

20. $y'' - y = \sin\theta - e^{2\theta};\ y(0) = 1,\ y'(0) = -1$

※ 다음 주어진 방정식의 특수해의 형태를 결정하라.

21. $y'' + y = \sin x + x\cos x + 10^x$

22. $x'' - x' - 2x = e^t\cos t - t^2 + t + 1$

23. $y'' - 4y' + 5y = e^{5x} + x\sin 3x - \cos 3x$

24. $v'' - v = e^u - 7 + \cos u$

4.7 매개변수방법

4.6절에서는 방정식의 계수가 상수이고 비동차항이 어떤 특정한 형태의 함수일 때 방정식의 특수해를 찾는 비교적 간단한 방법인 미정계수법에 대해서 설명하였다. 이 절에서는 비동차방정식의 특수해를 찾는 좀더 일반적인 방법인 매개변수방법에 대해서 다룬다. 이 방법은 미분방정식의 계수가 x의 함수일지라도 상응하는 동차방정식의 기본해만 알 수 있으면 적용이 가능하다. 비동차인 2계 선형미분방정식

$$L[y](x) := y'' + p(x)y' + q(x)y = g(x)$$

를 생각하자. $\{y_1(x),\ y_2(x)\}$가 상응하는 동차방정식

$$L[y](x) = 0$$

의 기본해 집합이라 할 때 동차방정식의 일반해는 C_1과 C_2가 상수일 때

$$y_c(x) = C_1 y_1(x) + C_2 y_2(x)$$

이다. 이 방법에서는 비동차방정식의 특수해를 찾기 위해서 $y_c(x)$에서의 상수를 x의 함수로 바꾸어

$$y_p(x) = v_1(x)y_1(x) + v_2(x)y_2(x)$$

형태의 특수해를 찾는다. 이 과정에서 y_p에서 정의된 $v_1(x)$와 $v_2(x)$ 두 함수를 결정해야 하므로 이 두 함수를 포함한 두 개의 방정식이 필요하다. 그 중 하나는 y_p를 비동차방정식에 대입하여 구할 수 있다. y_p'과 y_p''을 계산하기 위해서 y_p'를 구하면

$$y_p' = (v_1' y_1 + v_2' y_2) + (v_1 y_1' + v_2 y_2')$$

을 얻고 y_p''를 간단히 계산하기 위하여 $v_1' y_1 + v_2' y_2 = 0$이라 가정하면 $y_p' = v_1 y_1' + v_2 y_2'$이 되어서

$$y_p'' = v_1' y_1' + v_1 y_1'' + v_2' y_2' + v_2 y_2''$$

이므로 주어진 비동차방정식에 대입하면

$$\begin{aligned} g &= L[y_p] \\ &= (v_1' y_1' + v_1 y_1'' + v_2' y_2' + v_2 y_2'') + p(v_1 y_1' + v_2 y_2') + q(v_1 y_1 + v_2 y_2) \end{aligned}$$

$$= (v_1{}'y_1{}' + v_2{}'y_2{}') + v_1(y_1{}'' + py_1{}' + qy_1) + v_2(y_2{}'' + py_2{}' + qy_2)$$
$$= (v_1{}'y_1{}' + v_2{}'y_2{}') + v_1 L[y_1] + v_2 L[y_2]$$

를 얻는다. 그런데 y_1과 y_2는 동차방정식의 해이므로

$$L[y_1] = L[y_2] = 0$$

이어서 간단히 $v_1{}'y_1{}' + v_2{}'y_2{}' = g$가 된다. 그러므로 v_1과 v_2를 구하기 위해서는 $y_1v_1{}' + y_2v_2{}' = 0$, $y_1{}'v_1{}' + y_2{}'v_2{}' = g$의 방정식계를 풀어야 하는데 **크래머**(Cramer)의 법칙을 사용하면

$$v_1{}'(x) = \frac{-g(x)y_2(x)}{W[y_1, y_2](x)}, \quad v_2{}'(x) = \frac{g(x)y_1(x)}{W[y_1, y_2](x)}$$

($W[y_1, y_2](x)$는 $y_1(x)$와 $y_2(x)$의 론스키행렬식)을 구할 수 있다. [y_1과 y_2는 기본해이므로 $W[y_1, y_2] \neq 0$이다.] 그러므로

$$v_1(x) = \int \frac{-g(x)y_2(x)}{W[y_1, y_2](x)}dx, \quad v_2(x) = \int \frac{g(x)y_1(x)}{W[y_1, y_2](x)}dx$$

이다.

매개변수방법

$y'' + py' + qy = g$의 특수해를 찾기 위해서는

과정 1 상응하는 동차방정식 $y'' + py' + qy = 0$의 기본해집합 $\{y_1(x), y_2(x)\}$를 구하여 $y_p(x) = v_1(x)y_1(x) + v_2(x)y_2(x)$형태의 특수해를 찾는다.

과정 2 $v_1(x)$와 $v_2(x)$를 찾기 위해서 v_1과 v_2를 주어진 비동차미분방정식에 대입하여 얻은 방정식계를 $v_1{}'(x)$와 $v_2{}'(x)$에 대해서 푼 다음 적분한다. [위의 공식을 적용하기 위해서는 주어진 방정식이 $a_2(x)y'' + a_1(x)y' + a_0(x)y = b(x)$의 모양이면 $a_2(x)$로 양변을 나누어 $y'' + p(x)y' + q(x)y = g(x)$형태로 고쳐 쓴 다음 공식을 이용한다.]

과정 3 $y_p(x)$에 과정 2에서 구한 $v_1(x)$와 $v_2(x)$를 대입한다.

예제 1 구간$\left(-\frac{\pi}{2}, \frac{\pi}{2}\right)$에서 $\frac{d^2y}{dx^2}+y=\tan x$의 일반해를 구하라.

풀이 상응하는 동차방정식 $y''+y=0$에 대한 기본해집합이 $\{\cos x, \sin x\}$이므로 비동차방정식의 특수해를

$$y_p(x)=v_1(x)\cos x+v_2(x)\sin x$$

라 놓으면 방정식계

$$\begin{aligned}(\cos x)v_1'(x)+(\sin x)v_2'(x)&=0\\(-\sin x)v_1'(x)+(\cos x)v_2'(x)&=\tan x\end{aligned}$$

를 얻는다. 이것을 $v_1'(x)$와 $v_2'(x)$에 대해서 풀면

$$\begin{aligned}v_1'(x)&=-\tan x\sin x\\v_2'(x)&=\tan x\cos x=\sin x\end{aligned}$$

이고, 적분하여

$$\begin{aligned}v_1(x)&=-\int\tan x\sin x\,dx=-\int\frac{\sin^2x}{\cos x}dx\\&=-\int\frac{1-\cos^2x}{\cos x}dx=\int(\cos x-\sec x)dx\\&=\sin x-\ln(\sec x+\tan x)+C_1\end{aligned}$$

과

$$v_2(x)=\int\sin x\,dx=-\cos x+C_2$$

를 구할 수 있다. 여기서 단지 하나의 특수해만 구하면 되므로 $C_1=C_2=0$로 취하면

$$\begin{aligned}y_p(x)&=[\sin x-\ln(\sec x+\tan x)]\cos x-\cos x\sin x\\&=-(\cos x)\ln(\sec x+\tan x)\end{aligned}$$

이고 비동차방정식의 일반해는 주어진 비동차방정식의 특수해와 상응

하는 동차방정식의 일반해의 합으로 나타나므로 구간 $\left(-\frac{\pi}{2}, \frac{\pi}{2}\right)$에서

$$y(x) = C_1 \cos x + C_2 \sin x - (\cos x)\ln(\sec x + \tan x)$$

이다. ■

예제 2 구간$\left(-\frac{\pi}{2}, \frac{\pi}{2}\right)$에서 $\frac{d^2y}{dx^2} + y = \tan x + 3x - 1$의 특수해를 구하라.

풀이 $g(x) = \tan x + 3x - 1$으로 놓고 매개변수방법을 사용하면 방정식의 특수해를 구할 수 있다. 또는 두 방정식으로 분리해서 생각하여 중첩법칙을 이용할 수 있다. 즉, $y'' + y = \tan x$와 $y'' + y = 3x - 1$을 각각 푼 후 중첩법칙을 적용할 수 있는데 첫번째 방정식의 특수해는 예 1로부터

$$y_q(x) = -(\cos x)\ln(\sec x + \tan x)$$

이고 두 번째 방정식에 대해서는 미정계수법을 사용하여 $y_r(x) = Ax + B$라 하면 $y_r(x) = 3x - 1$를 구할 수 있으므로 중첩법칙에 의해서 원래 주어진 비동차방정식의 특수해는

$$y_p(x) = y_q(x) + y_r(x) = -(\cos x)\ln(\sec x + \tan x) + 3x - 1$$

이다. ■

매개변수방법은 미정계수법과 달리 선형방정식의 계수가 x의 함수일지라도 적용할 수 있다는 이점이 있으나 이 방법을 사용하기 위해서는 항상 상응하는 동차방정식의 기본해집합을 구할 수 있어야 한다. 그러나 일반적으로 계수가 x의 함수인 방정식의 해를 찾는 것은 어려운 일이다.

연습문제 4.5

※ 다음에 주어진 미분방정식의 일반해를 매개변수방법을 사용하여 구하라.

1. $y'' + 4y = \tan 2x$
2. $2x'' - 2x' - 4x = 2e^{3t}$
3. $y'' - 2y' + y = x^{-1}e^{x}$
4. $y'' + 16y = \sec 4\theta$
5. $y'' + 4y = \csc^2 2x$

※ 다음 미분방정식의 일반해를 구하라.

6. $y'' + y = \tan^2 x$
7. $v'' + 4v = \sec^4 2x$
8. $y'' + y = 3\sec x - x^2 + 1$
9. $\frac{1}{2}y'' + 2y = \tan 2x - \frac{1}{2}e^{x}$
10. $y'' - 6y' + 9y = x^{-3}e^{3x}$

5 2계 미분방정식으로 표현되는 수학적모델

5.1 단순조화운동

질량이 m인 물체가 천장과 같은 단단한 곳에 고정되어 있는 스프링에 매달려 있는 경우를 가정하자. 물체가 스프링을 원래 길이에서 s만큼 더 늘어뜨렸을 때 어떠한 힘도 가해지지 않은 상태를 **평형상태**(equilibrium position)라 부른다(그림 5.1). 후크(Hooke)의 법칙에 따라 스프링의 위의 방향으로의 복원력은 스프링이 늘어난 길이 s에 비례하므로 $k>0$가 비례상수 또는 스프링의 고유상수일 때

$$F = ks$$

로 표현된다. 그림 5.1에서와 같이 스프링의 고유길이가 b일 때 물체가 스프링에 매달려서 스프링을 원래 길이에서 s만큼 늘어나게 하면 평형상태 $x=0$에 이르게 된다. 스프링이 운동을 시작하면 시간 t에서 $x=0$로부터의 거리는 $x(t)$로 나타내기로 한다. 뉴턴의 제 2 운동법칙에 의해서

$$F = ma = m\frac{d^2x}{dt^2}$$

인데 m은 물체의 질량이고 a는 가속도를 나타낸다. 만약 질량에 중력 이외의 어떠한 힘도 작용하지 않는다고 하면 이러한 현상은 스프링-질량계에 작용하는 힘을 모두 더함으로써 나타낼 수 있다.

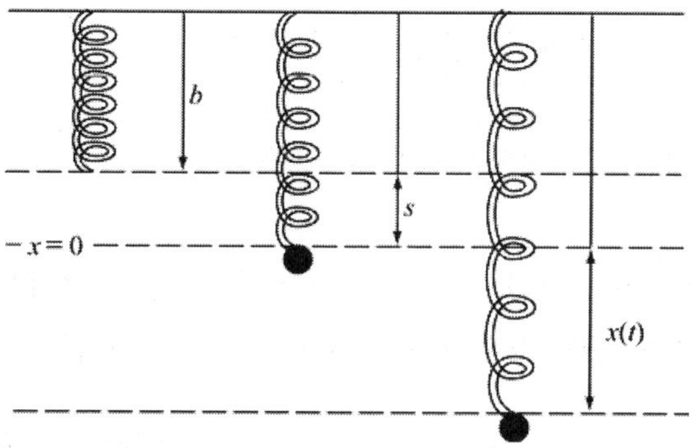

그림 5.1

$$\begin{aligned} \text{즉, } m\frac{d^2x}{dt^2} &= \sum(\text{시스템에 작용하는 힘}) \\ &= -k(s+x)+mg \\ &= -ks-kx+mg \end{aligned}$$

이 된다. 그런데 평형상태에서 $ks = mg$이므로 위의 식은

$$m\frac{d^2x}{dt^2} = -kx \quad \text{또는} \quad m\frac{d^2x}{dt^2} + kx = 0$$

가 된다. 이 문제에 사용되는 두 개의 초기조건은 초기위치 $x(0) = \alpha$와 초기속도 $\frac{dx}{dt} = \beta$이다. 그러므로 시간 t에서 평형상태$(x = 0)$에서부터 물체의 거리 $x(t)$는 초기값 문제

$$\begin{cases} m\dfrac{d^2x}{dt^2} + kx = 0 \\ x(0) = \alpha, \quad \dfrac{dx}{dt}(0) = \beta \end{cases}$$

의 해를 구함으로써 찾을 수 있다. 위에서 미분방정식을 유도하기 위해서 만든 가정에 따라 $x(t)$의 양의 값은 질량이 평형상태의 아래에 있음을 나타내고 $x(t)$의 음의 값은 질량이 평형상태의 위에 있는 상태임을 나타낸다. 이러한 문제에서 사용되는 단위를 요약하면 표 5.1과 같다.

표 5.1

스프링-질량계에 쓰이는 단위					
계	힘	질량	길이	k(스프링상수)	시간
영국식	파운드 (pounds(lb))	슬러그 (slugs$\left(\frac{\text{lb}-\text{s}^2}{\text{ft}}\right)$)	피트 (feet(ft))	lb/ft	도 second(s)
미터식	뉴우튼 (Newtons(N))	킬로그램 (kilograms(Kg))	미터 (meters(m))	N/m	초 second(s)

예제 1 길이가 10인치(inch)인 스프링에 5 lb의 무게의 물체를 달았을 때 스프링이 13인치(inch)로 늘어났다면 스프링의 고유상수는 얼마인가?

풀이 질량의 무게가 5lb 이므로 $F = 5\text{lb}$ 이고 물체에 의해서 늘어난 스프링의 길이는 $13 - 10 = 3\text{in}$이므로 $s = 3\text{in} \times \frac{1\text{ ft}}{12\text{in}} = \frac{1}{4}\text{ft}$가 되어

$F = ks$로부터 $5 = \frac{1}{4}k$에서 $k = 20$이다. ■

예제 2 무게가 16 lb인 물체가 스프링을 3인치(inch) 더 늘어뜨렸을 때 다음의 경우를 초기값 문제로 나타내어라.

(a) 물체가 평형상태 위치에서 4인치 아래인 곳에서 초기속도 2 ft/s로 위쪽으로 놓였을 때

(b) 물체가 평형상태 위치로부터 6인치 위쪽에서 그대로 놓였을 때

(c) 물체가 평형상태 위치에서 아래쪽으로 초기속도 8 ft/s로 놓였을 때

풀이 먼저 스프링-질량계를 나타내는 미분방정식을 결정하자. 영국식 단위로 주어졌으므로 $g = 32\,\mathrm{ft/s^2}$를 사용하기로 한다. 모든 단위를 인치(inch)에서 피트(feet)로 바꿔야 하는데 물체가 스프링을 3인치 더 늘어뜨렸으므로

$$s = 3\,\mathrm{in} \times \frac{1\,\mathrm{ft}}{12\,\mathrm{in}} = \frac{1}{4}\,\mathrm{ft}$$

이고 질량의 무게가 16 lb 이므로 $F = 16$이고 후크의 법칙에 의해서 $16 = k \cdot \frac{1}{4}$로부터

$$k = 64\,\mathrm{lb/ft}$$

이다. 또 $F = mg$로부터 물체의 질량 m을 구하면 $16 = m \cdot 32$에서 $m = \frac{1}{2}\,\mathrm{slug}$를 얻는다. 그러므로 시간 t에서 물체의 위치를 구하기 위해 사용할 미분방정식은

$$\frac{1}{2}\frac{d^2x}{dt^2} + 64x = 0$$

이다. 이제 (a), (b), (c)에 대한 초기값 조건을 찾아보자.

(a) $4\,\mathrm{in} \times \frac{1\,\mathrm{ft}}{12\,\mathrm{in}} = \frac{1}{3}\,\mathrm{ft}$이고 물체가 양의 방향인 아래쪽에 있으므로 $x(0) = \frac{1}{3}$이다. 또한 음의 방향인 위쪽으로 초기속도 $2\,\mathrm{ft/s}$ 으로 올려졌으므로 $\frac{dx}{dt}(0) = -2$를 얻는다.

(b) 평형상태의 위치에서 위쪽 $6\,\mathrm{in}\left(\text{또는 } \frac{1}{2}\,\mathrm{ft}\right)$인 지점에서 운동이

시작되므로 초기위치를 $x(0)=-\frac{1}{2}$이고 초기속도 없이 그대로 놓였으므로 $\frac{dx}{dt}(0)=0$이다.

(c) 질량이 평형상태에서 놓였으므로 $x(0)=0$이고 양의 방향인 아래쪽으로 초기속도 8 ft/s 으로 운동이 시작되므로 $\frac{dx}{dt}(0)=8$이다. ■

예제 3 무게가 60 lb인 물체가 원래의 스프링 길이보다 6인치 더 늘어뜨렸다. 물체가 평형상태의 위치에서 12인치 아래인 지점에서 그대로 놓였을 때 평형상태 위치에서부터 물체가 이동하는 변위의 함수 $x(t)$를 구하라.

풀이 먼저 스프링 상수 k를 구해보자. 후크의 법칙에 위해서 $F=ks$이므로 $60=k\cdot 0.5$에서 $k=120\ \mathrm{lb/ft}$이다. 또 질량 m을 구하기 위해서 $F=mg$를 사용하면 $60=m\cdot 32$에서 $m=\frac{15}{8}\mathrm{slug}$가 된다. $\frac{k}{m}=64$이고 12 in는 1 ft이므로 초기값 문제

$$\begin{cases} \frac{d^2x}{dt^2}+64x=0 \\ x(0)=1,\ \frac{dx}{dt}(0)=0 \end{cases}$$

를 얻는다. 특성방정식은 $r^2+64=0$이고 $r=\pm 8i$의 근을 가지므로 일반해는 $x(t)=c_1\cos 8t+c_2\sin 8t$이다. 상수 c_1과 c_2의 값을 정하기 위해서 초기값 조건을 사용하면 $\frac{dx}{dt}(t)=-8c_1\sin 8t+8c_2\cos 8t$이므로 $x(0)=c_1=1$이고 $\frac{dx}{dt}(0)=8c_2=0$가 되어 $c_1=1$, $c_2=0$를 얻고 $x(t)=\cos 8t$이다. 여기서 해 $x(t)=\cos 8t$는 스프링-질량 시스템이 일단 운동을 시작하면 멈추지 않음을 말해주며 해가 주기적이고 수직적으로만 움직이므로 이러한 형태의 운동을 단순조화운동(simple harmonic motion)이라 부른다. ■

예제 4 무게가 2 lb 인 물체가 스프링에 달려서 스프링을 1.5 in 더 늘어뜨렸다.

(a) 물체가 평형상태의 위치에서 12인치 위인 지점에서 초기속도 32 ft/s 으로 아래쪽으로 내려졌을 때 물체의 위치에 대한 함수 $x(t)$를 구하라.

(b) 물체가 처음 평형상태 위치를 지날 때의 시간 t를 구하라.

풀이 (a) 먼저 스프링의 고유상수를 구한다. 힘 $F=2$가 스프링을 $\frac{3}{2}\text{in}\times\frac{1\text{ft}}{12\text{in}}=\frac{1}{8}\text{ft}$만큼 늘어뜨렸으므로 $2=k\cdot\frac{1}{8}$에서 $k=16\text{lb/ft}$임을 알 수 있다. 또 $F=mg$에서 $m=\frac{2}{32}=\frac{1}{16}\text{slug}$이므로 이 모델의 미분방정식은

$$\frac{1}{16}\frac{d^2x}{dt^2}+16x=0 \text{ 또는 } \frac{d^2x}{dt^2}+256x=0$$

이다. 12 in는 1 ft와 같으므로 평형상태 위치로부터 위인 초기위치는 $x(0)=-1$이고 초기속도는 운동이 밑으로 향하기 때문에 $\frac{dx}{dt}(0)=32$로 나타낼 수 있다. 그러므로 초기값 문제

$$\begin{cases}\dfrac{d^2x}{dt^2}+256x=0\\ x(0)=-1,\ \dfrac{dx}{dt}(0)=32\end{cases}$$

를 얻고 여기서 특성방정식은 $r^2+256=0$이고 $r=\pm16i$의 해를 가지므로 일반해는

$$x(t)=c_1\cos16t+c_2\sin16t$$

이다.

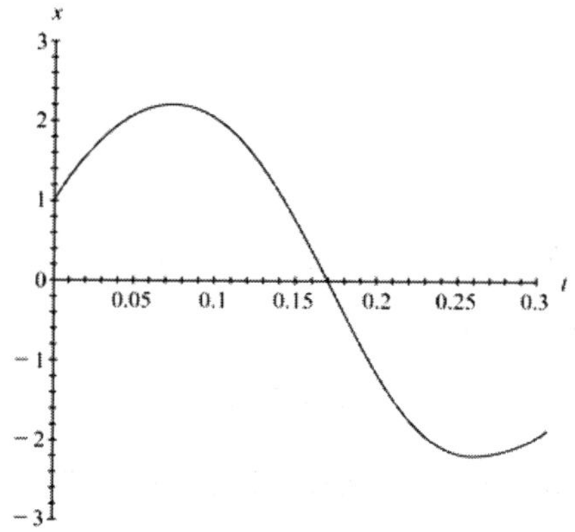

그림 5.2

$\dfrac{dx}{dt}(t) = -16c_1 \sin 16t + 16c_2 \sin 16t$이므로 두 초기조건을 사용하면

$$x(0) = c_1 \cos 0 + c_2 \sin 0 = c_1 = -1$$

이고

$$\frac{dx}{dt}(0) = -16c_1 \sin 0 + 16c_2 \cos 0 = 16c_2 = 32$$

에서 $c_2 = 2$이다. 그러므로 변위함수는

$$x(t) = -\cos 16t + 2\sin 16t$$

이다.(그림 5.2)

(b) 물체가 처음 평형상태 지점을 통과하는 시간을 구하기 위해서 $x(t) = -\cos 16t + 2\sin 16t = 0$ 또는 $\tan 16t \dfrac{=1}{2}$을 풀어야 하므로

$$t = \frac{1}{16}\tan^{-1}(0.5) \approx 0.03\,\text{second}$$

이다. ■

초기값 문제

$$\begin{cases} m\dfrac{d^2x}{dt^2} + kx = 0 \\ x(0) = \alpha,\ \dfrac{dx}{dt}(0) = \beta \end{cases}$$

에 대한 일반해는

$$x(t) = \alpha\cos\omega t + \frac{\beta}{\omega} sin\omega t,\ w = \sqrt{\frac{k}{m}}$$

이다. $x(t)$를 삼각함수의 $\cos(a+b) = \cos a \cos b - \sin a \sin b$를 사용하여 위상이동의 코사인함수로 표현하기 위해서

$$x(t) = A\cos(\omega t - \phi)$$

라 하면 $x(t) = A\cos\omega t \cos\phi + A\sin\omega t \sin\phi$이므로 두 함수

$$x(t) = \alpha\cos\omega t + \frac{\beta}{\omega}sin\omega t$$
$$x(t) = A\cos\omega t\cos\phi + A\sin\omega t\sin\phi$$

를 비교하여 $A\cos\phi = \alpha$, $A\sin\phi = \dfrac{\beta}{\omega}$를 얻으므로

$$\cos\phi = \frac{\alpha}{A}, \quad \sin\phi = \frac{\beta}{A\omega}$$

가 된다. 그런데 $\cos^2\phi + \sin^2\phi = 1$이므로 $\left(\dfrac{\alpha}{A}\right)^2 + \left(\dfrac{\beta}{A\omega}\right)^2 = 1$이 되어 **해의 진폭**(amplitude)은

$$A = \sqrt{\alpha^2 + \frac{\beta^2}{\omega^2}} \text{ 이고 } x(t) = \sqrt{\alpha^2 + \frac{\beta^2}{\omega^2}}\, cos(\omega t - \phi)$$

이다. 여기서

$$\phi = \cos^{-1}\left(\frac{\alpha}{\sqrt{\alpha^2 + \dfrac{\beta^2}{\omega^2}}}\right) \text{ 이고 } \omega = \sqrt{\frac{k}{m}}$$

이다. 또 $x(t)$의 주기는 $T = 2\dfrac{\pi}{\omega} = 2\pi\sqrt{\dfrac{m}{k}}$ 이다. 많은 경우에 스프링-질량계의 해를 위의 형태로 나타냄으로써 변위함수에 대한 많은 정보를 얻을 수 있다.

예제 51 4 kg의 질량이 스프링을 0.392 m 더 늘어뜨렸다.

(a) 질량이 평형상태 위치의 1 m 아래지점에서 초기속도 10 m/s로 아래쪽으로 놓여졌을 때 위치함수를 구하라.

(b) 질량이 평형상태에서 가장 멀리 위치하는 길이를 구하라.

(c) 위치함수의 대략적인 주기는 얼마인가?

풀이 물체의 **질량**(미터식 단위)이 $m = 4\text{kg}$이므로 $F = mg$를 사용하여 힘

$$F = (4)(9.8) = 39.2\,\text{Newton}$$

을 구할 수 있고 $39.2 = k \cdot 0.392$이므로 스프링의 고유상수는 $k = 100\,\text{N/m}$이다. 그러므로 문제에 상응하는 스프링-질량 시스템은

$$4\frac{d^2x}{dt^2} + 100x = 0 \quad \text{또는} \quad \frac{d^2x}{dt^2} + 25x = 0$$

이고, 초기위치는 $x(0)=1$이며 초기속도는 $\frac{dx}{dt}(0)=10$으로 표현할 수 있다. 그러므로 초기값 문제

$$\begin{cases} \frac{d^2x}{dt^2}+25x=0 \\ x(0)=1, \quad \frac{dx}{dt}(0)=10 \end{cases}$$

를 얻고 $\alpha=1$, $\beta=10$, $\omega=\sqrt{\frac{100}{4}}=25$로 일반적인 형태의 해를 사용하면

$$x(t)=\sqrt{\alpha^2+\frac{\beta^2}{\omega^2}}\cos(\omega t-\phi)=\sqrt{1^2+\frac{10^2}{5^2}}cos(5t-\phi)$$

$$=\sqrt{5}\,cos(5t-\phi)$$

이고 $\phi=\cos^{-1}\frac{1}{\sqrt{5}}\approx 1.11\text{rad}$가 된다.(그림 5.3)

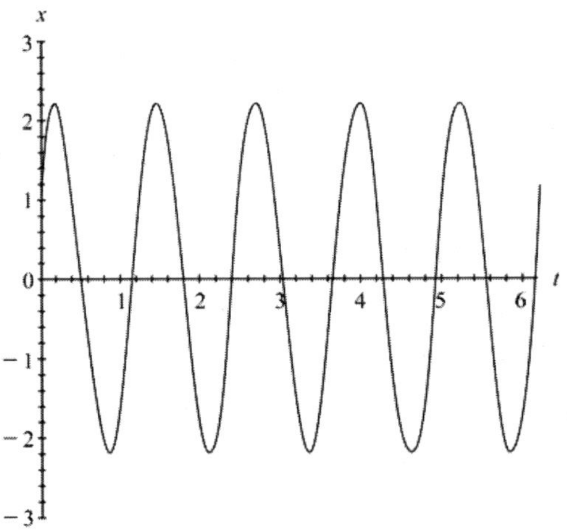

그림 5.3

(b) $x(t)=\sqrt{5}\,cos(5t-\phi)$의 최대값은 $x=\sqrt{5}$이므로 평형상태위치에서 질량이 가장 멀리 위치하는 거리는 $\sqrt{5}\approx 2.236\text{m}$이다.

(c) 주기가 $T=\frac{2\pi}{\omega}=\frac{2\pi}{5}$이므로 질량이 $\frac{2\pi}{5}\approx 1.257$초마다 초기위치에 되돌아온다. ■

연습문제 5.1

※ 다음 각 방정식에 대해서 다음에 주어진 스프링-질량계에서 질량 m과 스프링상수 k를 구하라. (영국단위계를 가정하라.) 또 초기값 조건을 설명하라.

1. $4\dfrac{d^2x}{dt^2}+9x=0,\ x(0)=-1,\ x'(0)=0$

2. $\dfrac{1}{4}\dfrac{d^2x}{dt^2}+16x=0,\ x(0)=0.75,\ x'(0)=-2$

※ 다음 문제에서 초기값 문제의 해를

$$x(t)=\sqrt{\alpha^2+\frac{\beta^2}{\omega^2}}\,cos(\omega t-\phi)$$

형태로 나타내어라. 해의 주기와 진폭은 얼마인가?

3. $\dfrac{d^2x}{dt^2}+x=0,\ x(0)=3,\ x'(0)=-4$

4. $\dfrac{1}{16}\dfrac{d^2x}{dt^2}+x=0,\ x(0)=-2,\ x'(0)=1$

5. $\dfrac{d^2x}{dt^2}+9x=0,\ x(0)=\dfrac{1}{3},\ x'(0)=-1$

6. 16 lb의 물체가 스프링을 6 인치 더 늘어뜨렸다. 물체가 평형 위치 아래 1 ft에서 그대로 놓여졌다면 물체의 위치함수를 구하라. 또 물체가 평형상태에서 가장 멀어지는 위치는 얼마이며 또 언제 그러한 상황이 일어나는가?

7. 6lb의 물체가 스프링을 6 인치 더 늘어뜨렸다. 물체가 평형위치에서 3 인치 위에서 놓여졌을 때 그 물체가 평형위치로 돌아오는 데 걸리는 시간을 구하라. 또 물체의 위치가 $t=5$초일 때는 어떻게 되는가? 물체가 평형상태에서 1ft/s의 초기속도로 아래 방향으로 놓여졌다면 그것이 평형위치로 돌아오는 데 얼마나 걸리겠는가?

8. 초기값 문제 $\frac{d^2x}{dt^2}+kx=0,\ x(0)=-1,\ x'(0)=0$를 $k=1, 4, 9$일 때에 대해서 풀어라. k의 값이 이 물체의 운동에 어떠한 영향을 미치는지 설명하라.

9. 1 lb의 물체가 스프링을 $\frac{1}{8}$ft 늘어뜨렸다. 물체가 아래로 당겨져서 평형위치의 아래 $b$ft 인 곳에서 초기속도 1 ft/s로 놓여졌다. 평형위치에서의 최대거리가 2 ft라면 b값은 얼마인가?

10. 제동이 없는 스프링-질량 시스템에서의 물체의 운동주기가 $\frac{\pi}{2}$초라 할 때 스프링 상수가 $k=32$lb/ft라면 질량 m은 얼마인가?

11. 물체의 운동이 다음 초기값 문제

$$\begin{cases} m\frac{d^2x}{dt^2}+kx=0 \\ x(0)=\alpha,\ \frac{dx}{dt}(0)=\beta \end{cases}$$

를 만족할 때 물체의 최고속도를 구하라.

5.2 제동운동(Damped Motion)

5.1절에서 소개한 미분방정식은 질량의 운동에 작용하는 어떠한 형태의 제동력도 무시되었기 때문에 이 절에서는 좀더 현실적인 모델을 유도하도록 한다. 제동력은 운동의 속도를 나타내는 함수인데

$$F_R = c\frac{dx}{dt},\ F_R = c\left(\frac{dx}{dt}\right)^3,\ F_R = c\,\mathrm{sgn}\left(\frac{dx}{dt}\right)$$

$$\mathrm{sgn}\left(\frac{dx}{dt}\right) = \begin{cases} 1, & \frac{dx}{dt} > 0 \\ 0, & \frac{dx}{dt} = 0 \\ -1, & \frac{dx}{dt} < 0 \end{cases}$$

와 같은 함수들이 **제동력**(damping force)으로써 나타낼 수 있다. 5.1절에서 단순조화운동을 모델링하기 위해서 사용되었던 과정들을 제동이 포함된 스프링-질량 시스템을 모델링하기 위해서 사용하여 보자.

$F_R = c\frac{dx}{dt}$로 가정하고 스프링-질량 시스템에 작용하는 힘을 모두 고려하면

$$m\frac{d^2x}{dt^2} = -c\frac{dx}{dt} - kx \quad \text{또는} \quad m\frac{d^2x}{dt^2} + c\frac{dx}{dt} + kx = 0$$

를 얻고 초기값 문제

$$\begin{cases} m\frac{d^2x}{dt^2} + c\frac{dx}{dt} + kx = 0 \\ x(0) = \alpha,\ \frac{dx}{dt}(0) = \beta \end{cases}$$

의 해를 구함으로써 변위함수를 찾을 수 있다. 이 미분방정식의 특성방정식은 $mr^2 + cr + k = 0$이고 $r = \frac{-c \pm \sqrt{c^2 - 4mk}}{2m}$의 근을 가지므로 미분방정식의 해는 $c^2 - 4mk$의 부호에 따라 결정된다.

경우 1 $c^2 - 4mk > 0$일 때: 제동상수 c가 스프링의 고유상수 k와 비교했을 때 더 크므로 **과제동**(overdamped)인 경우이다.

경우 2 $c^2-4mk=0$일 때: 이 경우는 약간 감소하는 진동운동이 일어나므로 **임계제동**(critically damped)이라 한다.

경우 3 $c^2-4mk<0$일 때: 제동상수 c가 스프링상수 k 보다 비교적 작으므로 **저제동**(underdamped)인 경우이다.

예제 1 무게가 8lb인 물체가 길이가 4ft인 스프링에 달려 있다. 평형상태에서 스프링의 길이가 6ft이고 $F_R=2\dfrac{dx}{dt}$일 때 다음 두 경우에 대해서 **변위**(displacement)함수를 구하라.

(a) 물체가 평형상태 위치에서 아래쪽으로 초기속도 1 ft/sec 로 놓였을 때

(b) 물체가 평형상태 위치의 6 인치 위에서 아래쪽으로 초기속도 5 ft/sec 로 놓였을 때

풀이 $s=6-4=2$ft이고 $F=8$lb이므로 $8=k\cdot 2$ 로부터 스프링 고유상수 $k=4$lb/ft이고 물체의 질량은 $m=\dfrac{8}{32}=\dfrac{1}{4}$slug이다. 그러므로 스프링-질량 시스템을 나타낸 미분방정식은

$$\frac{1}{4}\frac{d^2x}{dt^2}+2\frac{dx}{dt}+4x=0 \quad \text{또는} \quad \frac{d^2x}{dt^2}+8\frac{dx}{dt}+16x=0$$

이고 상응하는 특성방정식은

$$r^2+8r+16=(r+4)^2=0$$

이므로 $r=-4$의 중근을 가져서 일반해는

$$x(t)=c_1e^{-4t}+c_2te^{-4t}$$

이다. 또 이것을 미분하면

$$\frac{dx}{dt}(t)=(-4c_1+c_2)e^{-4t}-4c_2te^{-4t}$$

이다.

(a) 이 경우에 초기조건은 $x(0)=0$와 $\dfrac{dx}{dt}(0)=1$이므로 $c_1=0$이고 $-4c_1+c_2=1$에서 $c_2=1$이어서 $x(t)=te^{-4t}$이다.(그림 5.4) $x(t)$는 항상 양이므로 물체는 항상 평형상태 위치의 아래에 있게 되며 t가 무한대

로 접근할 때 0(평형상태위치)으로 접근하게 된다. 제동력으로 인하여 물체가 평형상태위치를 넘지 않는 것이다.

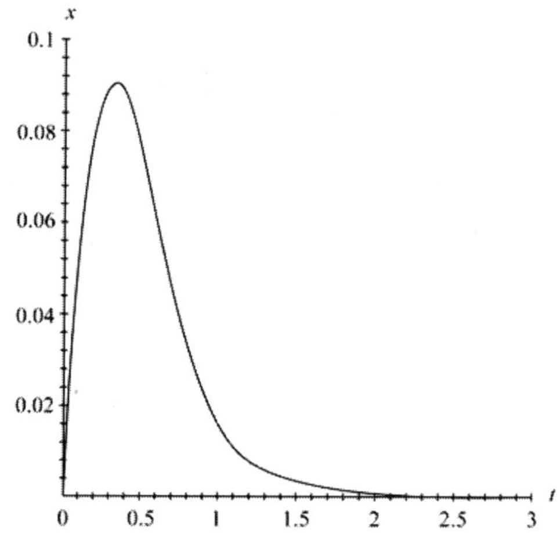

그림 5.4

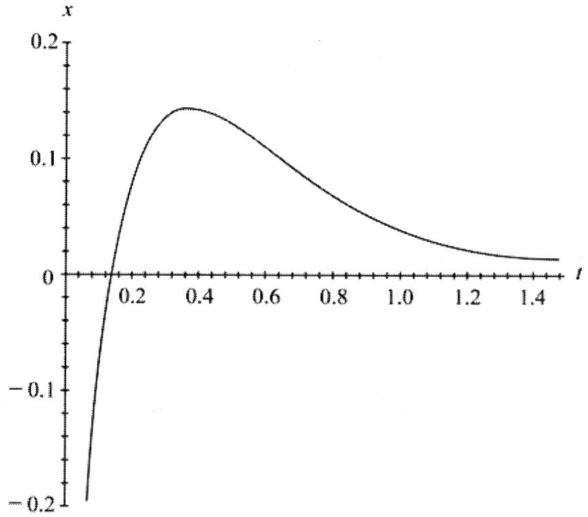

그림 5.5

(b) 이 경우에는 $x(0) = -\frac{1}{2}$이고 $\frac{dx}{dt}(0) = 5$이므로 $x(0) = c_1 = -\frac{1}{2}$이고 $\frac{dx}{dt}(0) = -4c_1 + c_2 = -4\left(-\frac{1}{2}\right) + c_2 = 5$에서 $c_2 = 3$이므로 해는

$$x(t) = -\frac{1}{2}e^{-4t} + 3te^{-4t}$$

이다.(그림 5.5) 이 함수는 운동에서 초기값 조건이 중요함을 일러 주는데 변위가 초기에 음(평형상태 위치의 위쪽)이었으나 양의 초기속도로 인하여 해가 양으로 급속히 변한 후 0으로 접근한다. ■

예제 2 무게가 32lb인 물체를 스프링에 매달았을때 스프링이 원래 길이보다 8 ft 더 늘어났다. 제동력이 $F_R = 5\dfrac{dx}{dt}$이고 물체가 평형상태 위치로부터 1 ft아래에서 위쪽으로 (a) 1 ft/sec의 초기속도로 (b) 6 ft/sec의 초기속도로 놓였다면 물체의 변위함수는 어떻게 되겠는가?

풀이 $F = 32\text{lb}$이므로 $32 = k(8)$에서 스프링의 고유상수 $k = 4\text{lb/ft}$를 찾을 수 있고 $m = \dfrac{32}{32} = 1\text{slug}$임을 알 수 있다. 그러므로 미분방정식은 $\dfrac{d^2x}{dt^2} + 5\dfrac{dx}{dt} + 4x = 0$이고 초기위치는 $x(0) = 1$이며 (a)에서 초기속도는 $\dfrac{dx}{dt}(0) = -1$이다. 미분방정식의 특성방정식은

$$r^2 + 5r + 4 = (r+1)(r+4) = 0$$

이며 $r_1 = -1$, $r_2 = -4$의 근을 가지므로
$c^2 - 4mk = 5^2 - 4(1)(4) = 9 > 0$에서

$$\frac{dx}{dt}(t) = -c_1 e^{-t} - 4c_2 e^{-4t}$$

이다. 초기조건을 이용하면 $c_1 + c_2 = 1$과 $-c_1 - 4c_2 = -1$에서 $c_1 = 1$, $c_2 = 0$가 되어서 초기값 문제의 해는 $x(t) = e^{-t}$이다.(그림 5.6) 이 해는 항상 양이며 t가 무한대에 접근할 때 0이므로 물체는 항상 평형상태 위치의 아래쪽에 있게 된다.

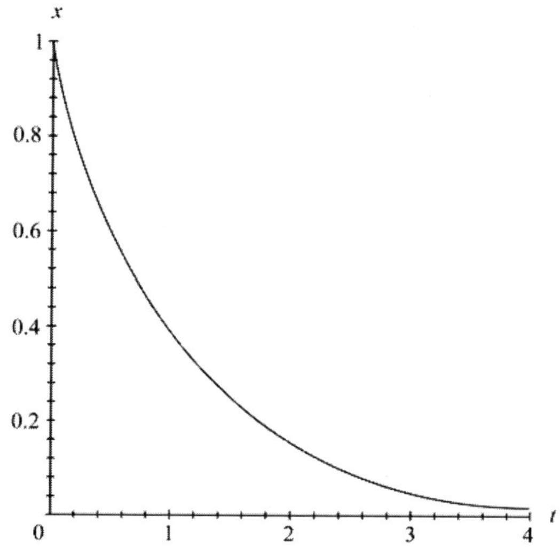

그림 5.6

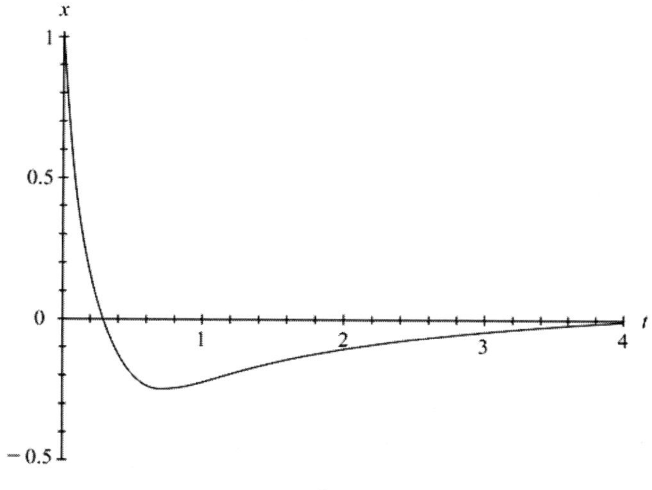

그림 5.7

(b) 초기속도 $\frac{dx}{dt}(0) = -6$을 이용하면 $c_1 + c_2 = 1$, $-c_1 - 4c_2 = -6$에서 $c_1 = -\frac{2}{3}$, $c_2 = \frac{5}{3}$이므로 초기값 문제의 해는 $x(t) = \frac{5}{3}e^{-4t} - \frac{2}{3}e^{-t}$이다.(그림 5.7) 이 경우에는 변위가 초기에 양(평형상태의 아래)이었으나 큰 음의 초기속도가 해를 양에서 음으로 급속히 변화시킨 후 음으로부터 0에 접근하도록 만들었다. 즉 초기속도로 인하여 질량이 평형상태 위치를 통과하게 된다. ■

예제 3 무게 16lb의 물체를 어떤 스프링에 매달았더니 스프링이 원래 길이보다 2ft 더 늘어났다. 제동력이 $F_R = \frac{1}{2}\frac{dx}{dt}$이고 물체가 평형상태위치에서 1ft/s의 속도로 아래쪽으로 놓여졌을 때 변위 $x(t)$를 구하라.

풀이 $F = 16\text{lb}$이므로 $16 = k \cdot 2$로부터 스프링의 고유상수는 $k = 8\text{lb/ft}$이고 $m = \frac{16}{32} = \frac{1}{2}\text{slug}$이다. 그러므로 초기값 문제

$$\begin{cases} \dfrac{d^2x}{dt^2} + \dfrac{dx}{dt} + 16x = 0 \\ x(0) = 0, \ \dfrac{dx}{dt}(0) = 1 \end{cases}$$

을 얻고 방정식의 일반해는

$$x(t) = e^{-\frac{t}{2}}\left(c_1 \cos\frac{3\sqrt{7}t}{2} + c_2 \sin\frac{3\sqrt{7}t}{2}\right)$$

이며 $c^2 - 4mk = \left(\frac{1}{2}\right)^2 - 4\left(\frac{1}{2}\right)(8) = -\frac{63}{4} < 0$이므로 스프링-질량 시스템은 저제동 상태이다.

$$\begin{aligned} \frac{dx}{dt}(t) = & -\frac{1}{2}e^{-\frac{t}{2}}\left(c_1 \cos\frac{3\sqrt{7}t}{2} + c_2 \sin\frac{3\sqrt{7}t}{2}\right) \\ & + e^{-\frac{t}{2}}\frac{3\sqrt{7}t}{2}\left(c_1 \sin\frac{3\sqrt{7}t}{2} + c_2 \cos\frac{3\sqrt{7}t}{2}\right) \end{aligned}$$

이므로 초기값 조건을 사용하면 $c_1 = 0, \ c_2 = \frac{2}{3\sqrt{7}}$이고 해는

$$x(t) = \frac{2}{3\sqrt{7}}e^{-\frac{t}{2}}\sin\frac{3\sqrt{7}t}{2}$$

이다.(그림 5.8) 이러한 운동의 특징은 삼각함수의 요인으로 진동하며 지수 때문에 t가 무한대로 접근할 때 해는 0으로 된다. 즉 물리학적으로 질량의 위치는 평형상태를 기준으로 진동하며 결국 평형상태 위치에서 멈추는데 변위함수 $x(t)$는 $t \to \infty$일 때 $x(t) \to 0$이나 실제상황에서와 같이 $t > T$에서 $x(t) = 0$가 되는 T의 값은 없으므로 위의 모델은 단지 질량의 운동을 어림한 것이다. ■

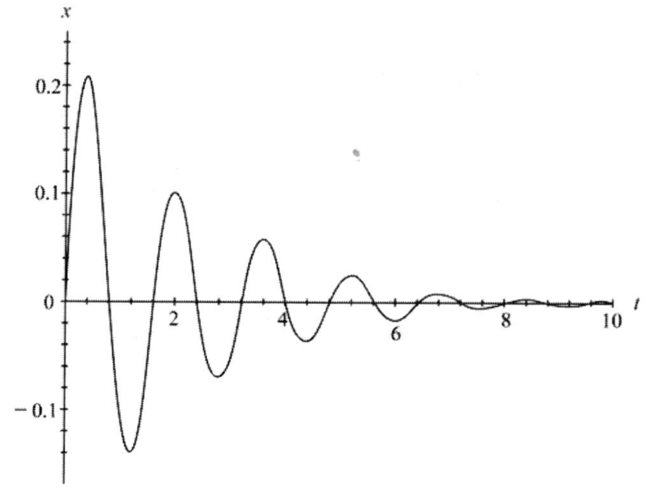

그림 5.8

시스템이 예 3과 같이 저제동 상태인 경우 해의 **진폭**(amplitude) 또는 **제동진폭**(damped amplitude)은 $t\to\infty$일 때 감소한다. $x(t)$의 두 개의 연속적인 극대(또는 극소)값 사이의 시간의 구간을 해의 **준주기**(quasiperiod)라고 부른다.

5.1절에서 단순조화운동에 대한 변위함수의 일반적인 형태를 얻었는데 제동이 포함된 시스템에서도 같은 방법으로 일반적인 형태를 구할 수 있다. 스프링-질량계가 저제동인 상태를 가정하면 미분방정식 $m\dfrac{d^2x}{dt^2}+c\dfrac{dx}{dt}+kx=0$에서 특성방정식

$$mr^2+cr+k=0$$

을 얻고, 특성방정식은 근

$$r=\frac{-c\pm i\sqrt{4mk-c^2}}{2m}$$

을 가지므로 $\varphi=\dfrac{c}{2m}$, $\mu=\dfrac{\sqrt{4mk-c^2}}{2m}$라 놓으면 $r=-\varphi\pm\mu i$이고 일반해는

$$x(t)=e^{-\varphi t}(c_1\cos\mu t+c_2\sin\mu t)$$

이다. 초기조건 $x(0)=\alpha$와 $x'(0)=\beta$를 사용하면 해 $x(t)$는

$$x(t)=e^{-\varphi t}\left(\alpha\cos\mu t+\frac{\beta+\alpha\varphi}{\mu}sin\mu t\right)$$

이다. 이제 $x(t)$를

$$x(t) = Ae^{-\varphi t}\cos(\mu t - \phi)$$

의 형태로 쓰기 위해서

$$x(t) = e^{-\varphi t}(A\cos\mu t\cos\phi + A\sin\mu t\sin\phi)$$

와 함수

$$x(t) = e^{-\varphi t}\left(\alpha\cos\mu t + \frac{\beta + \alpha\varphi}{\mu} sin\mu t\right)$$

를 비교해 보면

$$A\cos\phi = \alpha,\ A\sin\phi = \frac{\beta + \alpha\varphi}{\mu}$$

이고, 이것은

$$\cos\phi = \frac{\alpha}{A},\ \sin\phi = \frac{\beta + \alpha\varphi}{A\mu}$$

이므로 $\cos^2\phi + \sin^2\phi = 1$을 사용하여 관계식

$$\frac{\alpha^2}{A^2} + \left[\frac{\beta + \alpha\varphi}{t}\mu\right]^2 = 1$$

을 얻는다. 그러므로 해의 감소하는 증폭은

$$A = \sqrt{\alpha^2 + \left[\frac{\beta + \alpha\varphi}{\mu}\right]^2}$$

이고

$$x(t) = e^{-\varphi t}\sqrt{\alpha^2 + \left[\frac{\beta + \alpha\varphi}{\mu}\right]^2}\cos(\mu t - \phi),$$

$$\phi = \cos^{-1}\left(\frac{\alpha}{\sqrt{\alpha^2 + \left[\frac{\beta + \alpha\varphi}{\mu}\right]^2}}\right)$$

이다. 또,

$$\frac{2\pi}{\mu} = \frac{4\pi m}{\sqrt{4km - c^2}}$$

을 함수의 **준주기**라고 부른다. 위의 주어진 일반적인 형태의 해로부터 질량이 평

형상태 위치를 지날 때의 시간을 구할 수 있다. 즉 코사인 함수의 값은 편각이 $\frac{\pi}{2}$의 홀수배일 때 0이므로 질량이 시간

$$\begin{aligned} t &= \frac{\left[(2n+1)\frac{\pi}{2}+\phi\right]}{\mu} \\ &= \frac{[m(2n+1)\pi+2m\phi]}{\sqrt{4mk-c^2}}, \quad n=0, \pm 1, \pm 2, \cdots \end{aligned}$$

에서 평형상태 위치를 통과하게 된다.

예제 4 질량 1slug의 물체가 스프링 고유상수가 $k=13\,\mathrm{lb/ft}$인 스프링에 매달려 있고 제동력은 $F_R=4\frac{dx}{dt}$이다. 초기위치가 $x(0)=1$이고 초기속도가 $\frac{dx}{dt}(0)=1$일 때 해의 준주기를 구하고 물체가 평형상태 위치를 통과하게 되는 t의 값을 찾아라.

풀이 이 문제를 모델링하면 초기값 문제

$$\begin{cases} \dfrac{d^2x}{dt^2}+4\dfrac{dx}{dt}+13x=0 \\ x(0)=1, \ \dfrac{dx}{dt}(0)=1 \end{cases}$$

를 얻을 수 있는데 방정식의 특성방정식은 $r^2+4r+13=0$이므로 근은 $r_{1,2}=-2\pm 3i$이어서 일반해는

$$x(t)=e^{-2t}(c_1\cos 3t+c_2\sin 3t)$$

이다.

$$\frac{dx}{dt}(t)=-2e^{-2t}(c_1\cos 3t+c_2\sin 3t)+3e^{-2t}(-c_1\sin 3t+c_2\cos 3t)$$

이므로 초기값 조건을 사용하면

$$x(t)=e^{-2t}(\cos 3t+\sin 3t)$$

를 얻는데, 이것은

$$x(t) = e^{-2t}\sqrt{\alpha^2 + \left[\frac{(\beta+\alpha\varphi)}{\mu}\right]^2} cos(\mu t - \phi)$$

$$= e^{-2t}\sqrt{1^2 + \left[\frac{1+2}{3}\right]^2} cos(3t - \phi)$$

$$= \sqrt{2}\, e^{-2t}\cos(3t - \phi)$$

로 쓸 수 있으므로(그림 5.9) 준주기는

$$\frac{2\pi}{\mu} = \frac{4\pi m}{\sqrt{4km - c^2}} = \frac{4\pi}{\sqrt{4(13) - 4^2}} = \frac{2\pi}{3}$$

이고 질량이 평형상태지점을 통과하는 t의 값은

$$t = \frac{m(2n+1)\pi + 2m\phi}{\sqrt{4mk - c^2}} = \frac{(2n+1)\pi + 2\phi}{6}, n = 0, 1, 2 \dots$$

$$\left(\phi = \cos^{-1}\frac{1}{\sqrt{2}} = \frac{\pi}{4}\right)$$

이다. ■

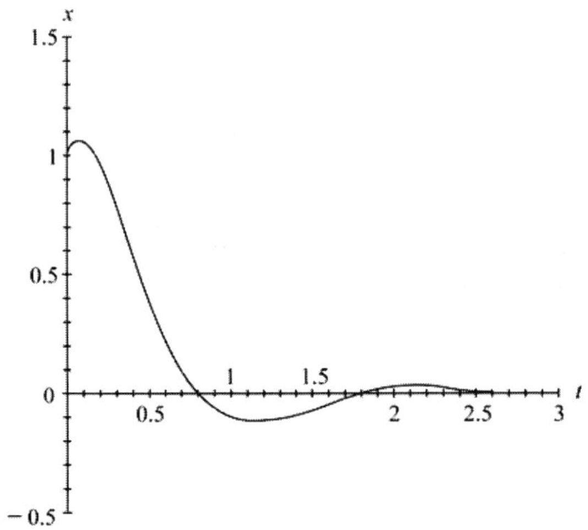

그림 5.9

연습문제 5.2

※ 다음에 주어진 스프링-질량 시스템에서 질량 m(slugs)과 스프링상수 k(lb/ft)를 구하고, 초기값 조건을 설명하라.(영국단위계를 가정한다.)

1. $\dfrac{d^2x}{dt^2}+4\dfrac{dx}{dt}+3x=0,\ x(0)=0,\ x'(0)=-4$

2. $\dfrac{1}{4}\dfrac{d^2x}{dt^2}+2\dfrac{dx}{dt}+x=0,\ x(0)=-0.5,\ x'(0)=1$

※ 다음의 초기값 문제의 해를

$$x(t)=e^{-\rho t}\sqrt{\alpha^2+\left[\frac{\beta+\alpha\rho}{\mu}\right]^2}\cos(\mu t-\phi)$$

형태로 나타내어라. 또 준주기와 물체가 평형위치를 처음 통과하는 시간을 구하라.

3. $\dfrac{d^2x}{dt^2}+4\dfrac{dx}{dt}+13x=0,\ x(0)=1,\ x'(0)=-1$

4. $\dfrac{d^2x}{dt^2}+2\dfrac{dx}{dt}+26x=0,\ x(0)=1,\ x'(0)=1$

※ 다음에 주어진 초기값 문제를 풀고 각 운동이 과제동인 경우인지 임계제동인 경우인지를 구별하라. 또

(a) 물체가 평형위치를 지나는지의 여부를 밝히고 지난다면 언제 지나는지를 말하라.

(b) 물체가 평형위치에서부터 가장 멀리 운동하는 거리를 구하라.

5. $\dfrac{d^2x}{dt^2}+8\dfrac{dx}{dt}+15x=0,\ x(0)=0,\ x'(0)=1$

6. $\dfrac{d^2x}{dt^2}+\dfrac{3}{2}\dfrac{dx}{dt}+\dfrac{1}{2}x=0,\ x(0)=-1,\ x'(0)=2$

7. $\dfrac{d^2x}{dt^2}+8\dfrac{dx}{dt}+16x=0,\ x(0)=4,\ x'(0)=-2$

8. $\dfrac{d^2x}{dt^2}+10\dfrac{dx}{dt}+25x=0,\ x(0)=-5,\ x'(0)=1$

9. $m=1$인 물체가 스프링 상수가 $k=1$인 스프링에 매달려 있다. 물체가 평형위치의 1 unit 위쪽에 초기속도 v_0로 놓여있을 때 스프링-질량 시스템이 임계제동을 받고 있다면 c의 값은 무엇인가?

10. 32 lb 인 물체가 스프링 상수가 $k=24\text{lb/ft}$인 스프링 끝에 매달려 있다. 저항력이 $F_k=10\dfrac{dx}{dt}$이고 평형위치의 위 6in인 지점에서 초기속도없이 놓여 있다면 물체의 위치함수는 어떻게 표현되는가? 또 물체가 평형위치를 통과하게 되는지의 여부를 밝히고 통과하면 그 시간을 구하라. 물체가 평형위치에서부터 가장 멀어지는 최대위치도 구하라.

11. $m=70\text{kg}$인 물체가 스프링의 끝에 매달려져서 스프링의 원래 길이보다 0.25m 더 늘어뜨렸다. 저항력이 $F_k=280\dfrac{dx}{dt}$일 때 물체가 평형 위치의 3m 위쪽되는 지점에서 초기속도 없이 놓여 있다면 물체의 변위함수는 어떻게 되겠는가? 이 경우 물체가 항상 평형위치를 지나는지의 여부를 말하라.

12. 질량이 $m=4\text{slug}$인 물체가 스프링 상수가 $k=64\text{lb/ft}$인 스프링에 달려 있다. 저항력이 $F_k=c\dfrac{dx}{dt}$일 때 운동이 임계제동이 되려면 c의 값이 얼마일 때인가? 또 c의 어떤 값에 대해서 운동이 저제동이 되겠는가?

13. 질량이 $\dfrac{1}{13}\text{slug}$인 물체가 스프링 상수가 $k=13\text{lb/ft}$인 스프링에 달려서 저제동인 운동을 하고 있을 때 운동의 준주기가 $\dfrac{\pi}{6}$초이면 제동상수 c는 얼마인가?

14. 스프링-질량 시스템

$$\begin{cases} m\dfrac{d^2x}{dt^2}+c\dfrac{dx}{dt}+kx=0 \\ x(0)=\alpha,\ \dfrac{dx}{dt}(0)=\beta \end{cases}$$

이 임계제동인 운동을 하고 있다. $\beta=0$일 때 $\lim_{t\to\infty} x(t)=0$임을 보이고 $x(t_0)=0$를 만족하는 값이 없음을 보여라.

5.3 강제운동

어떤 경우에는 스프링의 운동이 외부적인 힘 $f(t)$에 영향을 받는 일이 있는데 이러한 현상은 미분방정식

$$m\frac{d^2x}{dt^2} = -kx - c\frac{dx}{dt} + f(t)$$

으로 나타낼 수 있다. 즉 초기값 문제

$$\begin{cases} m\dfrac{d^2x}{dt^2} + c\dfrac{dx}{dt} + kx = f(t) \\ x(0) = \alpha,\ \dfrac{dx}{dt}(0) = \beta \end{cases}$$

로 표현되는데 이것은 비동차방정식이므로 미정계수법이나 또는 매개변수방법이 필요할 것이다. 먼저 강제운동에서 제동이 없는 자유운동인 경우를 생각하자.

자유강제운동

예제 1 질량 $m=1$ 슬러그(slug)의 물질이 스프링 고유상수가 $k=4\text{lb}/\text{ft}$인 스프링에 매달려 있다. 물체에 영향을 주는 제동이 없고 평형상태 위치에서 초기속도 없이 외부의 힘이 다음과 같이 작용할 때 물체의 변위함수를 구하라.

(a) $f(t)=0$ (b) $f(t)=1$ (c) $f(t)=\cos t$

풀이 초기값 문제

$$\begin{cases} \dfrac{d^2x}{dt^2} + 4x = f(t) \\ x(0) = 0,\ \dfrac{dx}{dt}(0) = 0 \end{cases}$$

를 (a), (b), (c)에 주어진 각 $f(t)$에 대해서 생각하자. 상응하는 동차방정식 $\dfrac{d^2x}{dt^2} + 4x = 0$의 일반해는 $x_h(t) = c_1\cos 2t + c_2\sin 2t$이다.

(a) $f(t)=0$이면 방정식은 동차이므로 초기조건을

$$x(t) = c_1\cos 2t + c_2\sin 2t \text{와 } \frac{dx}{dt}(t) = -2c_1\sin 2t + 2c_2\cos 2t$$

에 사용하면 $x(0) = c_1 = 0$, $\frac{dx}{dt}(0) = 2c_2 = 0$이므로 $c_1 = c_2 = 0$가 되어서 $x(t) = 0$이다. 이는 외부에서 작용하는 힘이 없고 평형상태 위치에서 초기변위도 없으며 초기속도도 없으므로 물체가 평형상태 위치에서 움직이지 않음을 나타낸다.

(b) 특수해의 형태를 $x_p(t) = A$라 하고 미정계수법을 사용하여 방정식 $\frac{d^2x}{dt^2} + 4x = 1$에 x_p를 대입하면 $4A = 1$에서 $A = \frac{1}{4}$이므로

$$x(t) = x_h(t) + x_p(t) = c_1\cos 2t + c_2\sin 2t + \frac{1}{4}$$

이다. $\frac{dx}{dt}(t) = -2c_1\sin 2t + 2c_2\cos 2t$이므로

$$x(0) = c_1 + \frac{1}{4} = 0 \text{ 이고 } \frac{dx}{dt}(0) = 2c_2 = 0$$

이고 $c_1 = -\frac{1}{4}$, $c_2 = 0$으로부터 해

$$x(t) = -\frac{1}{4}cos 2t + \frac{1}{4}$$

를 얻는다(그림 5.10). 이 경우에는 물체가 평형상태 위치의 위로 올라오지 않는 운동을 보게 된다.

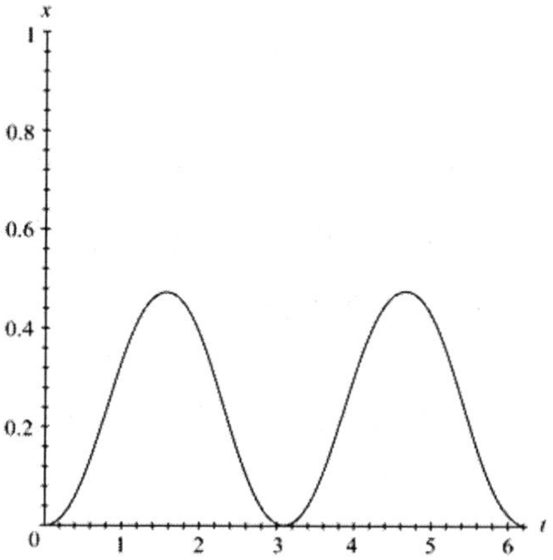

그림 5.10

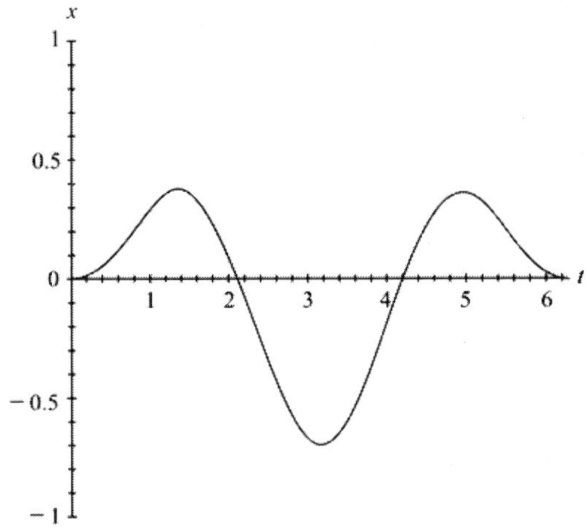

그림 5.11

(c) $x_p(t) = A\cos t + B\sin t$라 하고 $\dfrac{d^2x}{dt^2} + 4x = \cos t$에 대입하면

$3A\cos t + 3B\sin t = \cos t$에서 $A = \dfrac{1}{3}$이고 $B = 0$이므로

$$x(t) = x_h(t) + x_p(t) = c_1\cos 2t + c_2\sin 2t + \frac{1}{3}\cos t$$

이고 $\dfrac{dx}{dt}(t) = -2c_1\sin 2t + 2c_2\cos 2t - \dfrac{1}{3}\sin t$ 에서 초기조건을 사용하면

$x(0) = c_1 + \dfrac{1}{3} = 0$이고 $\dfrac{dx}{dt}(0) = 2c_2 = 0$로부터

$$c_1 = -\frac{1}{3},\ c_2 = 0$$

를 얻는다. 그러므로 $x(t) = -\dfrac{1}{3}\cos 2t + \dfrac{1}{3}\cos t$ 이고(그림 5.11) 이것으로부터 질량이 주기 안에서 평형상태 위치를 두 번($t = 2$, $t = 4$부근) 통과하게 되고 $t = 2\pi$에서 평형상태로 돌아옴을 알 수 있다. ■

비동차방정식을 풀 때 비동차 항이 상응하는 동차방정식의 해가 되는 경우를 보았었는데 이러한 형태의 초기값 문제

$$\begin{cases} \dfrac{d^2x}{dt^2} + \omega^2 x = F_1 \cos\omega t + F_2 \sin\omega t + G(t) \\ x(0) = \alpha, \ \dfrac{dx}{dt}(0) = \beta \end{cases}$$

를 생각하여 보자. F_1과 F_2는 상수이고 G는 t의 함수이며 상수 F_1과 F_2 중 하나는 0이 될 수 있고 G는 0의 함수가 될 수 있다. 이 경우, 상응하는 동차방정식의 일반해가 $x_h(t) = c_1 \cos\omega t + c_2 \sin\omega t$이므로 ω를 시스템의 **고유주파수**(natural frequency of the system)라 하자. 위의 초기값 문제의 경우 $F_1 \cos\omega t + F_2 \sin\omega t + G(t)$에서의 삼각함수의 주파수인 **강제주파수**(forced frequency)는 고유주파수와 같다.

예제 2 강제함수 $f(t) = \cos 2t$가 초기값 문제

$$\begin{cases} \dfrac{d^2x}{dt^2} + 4x = f(t) \\ x(0) = 0, \ \dfrac{dx}{dt}(0) = 0 \end{cases}$$

의 해에 미치는 영향을 조사하라.

풀이 예 1에서와 같이 $x_h(t) = c_1 \cos 2t + c_2 \sin 2t$이고 $f(t) = \cos 2t$는 이 해에 포함되므로 $x_p(t) = At \cos 2t + Bt \sin 2t$로 가정한다. $x_p(t)$의 1계와 2계 미분을 구해보면

$$\frac{dx_p}{dt}(t) = A \cos 2t - 2At \sin 2t + B \sin 2t + 2B \cos 2t$$
$$\frac{d^2x_p}{dt^2}(t) = -4A \sin 2t - 4At \cos 2t + 4B \cos 2t - 4Bt \sin 2t$$

이고 방정식에 대입해 보면

$$-4A \sin 2t + 4B \cos 2t = \cos 2t$$

이므로

$$A = 0, \ B = \frac{1}{4}$$

이다. 그러므로

$$x_p(t) = \frac{1}{4}t\sin 2t$$

이고

$$x(t) = x_h(t) + x_p(t) = c_1\cos 2t + c_2\sin 2t + \frac{1}{4}t\sin 2t$$

이다. 이것의 미분은

$$\frac{dx}{dt}(t) = -2c_1\sin 2t + 2c_2\cos 2t + \frac{1}{4}sin2t + \frac{1}{2}t\cos 2t$$

이므로 초기조건을 사용하면 $x(0) = c_1 = 0$이고 $\frac{dx}{dt}(0) = 2c_2 = 0$이어서 $c_1 = c_2 = 0$이다. 그러므로 구하려는 $x(t) = \frac{1}{4}t\sin 2t$이고(그림5.12) 이것으로 부터 t가 증가할 때 진폭도 증가하는 것을 알 수 있다. 이 경우 스프링-질량 시스템은 심각한 문제에 부딪히는데, 즉 스프링이 파괴되거나 질량이 궁극적으로 천장이나 들보 같은 보호대 또는 땅이나 마루와 같은 곳에 닿는다. ■

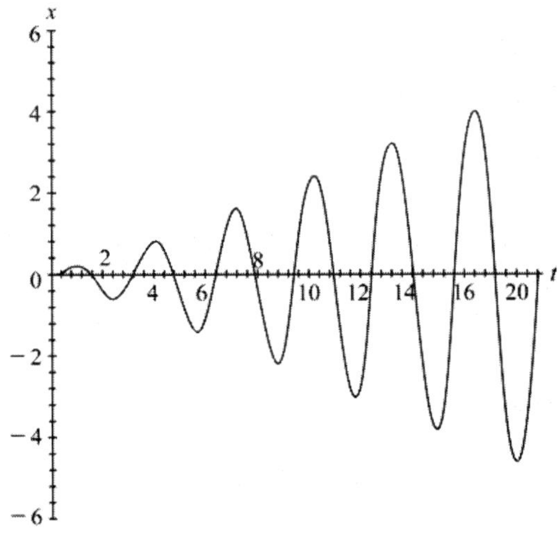

그림 5.12

예제 2 에서 일어나는 현상을 **공명현상**(resonance)이라고 하는데 이러한 현상은 비행기 날개의 진동 또는 고층건물, 유리판 또는 다리에서의 진동과 같은 현상에서도 나타낼 수 있다. 이제 조금 구체적인 초기값 문제

$$\begin{cases} \dfrac{d^2x}{dt^2} + \omega^2 x = F\cos\beta t, \ \omega \neq \beta \\ x(0) = 0, \dfrac{dx}{dt}(0) = 0 \end{cases}$$

를 조사하여 보자. 상응하는 동차방정식의 일반해는

$$x_h(t) = c_1\cos\omega t + c_2\sin\omega t$$

이고 미정계수법을 사용하기 위해서 특수해를 $x_p(t) = A\cos\beta t + B\sin\beta t$라 하여

$$\frac{dx_p}{dt}(t) = -A\beta\sin\beta t + B\beta\cos\beta t$$
$$\frac{d^2x_p}{dt^2}(t) = -4A\beta^2\cos\beta t - B\beta\sin\beta t$$

를 비동차방정식 $\dfrac{d^2x}{dt^2} + \omega^2 x = F\cos\beta t$에 대입한 후 상응하는 계수를 비교하면 $A = \dfrac{F}{\omega^2 - \beta^2}$, $B = 0$임을 알 수 있다. 그러므로 일반해는

$$x(t) = c_1\cos\omega t + c_2\sin\omega t + \frac{F}{\omega^2 - \beta^2}cos\beta t$$

이고 초기조건을 사용하면 해

$$x(t) = \frac{F}{\omega^2 - \beta^2}(\cos\beta t - \cos\omega t)$$

를 얻는다. 여기에 공식 $\dfrac{1}{2}[\cos(A-B) - \cos(A+B)] = \sin A\sin B$를 사용하면

$$x(t) = \frac{2F}{\omega^2 - \beta^2}\sin\frac{(\omega+\beta)t}{2}\sin\frac{(\omega-\beta)t}{2}$$

이고, 이것을 다시

$$x(t) = A(t)\sin\frac{(\omega+\beta)t}{2}, \quad A(t) = \frac{2F}{\omega^2 - \beta^2}\sin\frac{(\omega-\beta)t}{2}$$

로 표현할 수 있으므로 $(\omega - \beta)$가 작을 때 $(\omega + \beta)$는 비교적 크므로 함수 $\sin\dfrac{(\omega+\beta)t}{2}$는 주기가 $\dfrac{\pi}{\omega+\beta}$이므로 매우 자주 진동한다.

반면 함수 $\sin\dfrac{(\omega-\beta)t}{2}$는 주기가 $\dfrac{\pi}{\omega-\beta}$이므로 비교적 천천히 진동하는데 함수

$\pm \dfrac{2F}{\omega^2-\beta^2}\sin\dfrac{(\omega-\beta)t}{2}$는 해의 **포락선**(envelope)을 형성한다.

예제 3 (a) $f(t)=\cos 3t$ (b) $f(t)=\cos 5t$에 대해서 초기값 문제

$$\begin{cases} \dfrac{d^2x}{dt^2}+4x=f(t) \\ x(0)=0,\ \dfrac{dx}{dt}(0)=0 \end{cases}$$

을 풀어라.

풀이 (a) 상응하는 동차방정식의 일반해는

$$x_h(t)=c_1\cos 2t+c_2\sin 2t$$

이고 미정계수법에 따라 특수해를 $x_p(t)=A\cos 3t+B\sin 3t$라 하고 $\dfrac{d^2x}{dt^2}+4x=\cos 3t$에 대입하면 $-5A\cos 3t-5B\sin 3t=\cos 3t$에서

$$A=-\frac{1}{5},\ B=0$$

이므로

$$x_p(t)=-\frac{1}{5}\cos 3t,$$

$$x(t)=x_h(t)+x_p(t)=c_1\cos 2t+c_2\sin 2t-\frac{1}{5}\cos 3t$$

이다. 이 함수의 미분은

$$\frac{dx}{dt}(t)=-2c_1\sin 2t+2c_2\cos 2t+\frac{3}{5}\sin 3t$$

이므로 초기조건을 이용하여 $x(0)=c_1-\dfrac{1}{5}=0,\ \dfrac{dx}{dt}(0)=2c_2=0$에서 $c_1=\dfrac{1}{5},\ c_2=0$이고

$$x(t)=\frac{1}{5}\cos 2t-\frac{1}{5}\cos 3t$$

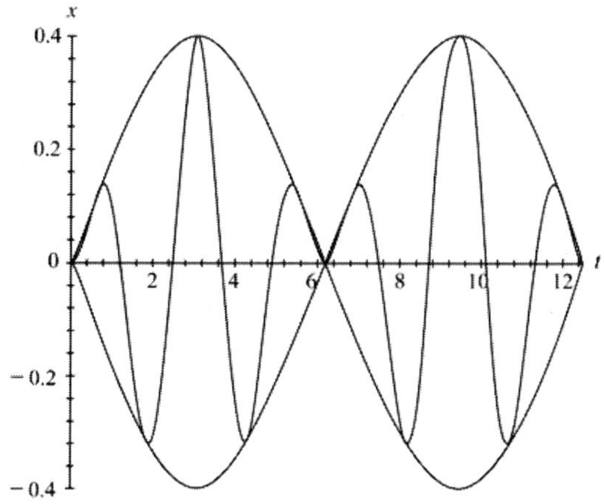

그림 5.13

이다. 여기서 포락선 함수는 $\frac{2}{5}\sin\frac{t}{2}$ 와 $-\frac{2}{5}\sin\frac{t}{2}$ 이다.(그림 5.13)

(b) (a)와 비슷한 방법으로 초기값문제

$$\begin{cases} \dfrac{d^2x}{dt^2} + 4x = \cos 5t \\ x(0) = 0, \ \dfrac{dx}{dt}(0) = 0 \end{cases}$$

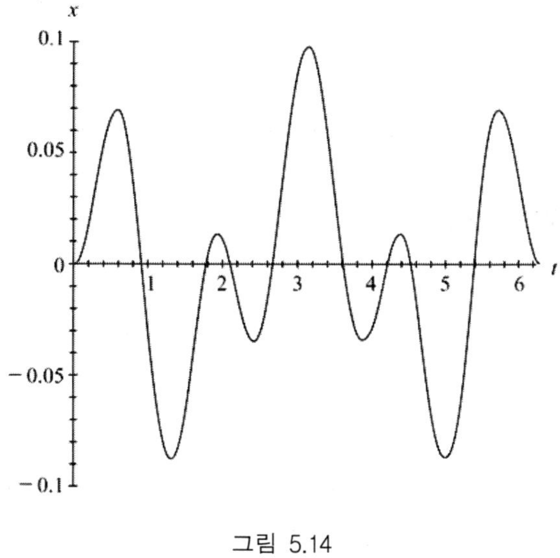

그림 5.14

를 풀면 해는 $x(t)=\frac{1}{21}\cos 2t-\frac{1}{21}\cos 5t$이고 이 경우 포락선 함수는 $\frac{2}{21}\sin\frac{3t}{2}$와 $-\frac{2}{21}\sin\frac{3t}{2}$이다.(그림 5.14) ■

예 3에서와 같은 진동을 진폭의 주기적인 변동 때문에 **박동**(beats)이라 한다. 이러한 현상은 두 연주가가 동시에 그들의 악기의 음을 조율하거나 거의 같은 주파수를 가진 두 사람이 동시에 연주할 때 주로 일어난다.

예제 4 강제함수(forcing function) $f(t)=e^{-t}\cos 2t$가 초기값 문제

$$\begin{cases} \frac{d^2x}{dt^2}+4x=f(t) \\ x(0)=0,\ \frac{dx}{dt}(0)=0 \end{cases}$$

에서 미치는 영향을 조사하라.

풀이 미정계수법을 사용하면 방정식의 일반해

$$\begin{aligned} x(t) &= x_h(t)+x_p(t) \\ &= c_1\cos 2t+c_2\sin 2t+\frac{1}{17}e^{-t}\cos 2t-\frac{4}{17}e^{-t}\sin 2t \end{aligned}$$

를 얻고 초기값 조건을 $x(t)$와

$$\frac{dx}{dt}(t)=-2c_1\sin 2t+2c_2\cos 2t-\frac{9}{17}e^{-t}\cos 2t+\frac{2}{17}e^{-t}\sin 2t$$

에 사용하면 $x(0)=c_1+\frac{1}{17}=0$, $\frac{dx}{dt}(0)=2c_2-\frac{9}{17}=0$이므로

$$c_1=-\frac{1}{17},\ c_2=\frac{9}{34}$$

이고, 해

$$x(t)=-\frac{1}{17}\cos 2t+\frac{9}{34}\sin 2t+\frac{1}{17}e^{-t}\cos 2t-\frac{4}{17}e^{-t}\sin 2t$$

를 얻는다.(그림 5.15) 이 해를 살펴보면 지수함수를 포함하고 있는 항은 t가 증가할 때 0으로 접근하는데 강제함수도 t가 증가할 때 0으로 접

근한다. 즉 시간이 지날수록 비동차방정식의 해는 상응하는 동차방정식의 해에 접근하여 $t \to \infty$ 일 때 단순조화운동을 갖는다. ■

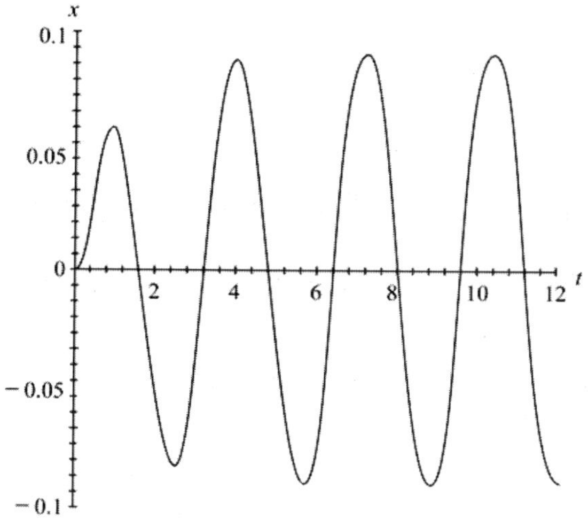

그림 5.15

제동이 있는 강제운동

이제 외부의 힘뿐만 아니라 제동이 있는 스프링 시스템의 문제를 생각하여 보자. 초기값 문제

$$\begin{cases} m\dfrac{d^2x}{dt^2} + c\dfrac{dx}{dt} + kx = \varphi\cos\lambda t \\ x(0) = \alpha,\ \dfrac{dx}{dt}(0) = \beta \end{cases}$$

는 $x(t) = h(t) + s(t)$ 형태의 해를 갖는데 여기서 h와 s는 $\lim_{t\to\infty} h(t) = 0$이고 $s(t) = c_1\cos\lambda t + c_2\sin\lambda t$ 이다. 함수 $h(t)$는 **일시적인**(transient) **해**라 하고 $s(t)$는 **안정상태**(steady-state)**의 해**라고 한다. 그러므로 t가 무한대로 접근할 때 해 $x(t)$는 안정상태의 해로 접근한다. 안정상태의 해는 미정계수법이나 매개변수법을 사용해서 얻은 특수해에 상응함을 알 수 있다.

예제 5 초기값 문제

$$\begin{cases} \dfrac{d^2x}{dt^2} + 4\dfrac{dx}{dt} + 13x = \cos t \\ x(0) = 0, \dfrac{dx}{dt}(0) = 1 \end{cases}$$

의 해를 구하라. 이것은 질량 $m = 1\,\text{slug}$인 물체가 스프링 상수가 $k = 13\,\text{lb/ft}$인 스프링에 달려 있을 때 제동력이 $F_R = 4\dfrac{dx}{dt}$이고 작용하는 외부의 힘이 $f(t) = \cos t$ 인 경우를 모델링한 것이다. 일시적인 해와 안정상태의 해를 구별하라.

풀이 동차방정식 $\dfrac{d^2x}{dt^2} + 4\dfrac{dx}{dt} + 13x = 0$의 해는

$$x_h(t) = e^{-2t}(c_1\cos 3t + c_2\sin 3t)$$

이다. 특수해를 $x_p(t) = A\cos t + B\sin t$라 놓으면 미분은

$$\frac{dx_p}{dt}(t) = -A\sin t + B\cos t, \quad \frac{d^2x}{dt^2}(t) = -A\cos t - B\sin t$$

이므로 방정식 $\dfrac{d^2x}{dt^2} + 4\dfrac{dx}{dt} + 13x = \cos t$에 대입하면

$$12A + 4B = 1, \quad -4A + 12B = 0$$

이어야 하므로 $A = \dfrac{3}{40}$, $B = \dfrac{1}{40}$이고

$$\begin{aligned} x_p(t) &= \frac{3}{40}\cos t + \frac{1}{40}\sin t, \\ x(t) &= x_h(t) + x_p(t) \\ &= e^{-2t}(c_1\cos 3t + c_2\sin 3t) + \frac{3}{40}\cos t + \frac{1}{40}\sin t \end{aligned}$$

이다. 이제 $x(t)$와 그것의 미분

$$\begin{aligned} \frac{dx}{dt}(t) = &-2e^{-2t}(c_1\cos 3t + c_2\sin 3t) + 3e^{-2t}(-c_1\sin 3t + c_2\cos 3t) \\ &- \frac{3}{40}\sin t + \frac{1}{40}\cos t \end{aligned}$$

에 초기값 조건을 사용하면

$$x(0) = c_1 + \frac{3}{40} = 0\ ,\ \ \frac{dx}{dt}(0) = -2c_1 + 3c_2 + \frac{1}{40} = 1$$

이므로 $c_1 = -\frac{3}{40},\ c_2 = \frac{11}{40}$ 를 얻고

$$x(t) = e^{-2t}\left(-\frac{3}{40}\cos 3t + \frac{11}{40}\sin 3t\right) + \frac{3}{40}\cos t + \frac{1}{40}\sin t$$

가 된다.(그림 5.16) 그러므로 일시적인 해는

$$e^{-2t}\left(-\frac{3}{40}\cos 3t + \frac{11}{40}\sin 3t\right)$$

이며, 안정적인 해는

$$\frac{3}{40}\cos t + \frac{1}{40}\sin t$$

이다. ■

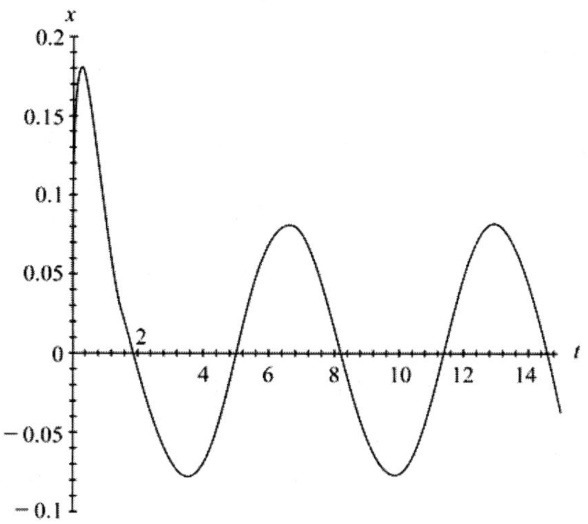

그림 5.16

연습문제 5.3

1. 무게가 8lb인 물체를 매달았을 때 1ft 늘어나는 스프링이 있다. 이제 16lb인 물체를 매달아 평형상태를 유지한 다음 아래쪽으로 초기속도 2ft/s 으로 운동을 시작했을 때 외부의 힘이 $f(t) = \cos 3t$로 작용하고 제동이 없다면 물체의 변위함수는 어떻게 되는가? 스프링-질량 시스템의 고유주파수는 무엇인가?

2. 무게가 16 lb인 물체가 스프링을 8 in 더 늘어뜨렸다. 제동이 없고 외부의 힘이 $f(t) = 2\cos t$로 작용한다면 물체가 평형위치의 아래 4인치 위치에서 놓였을 때의 변위함수를 구하라.

3. 질량이 $m = 1\text{kg}$인 물체가 스프링 상수가 $k = 9\text{kg/m}$인 스프링에 매달려 있다. 제동이 없다고 가정하고 운동이 외부의 힘 $f(t) = 4\cos\omega t$에 영향을 받을 때 $x(0) = 0$과 $x'(0) = 0$인 초기조건 아래서 변위함수를 구하라. ω가 어떤 값일 때 공명현상이 일어나겠는가?

4. 질량이 $m = 1\text{slug}$인 물체가 스프링 상수가 $k = 25\text{lb/ft}$인 스프링에 매달려 있다. 저항력이 $F_k = 8\dfrac{dx}{dt}$이고 외부의 힘이 $f(t) = \cos t - \sin t$에 의해서 작용할 때 $x(0) = 0,\ x'(0) = 0$을 만족하는 변위함수를 구하라.

5. 질량이 1slug인 물체가 스프링 상수가 $k = 4\text{lb/ft}$인 스프링에 매달려 있다. 물체의 운동에 제동이 없고 외부의 힘 $f(t) = \cos t$가 작용할 때 $x(0) = 0, x'(0) = 0$인 변위함수를 구하라. 물체의 최대위치는 무엇인가? 또 외부의 힘이 $f(t) = \cos\dfrac{t}{2}$로 바뀌었을 때 최대위치는 증가하겠는가 또는 감소하겠는가?

6. 질량이 4slug인 물체가 스프링 상수가 $k = 26\text{lb/ft}$인 스프링에 매달려 있다. 운동이 저항력 $F_k = 4\dfrac{dx}{dt}$와 외부의 힘 $f(t) = 250\sin t$에 영향을 받을 때 $x(0) = 0,\ x'(0) = 0$를 만족하는 물체의 변위함수를 구하라. 일시적인 해와 안정상태의 해를 구별하라.

7. 다음에 주어진 초기값 조건을 만족하는 미분방정식

$$m\frac{d^2x}{dt^2} + kx = F\sin wt,\ w \neq \sqrt{\frac{k}{m}}$$

을 풀어라.

(a) $x(0) = \alpha,\ x'(0) = 0$ (b) $x(0) = 0,\ x'(0) = \beta$

(c) $x(0) = \alpha,\ x'(0) = \beta$

8. 초기값 문제

$$\frac{d^2x}{dt^2} + x = \begin{cases} 1, & 0 \leqq t \leqq \pi \\ 0, & t > \pi \end{cases},\ x(0) = 0,\ x'(0) = 0$$

의 해를 구하라.

5.4 그 밖의 응용문제

L-R-C 회로

선형인 2계 비동차상미분방정식은 키르히호프(Kirchhoff)의 법칙을 응용한 것으로써 전기회로에서 나타난다. $I(t)$가 L-R-C 전기회로의 전류라 하고 L을 **자기유도계**(inductance), R를 저항(resistance) 그리고 C를 회로의 **전기용량**(capacitance)을 나타낸다고 하자.(그림 5.17) Q가 축전기의 전하이고 $\frac{dQ}{dt} = I$일 때 다음 표에서 회로의 구성요소를 지날 때 실험적으로 얻은 전압강하를 정리하였다.

회로의 구성 요소	전압강하
유도자기	$L\frac{dI}{dt}$
저항기	RI
축전기	$\frac{1}{C}Q$

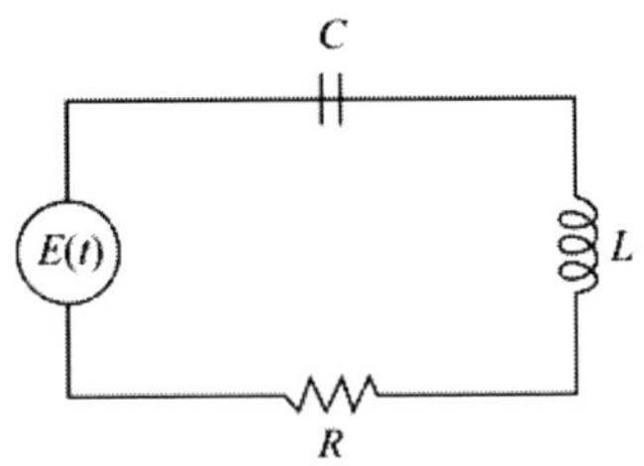

그림 5.17

회로에서의 전류와 전하를 구하기 위해서 물리적인 현상을 초기값 문제로 모델링을 하기 위하여 먼저 앞으로 쓰일 기호에 대해서 다음 표에 요약해 둔다.

전기적인 양	단위
자기유도계수(L)	Henry(H)
저항(R)	Ohm(Ω)
전기용량(C)	Farad(F)
전하(Q)	Coulomb(C)
전류(I)	Ampere(A)

L-R-C 회로를 미분방정식으로 모델링하기 위해서는 다음의 키르히호프의 법칙이 필요하다.

키르히호프의 법칙

> 회로의 구성요소를 통과할 때 전압강하의 합은 회로의 입력된 전압 $E(t)$ 와 같다.

위의 법칙을 도표에서 정리한 기호를 사용하여 나타내면

$$L\frac{dI}{dt}+RI+\frac{1}{C}Q=E(t)$$

이고 $\frac{dQ}{dt}=I$이므로 $\frac{d^2Q}{dt^2}=\frac{dI}{dt}$이어서

$$L\frac{d^2Q}{dt^2}+R\frac{dQ}{dt}+\frac{1}{C}Q=E(t)$$

가 되어서 미정계수법이나 매개변수방법을 이용해서 해를 구할 수 있다. 초기전하가 $Q(0)=Q_0$이고 초기전류가 $I(0)=\frac{dQ}{dt}(0)=I_0$이면 전하 $Q(t)$에 대한 초기값 문제는

$$\begin{cases} L\dfrac{d^2Q}{dt^2}+R\dfrac{dQ}{dt}+\dfrac{1}{C}Q=E(t) \\ Q(0)=Q_0,\, I(0)=\dfrac{dQ}{dt}(0)=I_0 \end{cases}$$

이다. 전류 $I(t)$를 구하기 위해서는 위의 초기값 문제의 해 $Q(t)$를 미분하면 된다.

예제 1 $L=1$ henry, $R=40$ ohm, $C=\frac{1}{4000}$ farad, $E(t)=24$ volt인 L-R-C회로에서 초기전류와 초기전하가 0일 때 이 회로의 전류를 구하라.

풀이 주어진 수치를 사용하면 초기값 문제

$$\begin{cases} \dfrac{d^2Q}{dt^2} + 40\dfrac{dQ}{dt} + 4000Q = 24 \\ Q(0) = 0,\ \ I(0) = \dfrac{dQ}{dt}(0) = 0 \end{cases}$$

를 얻고 상응하는 동차방정식의 특성방정식은 $r^2 + 40r + 4000 = 0$이므로 $r_{1,2} = -20 \pm 60i$의 근을 갖는다. 그러므로 상응하는 동차방정식의 일반해는

$$Q_h(t) = e^{-20t}(C_1\cos 60t + C_2\sin 60t)$$

이다. 회로의 전압이 상수인 $E(t) = 24$이므로 주어진 비동차방정식의 특수해는 $Q_p(t) = A$의 형태라고 가정하고

$$\frac{d^2Q}{dt^2} + 40\frac{dQ}{dt} + 4000Q = 24$$

에 대입하면 $4000A = 24$에서 $A = \dfrac{3}{500}$이므로 비동차방정식의 일반해는

$$Q(t) = Q_h(t) + Q_p(t) = e^{-20t}(C_1\cos 60t + C_2\sin 60t) + \frac{3}{500}$$

이다. $Q(t)$와 이것의 미분

$$\frac{dQ}{dt}(t) = -20e^{-20t}(C_1\cos 60t + C_2\sin 60t) + 60e^{-20t}(-C_1\sin 60t + C_2\cos 60t)$$

에 초기값 조건을 사용하면

$$Q(0) = C_1 + \frac{3}{500} = 0\text{이고 } \frac{dQ}{dt}(0) = -20C_1 + 60C_2 = 0$$

이므로 $C_1 = -\dfrac{3}{500}$, $C_2 = -\dfrac{1}{500}$이 되어 회로에서의 전하는

$$Q(t) = e^{-20t}\left(-\frac{3}{500}cos 60t - \frac{1}{500}sin 60t\right) + \frac{3}{500}$$

이고(그림 5.18) 전류는

$$I = \frac{dQ}{dt}(t)$$
$$= -\frac{20}{500}e^{-20t}(-3\cos 60t - \sin 60t) + \frac{60}{500}e^{-20t}(3\sin 60t - \cos 60t)$$
$$= \frac{2}{5}e^{-20t}\sin 60t$$

이다.(그림 5.19) 이것으로부터 시간이 지남에 따라 전하가 $\frac{3}{500}$의 상수값에 접근함을 알 수 있다. 이것을 **안정적인 전하**(steady-state charge)라고 한다. 또한 지수함수형태로 인하여 전류는 t가 무한대로 감에 따라 0으로 됨을 알 수 있다. ■

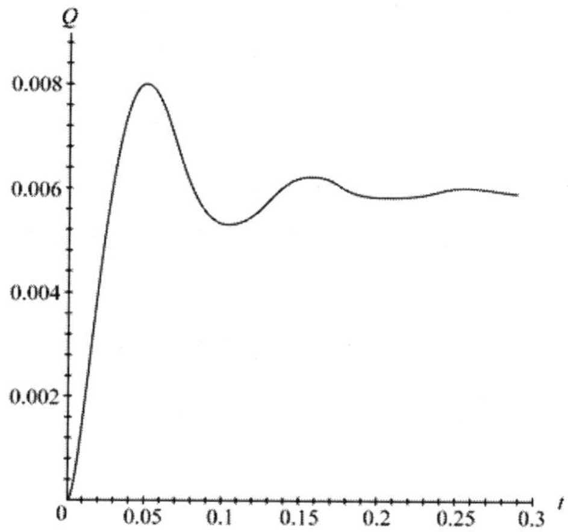

그림 5.18

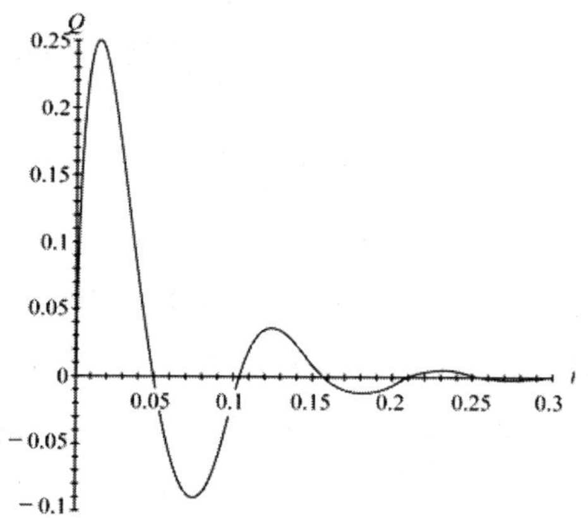

그림 5.19

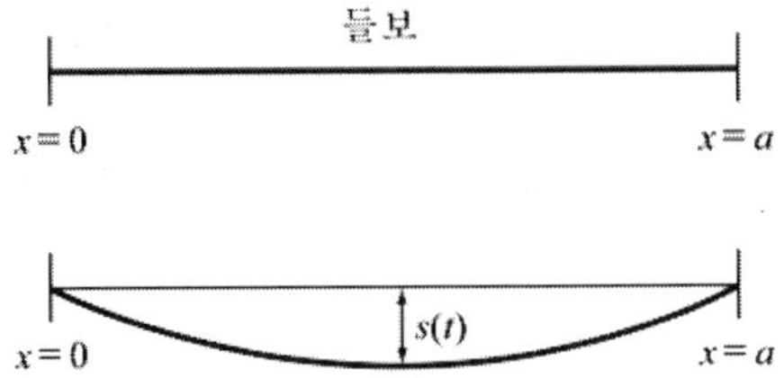

그림 5.20

들보의 꺾임현상

중요한 기계적인 모델 중의 하나가 한쪽 또는 양쪽 모두를 고정한 길다란 **들보의 꺾임현상**(deflection of beam)을 나타낸 것이다. 들보가 수평으로 놓여 있을 때가 휘어지지 않은 상태라 하면 들보의 꺾이는 정도를 x의 함수로 나타낼 수 있다. 꺾인 상태의 들보의 모양이 함수 $y(x)=-s(x)$의 그래프로 나타나는데 x는 들보의 왼쪽 끝에서부터의 길이이고 s는 평형상태 위치로부터 꺾이는 정도의 길이를 나타낸다.(그림 5.20)

위의 현상을 모델링한 경계값 문제는 다음과 같이 유도할 수 있다. $m(x)$가 점 x에 대한 힘의 구부러지는 모멘트라 하고 $w(x)$가 들보의 무게의 분포를 나타낸다고 하면 이 두 함수는

$$\frac{d^2m}{dx^2}=w(x)$$

의 관계를 만족하고 구부러지는 모멘트는 들보의 **곡률**(curvature)에 비례하므로

$$m(x)=\frac{EI}{\left(\sqrt{1+\left(\frac{ds}{dx}\right)^2}\right)^3}\frac{d^2s}{dx^2}$$

으로 나타나는데 여기서 E는 들보의 재질에 관련된 상수이고 I는 들보의 절단면의 모양과 크기에 관계된 상수이다. 위의 방정식은 비선형임을 유의해야 한다. 작은 s의 값에 대해서 방정식의 오른쪽의 분모는 1로 어림될 수 있으므로 방정식은 선형방정식인 $m(x)=EI\frac{d^2s}{dx^2}$로 간단히 표현된다. 그런데

$$\frac{d^2 m}{dx^2} = EI\frac{d^4 s}{dx^4}$$

이므로 위의 방정식으로부터 비동차인 4계 선형미분방정식

$$EI\frac{d^4 s}{dx^4} = w(x)$$

을 얻는다. 이 문제에 대한 경계값은 상황에 따라 여러 가지로 나타날 수 있는데 대개의 경우 들보의 각 끝에서 주어진 조건으로 표현된다. 예를 들어, 그러한 경계값 조건으로는 끝점 $x=\rho$ ($\rho=0$ 또는 $\rho=a$)에서

(i) $s(\rho)=0,\ \dfrac{ds}{dx}(\rho)=0$ (끝이 고정되었을 경우)

(ii) $\dfrac{d^2 s}{dx^2}(\rho)=0,\ \dfrac{d^3 s}{dx^3}(\rho)=0$ (끝이 고정되지 않은 경우)

(iii) $s(\rho)=0,\ \dfrac{d^2 s}{dx^2}(\rho)=0$ (단순 받침)

(iv) $\dfrac{ds}{dx}(\rho)=0,\ \dfrac{d^3 s}{dx^3}(\rho)=0$ (미끄러지는 꺾쇠끝)

등이 있다.

예제 2 $E=I=1$, $w(x)=48$이고 경계조건이

$$S(0)=0,\ \frac{ds}{dt}(0)=0 \quad (x=0 \text{ 에 고정})$$

과 다음의 (a), (b), (c), (d)로 각각 나타낼 때 구간 $0 \leqq x \leqq 1$에서의 **들보방정식** (beam equation)을 풀어라.

(a) $s(1)=0,\ \dfrac{d^2 s}{dx^2}(1)=0$ ($x=1$에서 단순히 지주로 받쳐진 경우)

(b) $\dfrac{d^2 s}{dx^2}(1)=0,\ \dfrac{d^3 s}{dx^3}(1)=0$ ($x=1$에서 고정되지 않은 경우)

(c) $\dfrac{ds}{dx}(1)=0,\ \dfrac{d^3 s}{dx^3}(1)=0$ ($x=1$에서 미끄러지는경우)

(d) $s(1)=0,\ \dfrac{ds}{dx}(1)=0$ ($x=1$에서 고정됨)

풀이 미분방정식은 $\dfrac{d^4 s}{dx^4} = 48$이고 이것은 변수분리형이므로 네 번 적분하면

$$s(x) = 2x^4 + c_1 x^3 + c_2 x^2 + c_3 x + c_4$$

경계값을 사용하기 위해서 s의 3계 도함수까지 구해 보면

$$\frac{ds}{dx}(x) = 8x^4 + 3c_1 x^3 + c_2 x + c_3$$
$$\frac{d^2 s}{dx^2}(x) = 24x^2 + 6c_1 x + 2c_2$$
$$\frac{d^3 s}{dx^3}(x) = 48x + 6c_1$$

이고 $x = 0$에서의 경계조건을 사용하면 $s(0) = c_4 = 0$이고

$\dfrac{ds}{dx}(0) = c_3 = 0$이므로

$$s(x) = 2x^4 + c_1 x^3 + c_2 x^2$$

이다.

(a)$s(1) = 2 + c_1 + c_2 = 0$ 이고 $\dfrac{d^2 s}{dx^2}(1) = 24 + 6c_1 + 2c_2 = 0$이므로

$c_1 = -5$이고 $c_2 = 3$이 되어서 $s(x) = 2x^4 - 5x^3 + 3x^2$이다.
그러므로 $y = -s(x)$의 그래프가 들보가 꺾이는 정도의 모양을 나타낸다.(그림 5.21 (a))

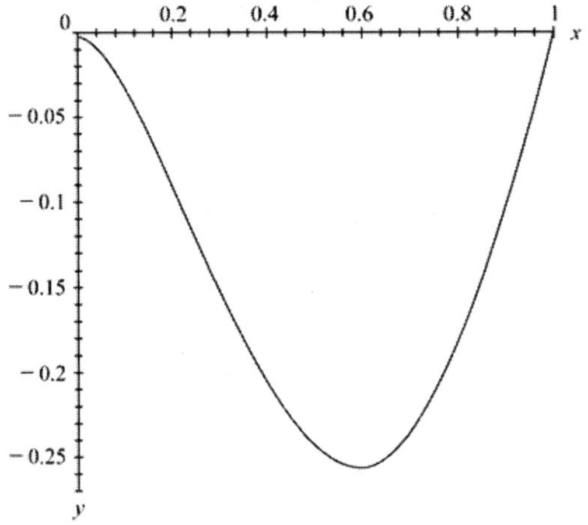

그림 5.21 (a)

(b) 이 경우에는 $\frac{d^2 s}{dx^2}(x) = 24x^2 + 6c_1 x + 2c_2 = 0$이고 $\frac{d^3 s}{dx^3}(1) = 48x + 6c_1 = 0$이므로 $c_1 = -8$이고 $c_2 = 12$이다. 그러므로 들보의 꺾임은 $s(x) = 2x^4 - 8x^3 + 12x^2$이고 $y = -s(x)$의 그래프가 꺾임의 모양을 나타낸다.(그림 5.21 (b))

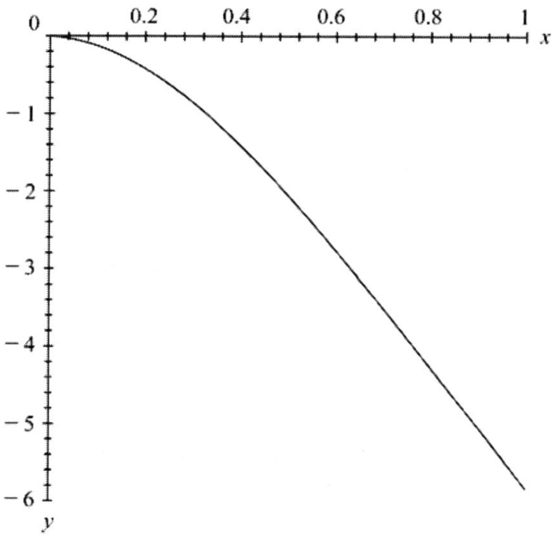

그림 5.21 (b)

(c) $\frac{ds}{dx}(1) = 8 + 3c_1 + 2c_2 = 0$이고 $\frac{d^3 s}{dx^3}(1) = 48 + 6c_1 = 0$이므로 $c_1 = -8$, $c_2 = 8$이고 $s(x) = 2x^4 - 8x^3 + 8x^2$이며 $y = -s(x)$의 그래프로부터 $x = 1$에서 (b)에서 고정되지 않은 것과 달리 미끄러지는 모습을 볼 수 있다.(그림 5.21 (c))

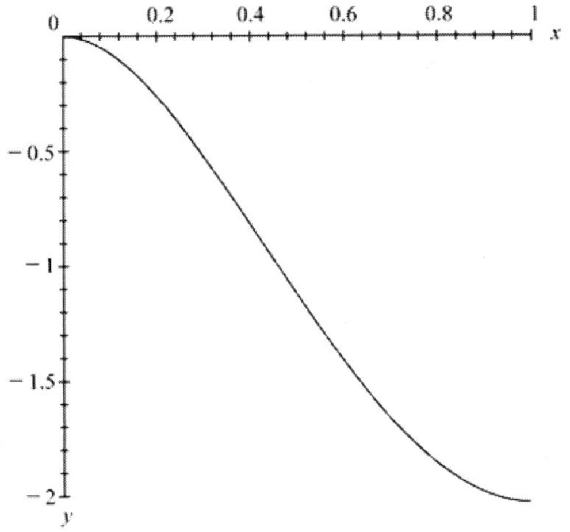

그림 5.21 (c)

(d) $s(x)=2x^4+c_1+c_2=0$이고 $\dfrac{ds}{dx}(1)=8+3c_1+2c_2=0$이므로 $c_1=-4$, $c_2=2$이고

$$s(x)=2x^4-4x^3+2x^2$$

이다. $y=-s(x)$의 모양은 그림 5.21 (d)와 같다.

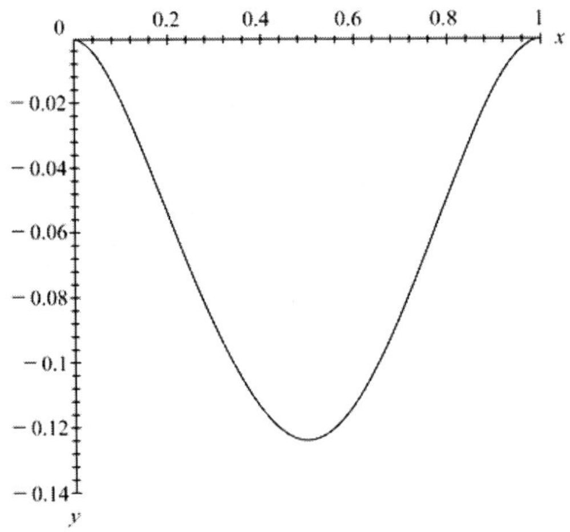

그림 5.21 (d)

■

흔들리는 추의 운동(peudulum problem)

질량 m이 길이 L의 막대 끝에 매달려 있을 때(여기서 막대의 무게는 무시한다) 그림 5.22와 같이 수직축으로부터 시계반대방향으로 **라디안**(radian)으로 측정된 변위 $\theta(t)$를 사용하여 질량의 운동을 나타내는 방정식을 구해보자.

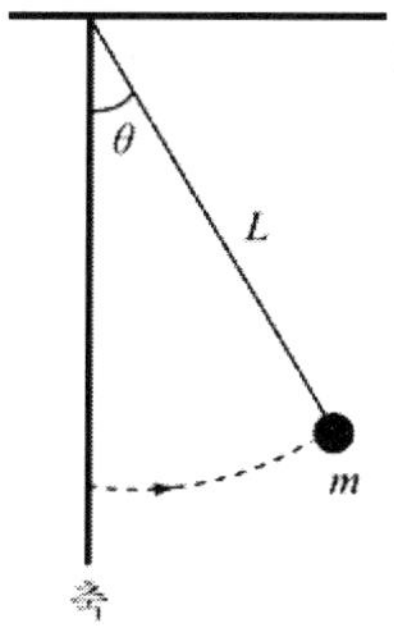

그림 5.22

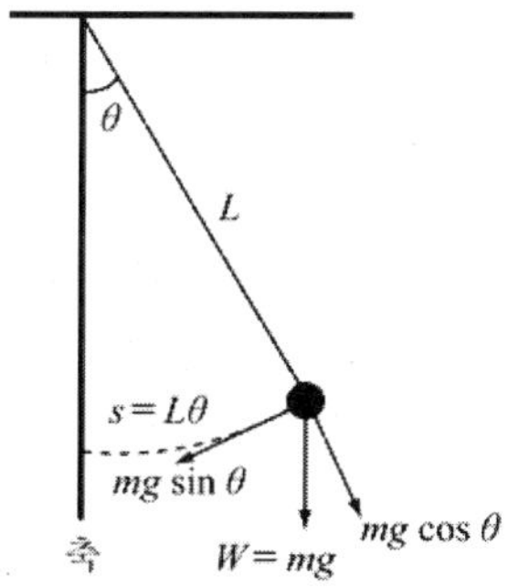

그림 5.23

그림 5.23과 같이 $\cos\theta = \dfrac{mg}{x}$이고 $\sin\theta = \dfrac{mg}{y}$이므로

$$x = mg\cos\theta\,,\ y = mg\sin\theta$$

이다. 질량의 운동량은 $m\dfrac{ds}{dt}$이므로 운동량의 변화율은

$$\frac{d}{dt}\left(m\frac{ds}{dt}\right) = m\frac{d^2s}{dt^2}$$

이다. s는 질량의 운동에 의해서 생기는 호의 길이를 나타낸다. 또 힘 $mg\sin\theta$는 질량의 운동방향과 반대방향으로 작용하므로 방정식

$$m\frac{d^2s}{dt^2} = -mg\sin\theta$$

으로 나타난다.(힘 $mg\cos\theta$는 막대의 억제력에 의해서 상쇄되므로 mg와 $mg\cos\theta$는 작용되는 힘의 합에서 없어진다) 호(arc)의 길이와 막대의 길이 그리고 각도 θ의 관계 $s = L\theta$를 사용하여

$$\frac{d^2s}{dt^2} = \frac{d^2}{dt^2}(L\theta) = L\frac{d^2\theta}{dt^2}$$

를 얻으므로 변위 $\theta(t)$는 비선형방정식인

$$mL\frac{d^2\theta}{dt^2} = -mg\sin\theta \quad \text{또는} \quad mL\frac{d^2\theta}{dt^2} + mg\sin\theta = 0$$

을 만족한다. 그런데 단지 매우 작은 변위만을 고려하므로 $\sin\theta$의 매클로린 (Maclaurin) 급수

$$\sin\theta = \theta - \frac{\theta^3}{3} + \frac{\theta^5}{5!} - \cdots$$

로부터 $\sin\theta \approx \theta$로 생각할 수 있고 위의 식은

$$mL\frac{d^2\theta}{dt^2} + mg\theta = 0 \quad \text{또는} \quad \frac{d^2\theta}{dt^2} + \frac{g}{L}\theta = 0$$

인 선형방정식에 의해서 어림된다. 초기 변위(질량의 위치)가 $\theta(0) = \theta_0$이고 초기속도가 $\frac{d\theta}{dt}(0) = v_0$이면 변위함수 $\theta(t)$는 초기값 문제

$$\begin{cases} \dfrac{d^2\theta}{dt^2} + \dfrac{g}{L}\theta = 0 \\ \theta(0) = \theta_0, \ \dfrac{d\theta}{dt}(0) = v_0 \end{cases}$$

를 만족한다. 이제 $w^2 = \frac{g}{L}$로 놓으면 미분방정식은 $\frac{d^2\theta}{dt^2} + \omega^2\theta = 0$이므로

$$\theta(t) = c_1\cos\omega t + c_2\sin\omega t \quad \left(\omega = \sqrt{\frac{g}{L}}\right)$$

이고 초기조건을 사용하면 $\theta(t) = \theta_0\cos\omega t + \frac{v_0}{\omega}\sin\omega t$이다. 또한 스프링-질량 시스템에서 변위함수를 표현했듯이 $\theta(t)$를 코사인함수

$$\theta(t) = \sqrt{\theta_0^2 + \frac{v_0^2}{\omega^2}}\, cos(wt - \phi)$$

로 표현할 수 있다. 여기서

$$\phi = \cos^{-1}\left(\frac{\theta_0}{\sqrt{\theta_0^2 + \frac{v_0^2}{\omega^2}}}\right) \text{이고 } \omega = \sqrt{\frac{g}{L}}$$

이다. 또 $\theta(t)$의 대략적인 주기는 $T = \frac{2\pi}{\omega} = 2\pi\sqrt{\frac{L}{g}}$ 임을 알 수 있다.

예제 1 $\theta(0) = 0$이고 $\frac{d\theta}{dt}(0) = 2$일 때 길이 $L = 8$인 진자의 변위를 구하라. 또 주기는 얼마인가? 이러한 진자가 어떤 시계의 추라 하자. 추가 한 번 완전히 스윙할 때 시계가 한 번 똑딱거린다면 1분이 가기 위해서는 시계가 몇 번 똑딱거리겠는가?

풀이 $\frac{g}{L} = \frac{32}{8} = 4$이므로 초기값 문제

$$\begin{cases} \frac{d^2\theta}{dt^2} + 4\theta = 0 \\ \theta(0) = 0, \ \frac{d\theta}{dt}(0) = 2 \end{cases}$$

를 얻고 이것의 일반해는

$$\theta(t) = c_1\cos 2t + c_2\sin 2t$$

이다. 초기값 조건을 사용하면 해 $\theta(t) = \sin 2t$를 얻고 이 해의 주기는

$$T = 2\pi\sqrt{\frac{L}{g}} = 2\pi\sqrt{\frac{8\text{ft}}{32\text{ft/s}^2}} = \pi \text{ (초)}$$

가 된다. 그러므로 똑딱이는 수는 1 분당

$$\frac{1rev}{\pi\sec} \times \frac{1tick}{1rev} \times 60\frac{\sec}{1\min} \approx 19.1\frac{ticks}{\min}$$

이므로 1분당 약 19번 똑딱거린다. ■

진자의 운동이 순간속도에 비례하는 제동력에 영향을 받으면 제동력은 $F_R = b\frac{d\theta}{dt}$로 나타나고 진자에 영향을 주는 힘에 이것을 고려하면 비선형방정식 $L\frac{d^2\theta}{dt^2} + b\frac{d\theta}{dt} + g\sin\theta = 0$를 얻는다. 앞에서와 같이 θ의 작은 값에 대해서 $\sin\theta \approx \theta$

이므로 모델을 어림할 수 있는 선형방정식 $L\frac{d^2\theta}{dt^2}+b\frac{d\theta}{dt}+g\theta=0$를 얻으므로 변위함수 $\theta(t)$를 구하기 위해서 초기값 문제

$$\begin{cases} L\dfrac{d^2\theta}{dt^2}+b\dfrac{d\theta}{dt}+g\theta=0 \\ \theta(0)=\theta_0, \ \dfrac{d\theta}{dt}(0)=v_0 \end{cases}$$

를 생각하여야 한다.

예제 2 길이 $L=\frac{8}{5}\,\text{ft}$의 진자가 제동력 $F_R=\frac{32}{5}\frac{d\theta}{dt}$에 영향을 받는다고 하자. $\theta(0)=1$이고 $\frac{d\theta}{dt}(0)=2$일 때 변위함수를 구하라.

풀이 이 경우 초기값 문제

$$\begin{cases} \dfrac{8}{5}\dfrac{d^2\theta}{dt^2}+\dfrac{32}{5}\dfrac{d\theta}{dt}+32\theta=0 \\ \theta(0)=1, \ \dfrac{d\theta}{dt}(0)=2 \end{cases}$$

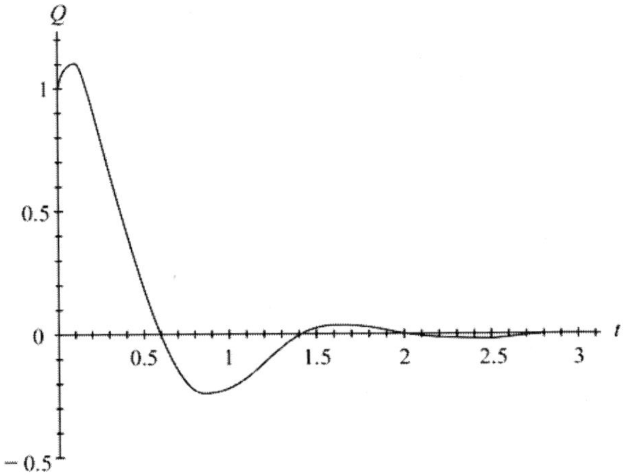

그림 5.24

를 얻고 방정식을 간단히 하면 $\frac{d^2\theta}{dt^2}+4\frac{d\theta}{dt}+20\theta=0$이다. 이것의 특성방

정식은 $r^2+4r+20=0$이고 $r_{1,2}=-2\pm 4i$의 근을 가지므로 일반해는

$$\theta(t)=e^{-2t}(c_1\cos 4t+c_2\sin 4t)$$

이다. 초기조건을 사용하면

$$\theta(t)=e^{-2t}(\cos 4t+\sin 4t)$$

를 얻을 수 있으며(그림 5.24) 이것으로부터 제동력이 시간이 경과함에 따라 진자의 변위를 감소시킴을 알 수 있다. ■

연습문제 5.4

1. L-C 회로에서 $\theta(0)=0$, $I(0)=\frac{d\theta}{dt}(0)=0$일 때 다음을 만족하는 회로에서의 전하와 전류를 구하라.
   (a) $L=2$ henry, $C=\frac{1}{32}$ farad, $E(t)=220$ volts.
   (b) $L=\frac{1}{4}$ henry, $C=\frac{1}{64}$ farad, $E(t)=16t$ volts.
   (c) $L=\frac{1}{4}$ henry, $C=\frac{1}{64}$ farad, $E(t)=16\sin 4t$ volts.

2. L-R-C 전기회로에서 $L=0.2$ henry, $R=25$ ohms, $C=0.001$ farad, $E(t)=0$, $\theta(0)=0$ coulumbs, $I(0)=\frac{d\theta}{dt}(0)=4$ amps라 할 때 축전기의 전하 $\theta(t)$를 구하라. 또 축전기에서의 최대전하는 얼마인가?

3. 길이가 10인 들보의 양끝이 고정되어 있다. 무게분포가 상수함수인 $w(x)=8$이고 E와 I가 $EI=100$, $EI=10$, $EI=1$을 만족하는 상수일 때 들보의 모양을 결정하여라. 각 경우에 $s=0$에서부터의 들보의 길이를 구하라. EI값의 변화가 해에 어떤 영향을 미치는가?

4. 상수 E와 I가 $EI=1$을 만족할 때 무게분포가 $w(x)=x^2$이고 경계값이 다음

과 같이 주어졌을 때 길이 10인 들보의 모양을 결정하라.

(a) $s(0)=0,\ s''(0)=0,\ s(10)=0,\ s''(10)=0$

(b) $s(0)=0,\ s''(0)=0,\ s''(10)=0,\ s'''(10)=0$

(c) $s(0)=0,\ s''(0)=0,\ s'(0)=0,\ s'''(0)=0$

(d) $s(0)=0,\ s''(0)=0,\ s(10)=0,\ s'(10)=0$

위의 각 조건이 들보에 어떤 다른 영향을 미치는지 말하라.

5. 초기값 문제

$$\begin{cases} L\dfrac{d^2\theta}{dt^2}+\dfrac{1}{C}\theta=0 \\ \theta(0)=\theta_0,\ I(0)=\dfrac{d\theta}{dt}(0)=0 \end{cases}$$

으로 나타나는 L-C 회로에서 전하 θ와 전류 I를 구하라. 최대전하와 최대전류는 무엇인가?

6. 막대의 길이가 $L=2f$인 진자운동이 다음에 주어진 초기조건을 만족할 때 운동의 방정식을 구하라. 또 각 경우의 최대변위를 구하라.

(a) $\theta(0)=0.05,\ \theta'(0)=0$

(b) $\theta(0)=0.05,\ \theta'(0)=1$

(c) $\theta(0)=0.05,\ \theta'(0)=-1$

7. 문제 6에서의 진자가 제동상수 $b=4\sqrt{7}$ 인 저항력을 받을 때 문제 6에 주어진 초기값 문제의 해를 구하라. 이 결과를 제동이 없는 경우의 운동과 비교하여라.

8. $w=\sqrt{\dfrac{g}{L}}$ 일 때 $\theta(t)=\theta_0\cos wt+\dfrac{v_0}{w}\sin wt$가 초기값 문제

$$\begin{cases} \dfrac{d^2\theta}{dt^2}+\dfrac{g}{L}\theta=0 \\ \theta(0)=\theta_0,\ \dfrac{d\theta}{dt}(0)=v_0 \end{cases}$$

의 해임을 증명하여라.

9. 다음 주어진 길이를 사용한 진자의 운동의 주기를 어림하라.

   (a) $L = 2\,\mathrm{m}$　　　　(b) $L = 8\,\mathrm{ft}$

10. 제동이 없는 경우의 문제

$$\begin{cases} \dfrac{d^2\theta}{dt^2} + \dfrac{g}{L}\theta = 0 \\ \theta(0) = \theta_0, \ \dfrac{d\theta}{dt}(0) = v_0 \end{cases}$$

에서 $\theta(t)$의 최대값은 얼마인가? 또 어떤 t의 값에 대해서 최대값을 갖는가?

6 고계 선형미분방정식

6.1 선형미분방정식의 기본이론

이 절에서는 고계선형미분방정식에 대한 기본적인 이론을 다루겠다. 이 장에서 설명하는 내용은 제 4 장에서 언급한 2계 미분방정식에 대해서 얻은 결과를 일반화한 것이다. 먼저 여러 가지 간단한 정의를 복습하여 보자. 선형미분방정식이란

$$a_n(x)y^{(n)}(x)+a_{n-1}(x)y^{(n-1)}(x)+\cdots+a_0(x)y(x)=b(x)$$

형태의 방정식을 말한다. $a_0, a_1, \cdots, a_n$이 상수일 때 이 방정식을 **계수가 상수인 방정식**이라 한다. $b(x)\equiv 0$이면 **동차방정식**이라 하고 그렇지 않은 경우 **비동차방정식**이라고 한다. 여기서 $a_0(x), a_1(x), \cdots, a_n(x), b(x)$는 구간 I에서 연속이며 $a_n(x)\neq 0$라 가정하자. 방정식의 양변을 a_n으로 나누면

$$y^{(n)}(x)+p_1(x)y^{(n-1)}(x)+\cdots+p_n(x)y(x)=g(x)$$

이며 이러한 형태의 방정식을 **표준형**이라 한다. 여기서 함수 $p_1(x), \cdots, p_n(x), g(x)$는 I에서 연속인 함수이다. 먼저 고계선형미분방정식의 초기값 문제가 항상 유일한 해를 가짐을 증명없이 기술한다.

| 정리 1 | **해의 존재성과 유일성**

$p_1(x), \cdots, p_n(x), g(x)$가 점 x_0를 포함하는 구간 (a, b)에서 연속이라 할 때, 초기값 $y_0, y_1, \cdots, y_{n-1}$의 임의의 값에 대해서 초기값 문제

$$y^{(n)}(x)+p_1(x)y^{(n-1)}(x)+\cdots+p_n(x)y(x)=g(x)$$

$$y(x_0)=y_0,\ y'(x_0)=y_1,\ \cdots,\ y^{(n-1)}(x_0)=y_{n-1}$$

는 구간 (a, b)에서 유일한 해 $y(x)$를 가진다.

예제 1 초기값 문제

$$x(x-1)y'''-3xy''+6x^2y'-(\cos x)y=\sqrt{x+5}$$
$$y(x_0)=1,\ y'(x_0)=0,\ y''(x_0)=7$$

가 유일한 해를 갖도록 x_0를 포함하는 구간 $(a,\ b)$와 x_0를 결정하라.

풀이 방정식을 표준형으로 다시 쓰면

$$p_1(x) = -\frac{3}{x-1},\ p_2(x) = 6\frac{x}{x-1},\ p_3(x) = -\frac{\cos x}{x(x-1)}$$
$$g(x) = \frac{\sqrt{x+5}}{x(x-1)}$$

이다. 여기서 $p_1(x)$와 $p_2(x)$ 는 $x=1$을 포함하지 않는 모든 구간에서 연속인 반면, $p_3(x)$는 $x=0$와 $x=1$을 포함하지 않는 모든 구간에서 연속이다. 또한 함수 $g(x)$ 는 $x<-5$, $x=0$, $x=1$에서 정의되지 않으나 $(-5,\ 0)$, $(0,\ 1)$, $(1,\ \infty)$에서 연속이므로 함수 p_1, p_2, p_3, g 는 구간 $(-5,\ 0)$, $(0,\ 1)$, $(1,\ \infty)$ 에서 동시에 연속이다. 정리 1 로부터 x_0를 구간 $(-5,\ 0)$ 에서 취하면 구간에서 초기값 문제는 유일한 해를 갖는다. 마찬가지로 $x_0 \in (0,\ 1)$에서 취하면 $(0,\ 1)$에서 유일한 해를 가지며 $x_0 \in (1,\ \infty)$에 대해서도 $(1,\ \infty)$에서 유일한 해를 갖는다. ■

다음에 미분연산자 L을

$$L[y] := \frac{d^n y}{dx^n} + p_1\frac{d^{n-1}y}{dx^{n-1}} + \cdots + p_n y$$

과 같이 정의하면 표준형의 방정식은

$$L[y](x) = g(x)$$

이며, 이때 L은 선형연산자임을 쉽게 알 수 있다. 이러한 선형인 성질로부터 $y_1, \cdots, y_m$이 동차방정식

$$L[y](x) = 0$$

의 해이면 1 차결합인 $C_1 y_1 + \cdots + C_m y_m$또한 이 동차방정식의 해임을 알 수 있다. 만약 $y_1, \cdots, y_n$을 n계 선형미분방정식의 해라 하면 방정식의 모든 해는 적당한 상수 $C_1, \cdots, C_n$에 대하여

$$C_1 y_1 + \cdots + C_n y_n$$

으로 표현 가능하다. 이제 그 이유를 살펴보자. 만약

$$C_1 y_1(x_0) + \cdots + C_n y_n(x_0) = \phi(x_0)$$
$$C_1 y_1{}'(x_0) + \cdots + C_n y_n{}'(x_0) = \phi'(x_0)$$
$$\vdots$$
$$C_1 y_1^{(n-1)}(x_0) + \cdots + C_n y_n^{(n-1)}(x_0) = \phi^{(n-1)}(x_0)$$

를 만족하는 $C_1, \cdots, C_n$을 찾을 수 있으면 $\phi(x)$와 $C_1 y_1(x) + \cdots + C_n y_n(x)$는 x_0에서 주어진 초기값 조건을 만족하는 두 개의 해이므로 정리 1의 해의 유일성에 의해서 (a, b)에 있는 모든 x에 대해서

$$\phi(x) = C_1 y_1(x) + \cdots + C_n y_n(x)$$

이다.

위의 방정식계는 n 개의 미지수 $C_1, \cdots, C_n$과 n 개의 선형방정식으로 구성되어 있으므로 $\phi(x_0), \cdots, \phi^{(n-1)}(x_0)$의 모든 가능한 값에 대해서 유일한 해를 갖기 위한 필요충분조건은 계수의 행렬식이 0이 되지 않는 것이다. 즉

$$\begin{vmatrix} y_1(x_0) & y_2(x_0) & \cdots & y_n(x_0) \\ y_1{}'(x_0) & y_2{}'(x_0) & \cdots & y_n{}'(x_0) \\ y_1^{(n-1)}(x_0) & y_2^{(n-1)}(x_0) & \cdots & y_n^{(n-1)}(x_0) \end{vmatrix} \neq 0$$

인 것이다. 그러므로 $y_1, \cdots, y_n$이 동차방정식의 해이고 계수의 행렬식이 0이 아닌 점 $x_0 \in (a, b)$가 있으면 방정식의 모든 해 $\phi(x)$는 $y_1, \cdots, y_n$의 1차결합으로 나타난다. 이제 다음의 기호를 정의하자.

| 정의 1 | 론스키 행렬식

$f_1, \cdots, f_n$이 $(n-1)$ 번 미분가능한 함수일 때

$$W[f_1, \cdots, f_n](x) := \begin{vmatrix} f_1(x) & f_2(x) & \cdots & f_n(x) \\ f_1{}'(x) & f_2{}'(x) & \cdots & f_n{}'(x) \\ f_1^{(n-1)}(x) & f_2^{(n-1)}(x) & \cdots & f_n^{(n-1)}(x) \end{vmatrix}$$

을 $f_1, \cdots, f_n$의 **론스키 행렬식**(Wronskian)이라 한다.

이제 위에서 보인 동차인 선형방정식의 해에 대한 정리를 기술하자.

| 정리 2 | 동차방정식의 해의 표현

$p_1, \cdots, p_n$이 (a,b)에서 연속이고 $y_1, \cdots, y_n$이

$$y^{(n)}(x)+p_1(x)y^{(n-1)}(x)+\cdots+p_n(x)y(x)=0$$

의 해일 때 (a, b)에 있는 점 x_0에서

$$W[y_1, \cdots, y_n](x_0) \neq 0$$

를 만족하면 위 식의 모든 해는

$$y(x)= C_1y_1(x)+\cdots+C_ny_n(x)\ (C_1, \cdots, C_n \text{은 상수})$$

의 형태로 표현된다.

구간(a, b)에 있는 어떤 점 x_0에 대해서 론스키 행렬식이 0이 아닌 해의 집합 $\{y_1, \cdots, y_n\}$을 (a, b)에서의 표준형 방정식에 대한 **기본해집합**이라 한다. 또 임의의 상수 $C_1, \cdots, C_n$에 대해서 $y_1, \cdots, y_n$의 1 차결합을 표준형 방정식의 **일반해**라 한다.

예제 2 $y_1(x)=x$, $y_2(x)=x^2$, $y_3(x)=x^{-1}$을

$$x^3y'''+x^2y''-2xy'+2y=0,\ x>0$$

의 해라 할 때, 일반해를 구하라.

풀이 먼저 $\{y_1, y_2, y_3\}$ 가 $(0, \infty)$에서 방정식의 기본해 집합임을 보인다. y_1, y_2, y_3 가 방정식을 만족하는 해이고

$$W[y_1, y_2, y_3](x)=\begin{vmatrix} y_1(x) & y_2(x) & y_3(x) \\ y_1'(x) & y_2'(x) & y_3'(x) \\ y_1''(x) & y_2''(x) & y_3''(x) \end{vmatrix}=\begin{vmatrix} x & x^2 & x^{-1} \\ 1 & 2x & -x^{-2} \\ 0 & 2 & 2x^{-3} \end{vmatrix}$$

$$=6x^{-1} \neq 0,\ (x>0)$$

이므로 $\{y_1, y_2, y_3\}$은 기본해집합이고 일반해는

$$y(x)= C_1x+C_2x^2+C_3x^{-1},\ x>0$$

이다. ■

정리 2에서 $W(y_1, \cdots, y) \neq 0$은 해 $y_1, \cdots, y_n$의 1차독립성을 이용하여 표현할 수도 있다.

|정의 2| 함수의 1차종속

$f_1, \cdots, f_m$이 모두 0이 아닌 상수 $C_1, \cdots, C_m$에 대해서

$$C_1 f_1(x) + \cdots + C_m f_m(x) = 0,\ x \in I$$

을 만족하면 $f_1, \cdots, f_m$은 구간 I에서 **1차종속**인 관계에 있다고 하며 1차종속이 아닌 함수 $f_1, \cdots, f_m$을 I에서 **1차독립**이라고 한다.

예제 3 함수 $f_1(x) = e^x$, $f_2(x) = e^{-2x}$, $f_3(x) = 3e^x - 2e^{-2x}$가 구간$(-\infty, \infty)$에서 1차종속임을 보여라.

풀이 $f_3(x) = 3e^x - 2e^{-2x} = 3f_1(x) - 2f_2(x)$이므로 f_3는 f_1과 f_2의 1차결합으로 나타남을 알 수 있다. 그러므로 $(-\infty, \infty)$의 모든 x에 대해서

$$3f_1(x) - 2f_2(x) - f_3(x) = 0$$

이고 f_1, f_2, f_3는 $(-\infty, \infty)$에서 1차종속이다. ■

함수 $f_1, \cdots, f_m$이 (a, b)에서 1차독립임을 보이기 위해서는 (a, b)에서 $C_1 f_1(x) + \cdots + C_m f_m(x) = 0$를 만족함을 가정하고

$$C_1 = C_2 = \cdots = C_m = 0$$

임을 보이면 된다.

예제 4 함수 $f_1(x) = x$, $f_2(x) = x^2$, $f_3(x) = 1 - 2x^2$이 $(-\infty, \infty)$에서 1차독립임을 보여라.

풀이

모든 x에 대해서 상수 C_1, C_2, C_3가

$$C_1 x + C_2 x^2 + C_3(1 - 2x^2) = 0$$

를 만족한다고 하자. 만약 이 식으로부터 $C_1 = C_2 = C_3 = 0$를 보일 수 있다면 f_1, f_2, f_3는 1차독립이다. 이 식에서 $x = 0, 1, -1$일 때 각각

$$C_3 = 0\ ,\ C_1 + C_2 - C_3 = 0\ ,\ -C_1 + C_2 - C_3 = 0$$

이므로

$$C_1 = C_2 = C_3 = 0$$

임을 알 수 있다. 그러므로 f_1, f_2, f_3는 $(-\infty, \infty)$에서 1차독립이다. ■

1 차독립성과 기본해집합의 관계를 다음 정리에 기술하자.

| 정리 3 | 1차독립과 기본해집합

$y_1, \cdots, y_n$을 구간 (a, b)에서

$$y^{(n)} + p_1 y^{(n-1)} + \cdots + p_n y = 0$$

의 n개의 해라 할 때, $\{y_1, \cdots, y_n\}$이 (a, b)에서 기본해집합이기 위한 필요충분조건은 $y_1, \cdots, y_n$이 (a, b)에서 1차독립인 것이다.

정리 3은 4.3절의 보조정리 1을 일반화한 것이고 증명도 비슷하므로 여기서는 증명은 생략한다. 정리 3을 이용하면 예 2에서

$$y_1(x) = x,\ y_2(x) = x^2,\ y_3(x) = x^{-1}$$

이 기본해집합을 이룬다는 것은 행렬식의 계산없이 y_1, y_2, y_3가 $(0, \infty)$에서 1차독립이라는 것을 확인함으로써 쉽게 알 수 있다. 중첩법칙과 정리 3으로부터 비동차방정식의 해의 표현형태를 알 수 있다.

| 정리 4 | 비동차방정식의 해의 표현

$y_p(x)$를 구간 $(a,\ b)$에서 비동차방정식

$$y^{(n)}(x)+p_1(x)y^{(n-1)}(x)+\cdots+p_n(x)y(x)=g(x)$$

의 **특수해**라 하고 $\{y_1,\ \cdots\ ,y_n\}$을 $(a,\ b)$에서 주어진 비동차방정식에 상응하는 동차방정식

$$y^{(n)}(x)+p_1(x)y^{(n-1)}(x)+\cdots+p_n(x)y(x)=0$$

의 **기본해집합**이라 하면 비동차방정식의 모든 해는

$$y(x)=y_p(x)+C_1y_1(x)+\cdots+C_ny_n(x)$$

형태로 표현된다.

증명 $\phi(x)$를 비동차방정식의 해라 하면 $\phi(x)$와 $y_p(x)$ 모두 해이므로 중첩정리에 의해서 $\phi(x)-y_p(x)$도 동차방정식의 해이다. 정리 2로부터 적당한 상수 $C_1,\ \cdots\ ,C_n$에 대해서

$$\phi(x)-y_p(x)=C_1y_1(x)+\cdots+C_ny_n(x)$$

이므로 비동차방정식의 해를 얻을 수 있다. ■

여기서 $y_p,\ y_1,\ \cdots\ ,y_n$의 1차결합을 비동차방정식의 **일반해**라 한다.

예제 5 $y_p(x)=x^2$은 $y'''-2y''-y'+2y=2x^2-2x-4$의 특수해이고 $y_1(x)=e^{-x}$, $y_2(x)=e^x$, $y_3(x)=e^{2x}$는 상응하는 동차방정식의 해일 때 주어진 비동화 방정식의 일반해를 구하라.

풀이 함수 e^{-x}, e^x, e^{2x}가 1차독립이고 상응하는 동차방정식의 해이므로 $\{e^{-x},\ e^x,\ e^{2x}\}$가 기본해집합을 이룸을 알 수 있다. 그러므로 정리 4로부터 비동차방정식의 일반해는

$$y(x)=x^2+C_1e^{-x}+C_2e^x+C_3e^{2x}$$

이다. ■

연습문제 6.1

※ 다음의 초기값 문제가 구간 (a, b)에서 유일한 해를 갖도록 정리를 사용하여 최대 구간 (a, b)를 구하라.

1. $xy''' - 3y' + e^x y = x^2 - 1\,;\, y(-2) = 1,\, y'(-2) = 0,\ y''(-2) = 2$
2. $y''' - y'' + \sqrt{x-1}\, y = \tan x;\ y(5) = y'(5) = y''(5) = 1$
3. $x\sqrt{x+1}\, y''' - y' + xy = 0\ ;\, y\left(\frac{1}{2}\right) = y'\left(\frac{1}{2}\right) = -1,\ y''\left(\frac{1}{2}\right) = 1$

※ 다음 함수들이 주어진 구간에서 1차독립인지 1차종속인지를 결정하고 또 론스키 행렬식도 계산하라.

4. $\{e^{3x},\ e^{5x},\ e^{-x}\},\ (-\infty,\ \infty)$
5. $\{\sin^2 x,\ \cos^2 x,\ 1\},\ (-\infty,\ \infty)$
6. $\{x^{-1},\ x^{1/2},\ x\},\ (0,\ \infty)$
7. $\{x,\ x^2,\ x^3,\ x^4\},\ (-\infty,\ \infty)$

※ 다음 함수들이 주어진 미분방정식에 대한 기본해집합임을 보이고 일반해를 구하라.

8. $y''' + 2y'' - 11y' - 12y = 0,\ \{e^{3x},\ e^{-x},\ e^{-4x}\}$
9. $x^3 y''' - 3x^2 y'' + 6xy' - 6y = 0,\ x > 0;\ \{x,\ x^2,\ x^4\}$
10. $y^{(4)} - y = 0;\ \{e^x,\ e^{-x},\ \cos x,\ \sin x\}$

※ 다음에 각 비동차방정식에 대한 특수해와 상응하는 동차방정식에 대한 기본해집합이 주어졌다.

(a) 비동차방정식의 일반해를 구하라.

(b) 주어진 초기값 조건을 만족하는 해를 구하라.

11. $y''' + y'' + 3y' - 5y = 2 + 6x - 5x^2\ ;$

    $y(0) = -1,\ y'(0) = 1,\ y''(0) = -3\ ;$

    $y_p = x^2;\ \{e^x,\ e^{-x}\cos 2x,\ e^{-x}\sin 2x\}$

12. $x^3 y''' + xy' - y = 3 - \ln x$;
$y(1) = 3,\ y'(1) = 3,\ y''(1) = 0$;
$y_p = \ln x$; $\{x,\ x\ln x,\ x(\ln x)^2\}$

13. $L[y] := y''' + y' + xy,\ y_1(x) := \sin x,\ y_2(x) = x$라 하자.
$L[y_1](x) = x\sin x$와 $L[y_2](x) = x^2 + 1$임을 보여라. 또 다음에 주어진 방정식의 해를 **중첩정리**(superposition principle)를 사용하여 구하라.
(a) $L[y] = 2x\sin x - x^2 - 1$ (b) $L[y] = 4x^2 + 4 - 6x\sin x$

6.2 계수가 상수인 동차선형방정식

이 절에서는 제 4 장에서 계수가 상수인 2계 미분방정식에 대한 결과를 확장하여 계수가 상수인 동차인 n계 미분방정식에 대한 해법을 다룬다.

동차인 n계 선형미분방정식

$$a_n y^{(n)}(x) + a_{n-1} y^{(n-1)}(x) + \cdots + a_1 y'(x) + a_0 y(x) = 0$$
$$(a_n \neq 0, a_{n-1}, \cdots, a_n \text{은 실수인 상수})$$

을 생각하자. 상수인 함수는 연속이므로, 방정식은 $(-\infty, \infty)$의 모든 x에 대해서 정의된 해를 갖는다(6.1절 정리 1 참조). $(-\infty, \infty)$에서 방정식의 n개의 1차독립인 해 $y_1, \cdots, y_n$을 찾을 수 있으면 방정식의 일반해는 임의의 상수 $C_1, \cdots, C_n$에 대해서

$$y(x) = C_1 y_1(x) + \cdots + C_n y_n(x)$$

로 나타낼 수 있다. 그러므로 방정식의 n개의 1차독립인 해를 찾기 위해서 2계 방정식에서와 같이 $y = e^{mx}$형태인 해를 생각하자.

이제 연산자 L을

$$L[y] := a_n y^{(n)} + a_{n-1} y^{(n-1)} + \cdots + a_1 y' + a_0 y$$

로 정의하면 방정식은 $L[y](x) = 0$형태로 쓸 수 있고 $y = e^{mx}$이면

$$\begin{aligned} L[e^{mx}](x) &= a_n m^n e^{mx} + a_{n-1} m^{n-1} e^{mx} + \cdots + a_0 e^{mx} \\ &= e^{mx}[a_n m^n + a_{n-1} m^{n-1} + \cdots + a_0] \end{aligned}$$

이므로 m이 특성방정식

$$p(m) := a_n m^n + a_{n-1} m^{n-1} + \cdots + a_0$$

의 근일 때 e^{mx}는 주어진 동차방정식의 해가 된다.

대수학의 기본정리(the fundamental theorem of algebra)에 의해서 n차의 특성방정식은 중복되는 근을 포함하여 실수나 복소수의 n개의 근을 가진다.

다음에 n개의 근의 종류에 따라 n계 선형미분방정식의 일반해의 형태에 대해서 살펴보겠다.

서로 다른 실근

위의 특성방정식의 근 $m_1, \cdots, m_n$이 서로 다른 실근일 때 방정식의 n개의 해는

$$y_1(x) = e^{m_1 x},\ y_2(x) = e^{m_2 x},\ \cdots,\ y_n(x) = e^{m_n x}$$

이고, $(-\infty, \infty)$에서 1차독립임은 쉽게 확인할 수 있다. 즉 $C_1, \cdots, C_n$이 $(-\infty, \infty)$의 모든 x 에 대해서

$$C_1 e^{m_1 x} + \cdots + C_n e^{m_n x} = 0$$

을 만족하는 상수일 때 $C_1 = C_2 = \cdots = C_n = 0$임을 보이자.

$m_1, \cdots, m_n$이 다항식 $p(m)$의 근이므로

$$p(m) = a_n(m - m_1) \cdots (m - m_n)$$

으로 표현되고 연산자 $L[y] = a_n y^{(n)} + a_{n-1} y^{(n-1)} + \cdots + a_0 y$는

$$L = p(D) = a_n(D - m_1) \cdots (D - m_n)$$

으로 쓸 수 있다. 이제 $p(m)$에서 인수 $(m - m_k)$를 뺀 다항식 $p_k(m)$을 만들기 위해서 $L_k := p_k(D)$라 하면

$$L_k := p_k(D) = a_n(D - m_1) \cdots (D - m_{k-1})(D - m_{k+1}) \cdots (D - m_n)$$

이고 $C_1 e^{m_1 x} + \cdots + C_n e^{m_n x} = 0$의 양변에 L_k를 취하면

$$C_1 L_k[e^{m_1 x}] + \cdots + C_n L_k[e^{m_n x}] = 0$$

이 되어 모든 m에 대해서

$$L_k[e^{mx}](x) = e^{mx} p_k(m)$$

을 얻는다. 그러므로

$$C_1 e^{m_1 x} p_k(m_1) + \cdots + C_n e^{m_n x} p_k(m_n) = 0$$

이고 $i \neq k$에 대해서 $p_k(m_i) = 0$이므로

$$C_k e^{m_k x} p_k(m_k) = 0$$

로 간단히 나타난다. 그런데 m_k는 $p_k(m)$의 근이 아니므로 $p_k(m_k) \neq 0$이므로 $C_k = 0$이다. 그러므로 임의의 k에 대해서

$$C_1 = \cdots = C_n = 0$$

이고, 여기서 $y_1(x), \cdots, y_n(x)$는 1 차독립이다. 그러므로 특성방정식이 n개의 서로 다른 실근을 가졌을 때 방정식의 일반해는

$$y(x) = C_1 e^{m_1 x} + \cdots + C_n e^{m_n x} \quad (C_1, \cdots, C_n\text{는 임의의 상수})$$

로 나타난다.

예제 1 방정식

$$y''' - 2y'' - 5y' + 6y = 0$$

의 일반해를 구하라.

풀이 특성방정식은

$$m^3 - 2m^2 - 5m + 6 = 0$$

이고

$$\begin{aligned} m^3 - 2m^2 - 5m + 6 &= (m-1)(m^2 - m - 6) \\ &= (m-1)(m+2)(m-3) \end{aligned}$$

이므로 근은

$$m_1 = 1,\ m_2 = -2,\ m_3 = 3$$

이고, 이것은 서로 다른 실근이므로 방정식의 일반해는

$$y(x) = C_1 e^{x} + C_2 e^{-2x} + C_3 e^{3x}$$

이다. ■

복소근

α, β가 실수일 때 $\alpha + i\beta$가 특성방정식의 복소근이면 $p(m)$의 계수가 실수이므로 켤레복소수 $\alpha - i\beta$도 특성방정식의 근이 된다.

만약 해가 복소함수라면 $e^{(\alpha + i\beta)x}$와 $e^{(\alpha - i\beta)x}$ 모두 방정식의 해이고, 또한 반복되는 해가 없으면 방정식의 일반해는 다시 위의 서로 다른 실수의 일반해와 같이

표현된다. 근 $\alpha \pm i\beta$에 상응하는 두 개의 실수의 해를 찾기 위해서

$$e^{(\alpha + i\beta)x} = e^{\alpha x}\cos\beta x + i\,e^{\alpha x}\sin\beta x$$

를 이용하면 방정식의 두 개의 1차독립인 해는

$$e^{\alpha x}\cos\beta x,\ e^{\alpha x}\sin\beta x$$

임을 알 수 있다.

만일 방정식의 일반해에 $e^{(\alpha + i\beta)x}$와 $e^{(\alpha - i\beta)x}$ 대신에 위의 두 해를 사용하면 n개의 해의 1차독립성을 유지할 수 있으므로 해의 켤레복소수를 이용하여 실수인 방정식의 일반해를 구할 수 있다.

예제 2 방정식

$$y''' + y'' + 3y' - 5y = 0$$

의 일반해를 구하라.

풀이 특성방정식은

$$m^3 + m^2 + 3m - 5 = (m-1)(m^2 + 2m + 5) = 0$$

이므로 $m_1 = 1,\ m_2 = -1 + 2i,\ m_3 = -1 - 2i$인 서로 다른 해를 얻는다. 그러므로 일반해는

$$y(x) = C_1 e^{x} + C_2 e^{-x}\cos 2x + C_3 e^{-x}\sin 2x$$

이다. ■

반복되는 근

m_1이 n계 방정식의 k번 반복되는 근(중복도 k)이라 하자. 2계 미분방정식에서는 m_1이 특성방정식의 중근이라면 1차독립인 두 해는 $e^{m_1 x}$와 $x\,e^{m_1 x}$였다. 그러므로 m_1이 중복도 k의 근이라면 k개의 1차독립인 해는

$$e^{m_1 x},\quad x\,e^{m_1 x},\quad x^2 e^{m_1 x},\ \cdots,\ x^{k-1} e^{m_1 x}$$

로 추측할 수 있다. 이제 그 이유를 살펴보자. m_1이 중복도 k의 근이라면 특성방정

식은

$$a_n(m-m_1)^k(m-m_{k+1})\cdots(m-m_n)=0$$

의 형태이고, 여기서

$$\tilde{p}(m):=a_n(m-m_{k+1})\cdots(m-m_n)$$

이면 $\tilde{p}(m_1)\neq 0$이고

$$L[e^{mx}](x)=e^{mx}(m-m_1)^k\tilde{p}(m)$$

이므로 $m=m_1$ 이라 하면 e^{m_1x}는 해가 된다. 다른 해를 구하기 위해서 양변에 m에 관한 r계 편미분을 취하면

$$\frac{\partial^r}{\partial m^r}L[e^{mx}](x)=\frac{\partial^r}{\partial m^r}[e^{mx}(m-m_1)^k\tilde{p}(m)]$$

이고, 오른쪽은 $r\leqq k-1$일 때 $(m-m_1)$이 남으므로 $m=m_1$을 취하면

$$\left.\frac{\partial^r}{\partial m^r}L[e^{mx}](x)\right|_{m=m_1}=0\quad;(r\leqq k-1)$$

이다. 함수 e^{mx}는 m이나 x의 어떤 계에서도 연속인 편미분을 가지므로 x나 m 어느 것으로 먼저 미분을 취하든

$$\frac{\partial^2}{\partial m\,\partial x}=\frac{\partial^2}{\partial x\,\partial m}$$

이다. 그러므로

$$L\left[\left.\frac{\partial^r}{\partial m^r}(e^{mx})\right|_{m=m_1}\right](x)=0$$

이고 $\left.\frac{\partial^r}{\partial m^r}(e^{mx})\right|_{m=m_1}=x^re^{m_1x}$가 $r=0,1,\cdots,k-1$에 대해서 방정식의 해가 될 것이다. 방정식의 해 $m=m_1$이 중복도 k를 가지므로 방정식의 해는

$$e^{m_1x},\ xe^{m_1x},\ \ x^2e^{m_1x},\ \cdots,\ x^{k-1}e^{m_1x}$$

가 된다. 이러한 k개의 함수들이 $(-\infty,\infty)$에서 1차독립임은 쉽게 확인할 수 있다. 만약에 복소수 $\alpha+i\beta$가 중복도 k의 근이라면 $2k$개의 복소값의 함수

$$e^{(\alpha+i\beta)x},\ x\,e^{(\alpha+i\beta)x},\ \cdots,\ x^{k-1}e^{(\alpha+i\beta)x}$$
$$e^{(\alpha-i\beta)x},\ x\,e^{(\alpha-i\beta)x},\ \cdots,\ x^{k-1}e^{(\alpha-i\beta)x}$$

은 $2k$개의 1차독립인 실수값의 함수

$$e^{\alpha x}\cos\beta x,\ x\,e^{\alpha x}\cos\beta x,\ \cdots,\ x^{k-1}e^{\alpha x}\cos\beta x$$
$$e^{\alpha x}\sin\beta x,\ x\,e^{\alpha x}\sin\beta x,\ \cdots,\ x^{k-1}e^{\alpha x}\sin\beta x$$

로 표현된다. 그러므로 방정식의 실수값의 일반해를 구하기 위해서 위의 세가지 경우를 사용하여 n개의 1차독립인 해의 집합을 찾을 수 있다.

예제 3 $y^{(4)}-y^{(3)}-3y''+5y'-2y=0$ 의 일반해를 구하라.

풀이 특성방정식은

$$m^4-m^3-3m^2+5m-2=(m-1)^3(m+2)=0$$

이고, 근은 $m_1=1,\ m_2=1,\ m_3=1,\ m_4=-2$이므로 1이 중복도 3인 해이고 일반해는

$$y(x)=C_1e^x+C_2xe^x+C_3x^2e^x+C_4e^{-2x}$$

이다. ■

예제 4 방정식 $y^{(4)}-8y^{(3)}+26y''-40y'+25y=0$의 일반해를 구하라.

풀이 특성방정식은

$$m^4-8m^3+26m^2-40m+25=(m^2-4m+5)^2=0$$

이고 $m_1=2+i,\ m_2=2+i,\ m_3=2-i,\ m_4=2-i$이므로 일반해는

$$y(x)=C_1e^{2x}\cos x+C_2xe^{2x}\cos x+C_3e^{2x}\sin x+C_4xe^{2x}\sin x$$

이다. ■

연습문제 6.2

※ 다음 미분방정식의 일반해를 구하라.

1. $y''' + 2y'' - 8y' = 0$
2. $6z''' + 7z'' - z' - 2z = 0$
3. $y''' + 3y'' + 28y' + 26y = 0$
4. $2y''' - y'' - 10y' - 7y = 0$
5. $u''' - 9u'' + 27u' - 27u = 0$
6. $y^{(4)} + 4y''' + 6y'' + 4y' + y = 0$
7. $y^{(4)} + 4y'' + 4y = 0$

※ 계수가 상수인 미분방정식의 특성방정식이 다음과 같을 때 미분방정식의 일반해를 구하라.

8. $(m-1)^2(m+3)(m^2+2m+5)^2 = 0$
9. $(m+4)(m-3)(m+2)^3(m^2+4m+5)^2 m^5 = 0$

※ 다음의 초기값 문제를 풀어라.

10. $y''' - y'' - 4y' + 4y = 0$;
    $y(0) = -4,\ y'(0) = -1,\ y''(0) = -19$
11. $y''' - 4y'' + 7y' - 6y = 0$;
    $y(0) = 1,\ y'(0) = 0,\ y''(0) = 0$

6.3 미정계수법과 영화연산자방법

계수가 상수인 고계미분방정식에서도 2계 방정식에서와 같이 비동차항이 특정한 형태의 함수의 합일 때 미정계수법을 사용하여 특수해 y_p를 구할 수 있다.

예제 1 비동차방정식 $y'''(x) - 3y''(x) + 4y(x) = xe^{2x}$의 일반해를 구하기 위해서 미정계수법을 이용하라.

풀이 먼저 상응하는 동차방정식 $y'''(x) - 3y''(x) + 4y(x) = 0$을 푼다. 이 동차방정식의 특성방정식은

$$m^3 - 3m^2 + 4 = (m+1)(m-2)^2 = 0$$

이고 근은 -1과 중근 2를 가지므로 일반해는

$$y_h(x) = C_1 e^{-x} + C_2 e^{2x} + C_3 x e^{2x}$$

이다. 다음에 비동차방정식의 특수해를 찾기 위해서 특수해 y_p를

$$y_p = x^s (A_1 x + A_0) e^{2x}$$

로 추측하자. 그런데 e^{2x}와 xe^{2x}는 동차방정식의 해이므로 $s = 2$로 취하면 $y_p(x) = (A_1 x^3 + A_0 x^2)e^{2x}$이고 이것을 비동차방정식에 대입하면

$$\begin{aligned}&[8A_1x^3 + (36A_1 + 8A_0)x^2 + (36A_1 + 24A_0)x + (6A_1 + 12A_0)]e^{2x}\\ &-3[4A_1x^3 + (12A_1 + 4A_0)x^2 + (6A_1 + 8A_0)x + 2A_0]e^{2x}\\ &+4[A_1x^3 + A_0x^2]e^{2x} = xe^{2x}\end{aligned}$$

이므로 간단히 하면

$$[18A_1 x + (6A_1 + 6A_0)]e^{2x} = xe^{2x}$$

이고

$$18A_1 = 1,\ 6A_1 + 6A_0 = 0$$

로부터

$$A_1 = \frac{1}{18}, \ A_0 = -\frac{1}{18}$$

이다. 그러므로

$$y_p(x) = \frac{1}{18}(x^3 - x^2)e^{2x}$$

이고 비동차방정식의 일반해는

$$y(x) = C_1 e^{-x} + C_2 e^{2x} + C_3 x e^{2x} + \frac{1}{18}(x^3 - x^2)e^{2x}$$

이다. ■

다음에는 미정계수법이 계수가 상수인 선형방정식에 잘 적용되는 이유를 살펴보기 위해서, 비동차방정식을 동차방정식으로 변형시켜서 비동차방정식을 푸는 방법을 소개하겠다. 먼저 다음 개념을 이해하자.

| 정의 3 | 영화연산자

선형연산자 A가 모든 x에 대해서

$$A[f](x) = 0$$

이면 A를 함수 f의 **영화연산자**(annihilator)라 한다. 즉 f는 $(-\infty, \infty)$에서 동차인 선형방정식의 해이다.

예를 들어 $A = D - 3$은 $(D-3)[e^{3x}] = 3e^{3x} - 3e^{3x} = 0$이므로 $f(x) = e^{3x}$의 영화연산자이고 $A = D^2 - 4D + 20$은 $e^{2x}\sin 4x$가 방정식 $y'' - 4y' + 20y = 0$의 해이므로 $e^{2x}\sin 4x$의 영화연산자이다.

6.2절에서 반복근을 가진 특성방정식에 대한 결과로부터 미분연산자 $(D-m)^k$ (k는 양의 정수)는 함수

$$e^{mx}, \quad xe^{mx}, \quad \cdots, \quad x^{k-1}e^{mx}$$

의 영화연산자임을 알 수 있고, 또 함수

$$e^{\alpha x}\cos\beta x, \ xe^{\alpha x}\cos\beta x, \ \cdots, \ x^{k-1}e^{\alpha x}\cos\beta x,$$

$$e^{\alpha x}\sin\beta x\ ,\ x\,e^{\alpha x}\sin\beta x\ ,\ \cdots\ ,\ x^{k-1}\,e^{\alpha x}\sin\beta x$$

는 $[(D-\alpha)^2+\beta^2]^k\,y=0$의 $2k$개의 1차독립인 해이므로

$$[(D-\alpha)^2+\beta^2]^k=(D^2-2\alpha D+(\alpha^2+\beta^2))^k$$

는 각각의 영화연산자이다. 또 계수가 상수인 선형미분연산자는 교환법칙을 만족한다.

예제 2 함수 $6x\,e^{-4x}+5e^x\sin 2x$의 영화연산자를 구하라.

풀이 주어진 함수는 두 함수 $6x\,e^{-4x}$와 $5e^x\sin 2x$의 합이므로 각각의 영화연산자를 생각하면 $(D+4)^2$은 함수 $f_1(x):=6x\,e^{-4x}$의 영화연산자이고 $(D-1)^2+4$는 $f_2(x):=5e^x\sin 2x$의 영화연산자이므로 합성연산자

$$A:=(D+4)^2\,[(D-1)^2+4]=[(D-1)^2+4](D+4)^2$$

은 f_1과 f_2각각의 영화연산자이고 선형성에 의해서 A는 합 f_1+f_2의 영화연산자이다. ■

이제 비동차방정식의 특수해를 찾는 데 어떻게 영화연산자를 사용하는지 살펴보자. 계수가 상수인 n계 미분방정식

$$a_n y^{(n)}(x)+a_{n-1}y^{(n-1)}(x)+\cdots+a_0 y(x)=g(x)$$

는

$$L[y]:=a_n y^{(n)}+a_{n-1}y^{(n-1)}+\cdots+a_0 y$$

라 할 때

$$L[y](x)=g(x)$$

로 나타낼 수 있다. 이 절에서는 비동차항이 계수가 상수인 선형미분연산자에 의해서 영화되는 함수에 대해서만 생각하겠다. A가 g의 영화연산자일 때 방정식의 양변에 A를 취하면 $A[L[y]](x)=A[g](x)=0$이므로 y가 비동차방정식의 해이면 y 또한 동차인 선형미분방정식

$$A\,L[y](x)=0$$

의 해가 된다. 그런데 동차방정식은 계수가 상수이므로 일반해를 구하기 위해서 6.2절의 방법을 적용할 수 있다. 이것과 $L[y]=0$의 일반해를 비교해 보면 비동차방정식의 특수해의 형태를 결정할 수 있다. 이러한 방법을 **영화연산자방법**이라 한다.

예제 3 방정식 $y''(x)+y(x)=e^{2x}+1$의 일반해를 구하라.

풀이 $D-2$는 e^{2x}의 영화연산자이고 D는 1을 영화시키므로 $A := D(D-2)$는 $e^{2x}+1$을 영화시킨다. A를 방정식의 양변에 적용하면

$$A[y''+y] = A[e^{2x}+1], D(D-2)(D^2+1)[y]=0$$

이고 특성방정식은

$$m(m-2)(m^2+1)=0$$

이므로 $i, -i, 2, 0$의 근을 갖고 일반해는

$$y(x) = C_1\cos x + C_2\sin x + C_3e^{2x} + C_4$$

이다. 그런데 비동차방정식의 일반해는 $y_h(x)+y_p$이다. 즉 비동차방정식의 특수해 y_p와 $y''(x)+y(x)=0$의 일반해 y_h 의 합으로 나타나고 비동차방정식의 모든 해 또한 $D(D-2)(D^2+1)[y]=0$의 해이므로 y_h+y_p는

$$D(D-2)(D^2+1)[y]=0$$

의 일반해 오른쪽 표현과 같아야 한다. 그러므로 $y_h(x)=C_1\cos x+C_2\sin x$이고, 특수해 y_p는

$$y_p(x) = C_3e^{2x} + C_4$$

이어야 한다. 이제 이 y_p를 비동차방정식에 대입하면

$$4C_3e^{2x} + C_3e^{2x} + C_4 = e^{2x}+1$$
$$5C_3e^{2x} + C_4 = e^{2x}+1$$

이고, 이것으로부터 $C_3=\frac{1}{5}$, $C_4=1$을 찾을 수 있으므로

$$y_p(x) = \frac{1}{5}e^{2x} + 1$$

이고, 비동차방정식의 일반해는

$$y(x) = C_1 \cos x + C_2 \sin x + \frac{1}{5}e^{2x} + 1$$

이다. ■

예제 4 영화연산자방법을 사용하여 방정식 $y'' - y = e^{-2x}\sin x$의 특수해의 형태를 구하라.

풀이 연산자

$$A := (D+2)^2 + 1^2 = D^2 + 4D + 5$$

는 함수 $g(x) = e^{-2x}\sin x$의 영화연산자이므로 A를 방정식의 양변에 취하면 $A[y'' - y] = A[e^{-2x}\sin x]$이므로

$$(D^2 + 4D + 5)(D^2 - 1)[y] = 0$$

이고, 특성방정식은

$$(m^2 + 4m + 5)(m-1)(m+1) = 0$$

이므로 1, -1, $-2+i$, $-2-i$의 근을 갖고, 일반해는

$$y(x) = C_1 e^x + C_2 e^{-x} + C_3 e^{-2x}\cos x + C_4 e^{-2x}\sin x$$

이다. 동차방정식 $y'' - y = 0$의 일반해는

$$y_h(x) = C_1 e^x + C_2 e^{-x}$$

이므로 주어진 비동차방정식의 특수해는

$$y_p(x) = C_3 e^{-2x}\cos x + C_4 e^{-2x}\sin x$$

의 형태이다. ■

위의 두 예에서 구한 특수해 y_p는 제 5 장에서 다룬 미정계수법에 의해서도 찾을

수 있다. 또 영화연산자방법은 미정계수법과 같이 2계 방정식뿐만 아니라 이 장에서 다루고 있는 고계방정식에도 잘 적용된다.

연습문제 6.3

※ 다음에 주어진 방정식에 대한 특수해의 형태를 미정계수법을 이용하여 구하라.

1. $y''' - 2y'' - 5y' + 6y = e^x + x^2$
2. $y''' + 3y'' - 4y = e^{-2x}$
3. $y''' + y'' - 2y = xe^x + 1$

※ 다음 방정식의 일반해를 구하라.

4. $y''' - 2y'' - 5y' + 6y = e^x + x^2$
5. $y''' + 3y'' - 4y = e^{-2x}$
6. $y''' + y'' - 2y = xe^x + 1$

※ 다음에 주어진 함수를 영화하는 미분연산자를 찾아라.

7. $x^4 - x^2 + 11$
8. e^{-7x}
9. $e^{2x} - 6e^x$
10. $x^2 e^{-x} \sin 2x$
11. $xe^{-2x} + xe^{-5x} \sin 3x$

※ 다음에 주어진 방정식의 특수해의 형태를 영화연산자방법을 사용하여 구하라.

12. $u'' - 5u' + 6u = \cos 2x + 1$
13. $y'' - 5y' + 6y = e^{3x} - x^2$
14. $y'' - 6y' + 9y = \sin 2x + x$
15. $y'' + 2y' + 2y = e^{-x} \cos x + x^2$
16. $z''' - 2z'' + z' = x - e^x$

※ 다음에 주어진 초기값 문제를 풀어라.

17. $y''' + 2y'' - 9y' - 18y = -18x^2 - 18x + 22$;
$y(0) = -2,\ y'(0) = -8,\ y''(0) = -12$
18. $y''' - 2y'' - 3y' + 10y = 34xe^{-2x} - 16e^{-2}x - 10x^2 + 6x + 34$;
$y(0) = 3,\ y'(0) = 0,\ y''(0) = 0$

6.4 매개변수방법

6.3절에서는 비동차방정식의 특수해를 찾기 위한 미정계수방법과 영화연산자방법을 설명하였는데, 이 방법 모두 계수가 상수인 선형미분방정식이면서 비동차항이 어떤 특정한 형태의 함수인 방정식의 경우에만 이용할 수 있었다. 이 절에서는 4.9절에서 다룬 매개변수방법을 계수가 변수인 고계방정식에 대해서 확장하려고 한다. 연산자 L을

$$L[y] := y^{(n)} + p_1 y^{(n-1)} + \cdots + p_n y$$

로 정의하고 계수함수 $p_1, \cdots, p_n$과 g를 구간 (a, b)에서 연속이라 할 때 $L[y](x) = g(x)$의 특수해를 구해보자. 매개변수방법을 적용하기 위해서는 먼저 비동차방정식에 상응하는 동차방정식

$$L[y](x) = 0$$

의 기본해집합 $\{y_1, \cdots, y_n\}$을 아는 것이 필요하며 기본해집합을 알면 동차방정식의 일반해는

$$y_h(x) = C_1 y_1(x) + \cdots + C_n y_n(x)$$

임을 알고 있다. 매개변수방법에서는 비동차방정식의 특수해의 형태가

$$y_p(x) = u_1(x) y_1(x) + \cdots + u_n(x) y_n(x)$$

임을 가정하고 함수 $u_1(x), \cdots, u_n(x)$를 구하려고 한다. n개의 미지의 함수를 찾기 위해서 $y_p(x)$를 미분하면

$$y_p{}' = (u_1 y_1{}' + \cdots + u_n y_n{}') + (u_1{}' y_1 + \cdots + u_n{}' y_n)$$

을 얻고 미지함수 $u_1, \cdots, u_n$의 2계와 고계의 미분을 하지 않기 위해서 조건

$$u_1{}' y_1 + \cdots + u_n{}' y_n = 0$$

을 가정하면 $y_p{}'', y_p{}''', \cdots, y_p^{(n-1)}$으로부터 $n-2$개의 조건

$$u_1{}' y_1{}' + \cdots + u_n{}' y_n{}' = 0$$

$$\vdots$$

$$u_1{}' y_1^{(n-2)} + \cdots + u_n{}' y_n{}^{(n-2)} = 0$$

를 얻는다. 또 n번째 조건으로써 y_p가 주어진 비동차방정식을 만족한다고 하면 위의 조건과 $y_1, \cdots, y_n$이 동차방정식의 해라는 사실을 이용하여 $L[y_p]=g$는

$$u_1' y_1^{(n-1)} + \cdots + u_n' y_n^{(n-1)} = g$$

로 간단히 쓸 수 있다. 그러므로 n개의 함수 $u_1', \cdots, u_n'$에 대한 방정식계는

$$\begin{aligned} y_1 u_1' \quad + \quad \cdots \quad + \quad y_n u_n' &= 0 \\ &\vdots \\ y_1^{(n-2)} u_1' + \cdots + y_n^{(n-2)} u_n' &= 0 \\ y_1^{(n-1)} u_1' + \cdots + y_n^{(n-1)} u_n' &= g \end{aligned}$$

인데, (a, b)에서의 x에 대한 방정식계의 해를 찾기 위한 충분조건은 $u_1', \cdots, u_n'$의 계수로 구성된 행렬의 행렬식이 (a, b)의 모든 x에 대해서 0이 되지 않는 것이고, 그것은 론스키 행렬식이므로 $\{y_1, \cdots, y_n\}$은 기본해 집합이 되어

$$\begin{vmatrix} y_1 & \cdots & y_n \\ \vdots & & \vdots \\ y_1^{(n-2)} & \cdots & y_n^{(n-2)} \\ y_1^{(n-1)} & \cdots & y_n^{(n-1)} \end{vmatrix} = W[y_1, \cdots, y_n](x) \neq 0$$

이다. 이제 방적식계를 풀기 위해서 **크래머**(Cramer) **법칙**을 사용하면

$$u_k'(x) = \frac{g(x)\, W_k(x)}{W[y_1, \cdots, y_n](x)}, \quad k = 1, \cdots, n$$

인데, $W_k(x)$는 론스키 행렬식 $W[y_1, \cdots, y_n](x)$의 k번째 열을 $[0, \cdots, 1]^t$로 바꾼 것이다. 이 때 $u_k'(x)$을 적분하면

$$u_k(x) = \int \frac{g(x)\, W_k(x)}{W[y_1, \cdots, y_n](x)} dx, \quad k = 1, \cdots, n$$

이다. 매개변수방법을 사용할 때 적분의 계산이 다소 복잡한 경우도 있으나 주어진 방정식의 기본해집합을 알면 미정계수법을 적용할 수 없는 방정식에도 이용할 수 있다는 이점이 있다.

$W_k(x)$를 계산하기 위해서 **여인수**(cofactor) 확장인

$$W_k(x) = (-1)^{n-k} W[y_1, \cdots, y_{k-1}, y_{k+1}, \cdots, y_n](x), \ k = 1, \cdots, n$$

을 이용하면 편리하다.

예제 1 코시-오일러(Cauchy-Euler) 방정식

$$x^3y''' + x^2y'' - 2xy' + 2y = x^3\sin x,\ x > 0$$

의 일반해를 구하기 위해서 상응하는 동차방정식의 기본해집합이 $\{x,\ x^{-1},\ x^2\}$임을 사용하라.

풀이 주어진 방정식을 표준형으로 표현하기 위해서 x^3으로 나누면

$$y''' + \frac{1}{x}y'' - \frac{2}{x^2}y' + \frac{2}{x^3}y = \sin x\ ,\ x > 0$$

이고 비동차항은 $g(x) = \sin x$이다. $\{x,\ x^{-1},\ x^2\}$은 기본해집합이므로 특수해의 형태를

$$y_p(x) = u_1(x)x + u_2(x)x^{-1} + u_3(x)x^2$$

이라 하고 $u_1,\ u_2,\ u_3$를 구하기 위하여 위의 공식을 이용하자. 먼저 행렬식을 계산해 보면

$$W[x,\ x^{-1},\ x^2](x) = \begin{vmatrix} x & x^{-1} & x^2 \\ 1 & -x^{-2} & 2x \\ 0 & 2x^{-3} & 2 \end{vmatrix} = -6x^{-1}$$

$$W_1(x) = (-1)^{(3-1)}\ W[x^{-1},\ x^2](x) = (-1)^2\begin{vmatrix} x^{-1} & x^2 \\ -x^{-2} & 2x \end{vmatrix} = 3$$

$$W_2(x) = (-1)^{(3-2)}\begin{vmatrix} x & x^2 \\ 1 & 2x \end{vmatrix} = -x^2$$

$$W_3(x) = (-1)^{(3-3)}\begin{vmatrix} x & x^{-1} \\ 1 & -x^{-2} \end{vmatrix} = -2x^{-1}$$

이므로

$$y_p(x) = x\int\frac{(\sin x)3}{-6x^{-1}}dx + x^{-1}\int\frac{(\sin x)(-x^2)}{-6x^{-1}}dx + x^2\int\frac{(\sin x)(-2x^{-1})}{-6x^{-1}}dx$$

$$= x\int -\frac{1}{2}x\sin x\, dx + x^{-1}\int \frac{1}{6}x^3\sin x\, dx + x^2\int \frac{1}{3}\sin x\, dx$$
$$= -\frac{1}{2}\cos x + \frac{1}{2}\frac{1}{x}\sin x + C_1x + C_2x^{-1} + c_3x^2$$

이다. $\{x,\ x^{-1},\ x^2\}$는 동차방정식에 대한 기본해집합이므로 C_1, C_2, C_3를 임의의 상수로 취할 수 있으며, 결국

$$y(x) = -\frac{1}{2}\cos x + \frac{1}{2}\frac{1}{x}\sin x + C_1x + C_2x^{-1} + c_3x^2$$

이 구하려는 비동차방정식의 일반해이다. ■

연습문제 6.4

※ 다음 방정식의 특수해를 매개변수방법을 이용하여 구하라.

1. $y''' - 3y'' + 4y = e^{2x}$
2. $z''' + 3z'' - 4z = e^{2x}$
3. $y''' + y' = \tan x,\ \ 0 < x < \frac{\pi}{2}$
4. $y''' - 2y'' + y' = x$
5. $y''' - 3y'' + 3y' - y = e^{x}$
6. $y''' + y' = \sec\theta\tan\theta,\ \ 0 < \theta < \frac{\pi}{2}$

7 계수가 상수가 아닌 상미분방정식

7.1 코시-오일러 방정식

앞에서는 계수가 상수인 선형미분방정식에 대해서 다루었는데 일반적으로 임의의 미분방정식을 푼다는 것은 그리 쉬운 일이 아니며 계수가 상수가 아닌 경우는 더욱 그렇다. 그렇지만 이 절에서 살펴볼 계수가 상수가 아닌 특정한 형태의 방정식의 경우는 앞에서 다루었던 방법과 비슷한 방법을 적용하여 풀 수 있다.

| 정의 1 | 코시-오일러 방정식

$a_0,\ a_1,\ \cdots,\ a_n$이 상수일 때

$$a_n x^n y^{(n)} + a_{n-1} x^{n-1} y^{(n-1)} + \cdots + a_1 x y' + a_0 y = g(x)$$

형태의 방정식을 **코시-오일러(Cauchy-Euler) 미분방정식**이라 한다.

2 계의 코시-오일러 방정식

먼저 2계의 동차인 코시-오일러 방정식

$$ax^2 y'' + bxy' + cy = 0$$

을 생각하여 보자. $x = 0$이면 y'의 계수가 0이므로 2계 방정식의 존재정리를 만족하기 위해서 정의역을 $x > 0$이거나 $x < 0$로 제한해야 한다.

이제 방정식의 해가 상수 m에 대해서 $y = x^m$의 형태를 갖는다고 가정하고 도함수 $y' = mx^{m-1}$과 $y'' = m(m-1)x^{m-2}$를 대입하면

$$\begin{aligned} ax^2 y'' + bxy' + cy &= ax^2 m(m-1)x^{(m-2)} + bxmx^{m-1} + cx^m \\ &= x^m [am(m-1) + bm + c] = 0 \end{aligned}$$

이다. 그러므로 $x \neq 0$으로부터 특성방정식이라 부르는

$$am(m-1) + bm + c = 0$$

을 얻고 이 방정식을 만족하는 m에 대하여 $y = x^m$이 코시-오일러 방정식의 해가 된다. m을 구하기 위하여 근의 공식을 이용하면

$$am(m-1)+bm+c = am^2+(b-a)m+c=0$$

으로부터

$$m_{1,2} = \frac{-(b-a)\pm\sqrt{(b-a)^2-4ac}}{2a}$$

이다. 여기서 근 m_1, m_2는 a, b, c의 값에 따라 서로 다른 실근, 중근, 복소근을 가지므로 근의 종류에 따라 코시-오일러 방정식의 해를 다음과 같이 표현할 수 있다.

정리 1 코시-오일러 방정식의 예

2 계의 동차인 코시-오일러 방정식 $ax^2y''+bxy'+cy=0$에서 m_1, m_2가 특성방정식 $am^2+(b-a)m+c=0$의 근이라 할 때

(a) $m_1 \neq m_2$이 실수이면, 일반해는

$y = C_1x^{m_1}+C_2x^{m_2}$이다.

(b) m_1, m_2이 실근이고 $m_1 = m_2$이면 일반해는

$y = C_1x^{m_1}+C_2x^{m_1}\ln x$이다.

(c) $m_1 = \alpha+i\beta$, $m_2 = \alpha-i\beta$, $\beta \neq 0$이면 일반해는

$y = x^{\alpha}[C_1\cos(\beta\ln x)+C_2\sin(\beta\ln x)]$이다.

예제 1 $3x^2y''-2xy'+2y=0$, $x>0$ 를 풀어라.

풀이 $y=x^m$을 방정식의 해라 하면

$$y' = mx^{m-1},\ y'' = m(m-1)x^{m-2}$$

이고, 방정식에 대입하면

$$\begin{aligned} 3x^2y''-2xy'+2y &= 3x^2m(m-1)x^{m-2}-2xmx^{m-1}+2x^m \\ &= x^m[3m(m-1)-2m+2]=0 \end{aligned}$$

이므로 특성방정식은

$$3m(m-1)-2m+2 = 3m^2-5m+2 = (3m-2)(m-1)=0$$

이고 근은 $m_1 = \dfrac{2}{3}$, $m_2 = 1$이다. 그러므로 정리로부터 일반해는

$$y = C_1 x^{\frac{2}{3}} + C_2 x$$

이다. ■

예제 2 $x^2 y'' - xy' + y = 0,\ x > 0$를 풀어라.

풀이 특성방정식은

$$m(m-1) - m + 1 = m^2 - 2m + 1 = (m-1)^2 = 0$$

이고 중근인 $m_1 = m_2 = 1$을 갖는다. 그러므로 일반해는

$$y = C_1 x + C_2 x \ln x$$

이다. ■

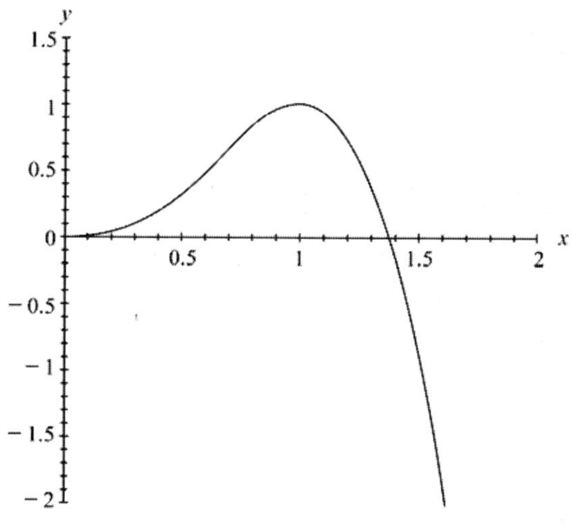

그림 7.1

예제 3 초기값 문제 $\begin{cases} x^2 y'' - 5xy' + 10y = 0 \\ y(1) = 1, y'(1) = 0 \end{cases}$를 풀어라.

풀이 특성방정식

$$m(m-1)-5m+10=m^2-6m+10=0$$

으로부터 복소근인

$$m=\frac{6\pm\sqrt{36-40}}{2}=3\pm i$$

를 얻고 일반해는

$$y=x^3[C_1\cos(\ln x)+C_2\sin(\ln x)],\ x>0$$

이다. 초기값 조건을 사용하기 위해서 y'을 계산하면

$$y'=x^2[(3C_1+C_2)\cos(\ln x)+(3C_2-C_1)\sin(\ln x)]$$

이므로 $y(1)=1$, $y'(1)=0$로부터 $C_1=1$이고 $3C_1+C_2=0$에서 $C_2=-3$이다. 그러므로 해는

$$y=x^3[\cos(\ln x)-3\sin(\ln x)]$$

이다.(그림 7.1) ■

정리 1의 증명

(a) 특성방정식의 서로 다른 두 실근 m_1, m_2에 대해서 $y=x^{m_1}$과 $y=x^{m_2}$는 미분방정식의 해이다. 또한 집합 $S=\{x^{m_1},\ x^{m_2}\}$의 론스키 행렬식은

$$W(S)=\begin{vmatrix} x^{m_1} & x^{m_2} \\ (x^{m_1})' & (x^{m_2})' \end{vmatrix}=\begin{vmatrix} x^{m_1} & x^{m_2} \\ m_1x^{m_1-1} & m_2x^{m_2-1} \end{vmatrix}$$
$$=(m_2-m_1)x^{m_1+m_2-1}\neq 0$$

이기 때문에 1차독립이므로 S는 기본해집합이고 일반해는

$$y=C_1x^{m_1}+C_2x^{m_2}$$

이다.

(b) 특성방정식의 중근 $m_1=m_2$에 대해서는 계수축소법을 사용하여 $y_1(x)$가 방정식 $y''+p(x)y'+q(x)y=0$의 하나의 해라 할 때 y_1과 1

차독립인 해

$$y_2(x) = y_1(x)\int \frac{e^{-\int p(x)\,dx}}{[y_1(x)]^2}\,dx$$

를 구할 수 있다. 중근 $m_1 = m_2$은 특성방정식에 근의 공식을 적용했을 때 얻는 $m = \frac{-(b-a) \pm \sqrt{(b-a)^2 - 4ac}}{2a}$에서 근호 안이 0일 때이므로

$$m_1 = m_2 = m = \frac{-(b-a)}{2a}$$

이 되어서

$$y_1(x) = x^{\frac{-(b-a)}{2a}}$$

로 쓸 수 있다. 코시-오일러 방정식을 표준형

$$y'' + \frac{b}{ax}y' + \frac{c}{ax^2}y = 0$$

으로 표현하면 $p(x) = \frac{b}{ax}$이므로

$$\begin{aligned} y_2(x) &= x^m \int \frac{e^{-\int \frac{b}{ax}dx}}{(x^m)^2} \\ &= x^m \int \frac{e^{-\left(\frac{b}{a}\right)\ln x}}{x^{2m}}\,dx = x^m \int \frac{x^{-\frac{b}{a}}}{x^{2[-\frac{b-a}{2a}]}}\,dx \\ &= x^m \int \frac{x^{-\frac{b}{a}}}{x^{-\frac{b-a}{a}}}\,dx = x^m \int \frac{1}{x}\,dx \\ &= x^m \ln x \end{aligned}$$

이다. 그러므로 일반해는 $y = C_1 x^{m_1} + C_2 x^{m_1} \ln x$이다.

(c) $m_{1,2} = \alpha \pm \beta i$일 때 (a)에 의해서 일반해는 A, B가 상수일 때

$$y(x) = Ax^{\alpha+\beta i} + Bx^{\alpha-\beta i} = x^{\alpha}(Ax^{\beta i} + Bx^{-\beta i})$$

로 표현된다. 오일러 공식에 의해서

$$x^{\beta i} = (e^{\ln x})^{\beta i} = e^{i\beta \ln x} = \cos(\beta \ln x) + i\sin(\beta \ln x)$$

이고

$$x^{-\beta i} = (e^{\ln x})^{-\beta i} = e^{-i\beta \ln x} = \cos(\beta \ln x) - i\sin(\beta \ln x)$$

이므로

$$\begin{aligned} y(x) &= x^{\alpha}[Ax^{\beta i} + Bx^{-\beta i}] \\ &= x^{\alpha}[A\cos(\beta \ln x) + Ai\sin(\beta \ln x) + B\cos(\beta \ln x) - Bi\sin(\beta \ln x)] \\ &= x^{\alpha}[(A+B)\cos(\beta \ln x) + (Ai - Bi)\sin(\beta \ln x)] \\ &= x^{\alpha}[C_1\cos(\beta \ln x) + C_2\sin(\beta \ln x)] \end{aligned}$$

이다. ■

고계 코시-오일러 방정식

동차인 고계 코시-오일러 방정식의 해는 계수가 상수인 고계 동차미분방정식의 해를 구하는 것과 비슷한 방법으로 찾을 수 있다.

예제 1 $2x^3y''' - 4x^2y'' - 20xy' = 0$, $x > 0$를 풀어라.

풀이 $x > 0$일 때 $y = x^m$을 해라 하면

$$2x^3y''' - 4x^2y'' - 20xy' = (2m^3 - 10m^2 - 12m)x^m = 0$$

이므로 $2m^3 - 10m^2 - 12m = m(2m+2)(m-6) = 0$으로부터

$$m_1 = 0,\ m_2 = -1,\ m_3 = 6$$

이다. 그러므로 일반해는

$$y = C_1 + C_2x^{-1} + C_3x^6$$

이다. ■

예제 2 초기값 문제

$$\begin{cases} x^4y^{(4)} + 4x^3y''' + 11x^2y'' - 9xy' + 9y = 0, & x > 0 \\ y(1) = 1,\ y'(1) = -9,\ y''(1) = 27,\ y'''(1) = 1 \end{cases}$$

을 풀어라.

풀이 $y(x) = x^m,\ x > 0$을 대입하면

$$x^4 m(m-1)(m-2)(m-3)x^{m-4} + 4x^3 m(m-1)(m-2)x^{m-3} + 11x^2 m(m-1)x^{m-2} - 9xmx^{m-1} + 9x^m = 0$$

이고, 간단히 하면

$$(m^4 - 2m^3 + 10m^2 - 18m + 9)x^m = 0$$

이다. 그러므로 특성방정식은

$$(m^4 - 2m^3 + 10m^2 - 18m + 9) = (m^2 + 9)(m-1)^2 = 0$$

이고, 근은 $m = \pm 3i$ 와 중근인 $m = 1$이므로 일반해는

$$y(x) = C_1 \cos(3\ln x) + C_2 \sin(3\ln x) + C_3 x + C_4 x \ln x$$

이다. 이제 초기값 조건을 사용하면

$$C_1 + C_3 = 1,\ C_3 + C_4 + 3C_2 = -9,$$
$$C_4 - 9C_1 - 3C_2 = 27,\ -C_4 + 27C_1 - 21C_2 = 1$$

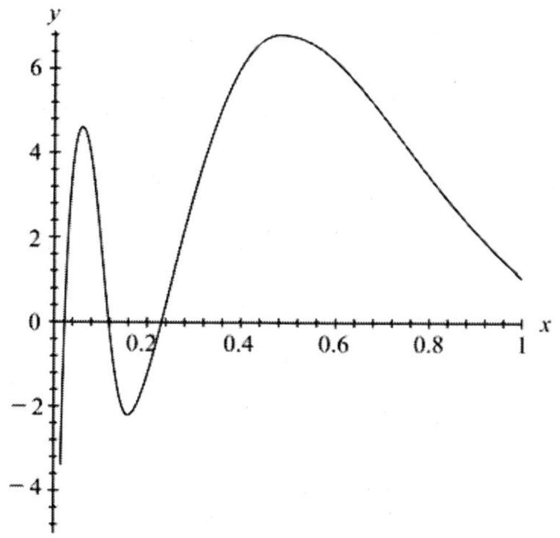

그림 7.2

이고, 이것으로부터

$$C_1 = -\frac{12}{5},\ C_2 = -\frac{89}{30},\ C_3 = \frac{17}{5},\ C_4 = -\frac{7}{2}$$

를 구할 수 있다. 그러므로 구하는 해는

$$y(x) = -\frac{12}{5}cos(3\ln x) - \frac{89}{30}sin(3\ln x) + \frac{17}{5}x - \frac{7}{2}x\ln x$$

이다.(그림 7.2) ■

매개변수방법

비동차인 코시-오일러 방정식에 대해서 매개변수방법을 사용할 수 있다.

예제 1 $x^2y'' - xy' + 5y = x^{-1},\ x > 0$의 일반해를 구하라.

풀이 먼저 동차방정식 $x^2y'' - xy' + 5y = 0$의 일반해를 구한다. 특성방정식이 $m^2 - 2m + 5 = 0$이므로 근의 공식에 의해서

$$m_{1,2} = \frac{2 \pm \sqrt{4-20}}{2} = 1 \pm 2i$$

의 근을 얻을 수 있다. 그러므로 동차방정식의 일반해는

$$y_h(x) = x\,[C_1\cos(2\ln x) + C_2\sin(2\ln x)]$$

이고, $\{x\cos(2\ln x),\ x\sin(2\ln x)\}$는 동차방정식의 기본해집합을 이룬다. 이제 주어진 비동차방정식의 특수해를 구하기 위해서 표준형

$$y'' - \frac{1}{x}y' + \frac{5}{x^2}y = \frac{1}{x^3}$$

으로 쓴 후 매개변수 방법을 사용하면

$$u_1(x) = -\int \frac{x\sin(2\ln x)x^{-3}}{2x}dx = \frac{1}{8x^2}(\cos(2\ln x) + \sin(2\ln x))$$
$$u_2(x) = \int \frac{x\cos(2\ln x)x^{-3}}{2x}dx = \frac{1}{8x^2}(\sin(2\ln x) - \cos(2\ln x))$$

이므로 비동차방정식의 특수해는

$$\begin{aligned} y_p(x) &= u_1(x)y_1(x) + u_2(x)y_2(x) \\ &= \frac{1}{8x^2}[\cos(2\ln x) + \sin(2\ln x)]\cdot x\cos(2\ln x) \\ &+ \frac{1}{8x^2}[\sin(2\ln x) - \cos(2\ln x)]\cdot x\sin(2\ln x) \\ &= \frac{1}{8x} \end{aligned}$$

이다. 그러므로 비동차방정식의 일반해는

$$\begin{aligned} y(x) &= y_h(x) + y_p(x) \\ &= x[C_1\cos(2\ln x) + C_2\sin(2\ln x)] + \frac{1}{8x} \end{aligned}$$

이다. ■

오일러는 치환 $x = e^t$, $x > 0$을 이용하여 방정식을 풀었다. 즉 $x = e^t$라 하면 $t = \ln x$이므로 연쇄법칙에 의해서

$$\frac{dy}{dx} = \frac{dy}{dt}\cdot\frac{dt}{dx} = \frac{1}{x}\frac{dy}{dt}$$

이고

$$\begin{aligned} \frac{d^2y}{dx^2} &= \frac{d}{dx}\left(\frac{1}{x}\frac{dy}{dt}\right) = \frac{1}{x}\frac{d}{dt}\left(\frac{dy}{dt}\right)\frac{dt}{dx} + \frac{d}{dx}\left(\frac{1}{x}\right)\frac{dy}{dt} \\ &= \frac{1}{x^2}\frac{d^2y}{dt^2} - \frac{1}{x^2}\frac{dy}{dt} = \frac{1}{x^2}\left(\frac{d^2y}{dt^2} - \frac{dy}{dt}\right) \end{aligned}$$

이므로 2계의 코시-오일러 방정식에 대입하면 계수가 상수인 2계의 선형미분방정식을 얻는다. 그러므로 이러한 치환을 사용하면 미정계수법을 사용할 수 있다.

예제 2 $x^2y'' - 3xy' + 13y = 4 + 3x$, $x > 0$의 일반해를 구하라.

풀이 위에서 언급한 바와 같이 치환을 사용하여 t에 대한 도함수로 방정식을 다시 쓰면 (이 경우 물론 매개변수방법을 사용하여도 된다.)

$$x^2\frac{1}{x^2}\left(\frac{d^2y}{dt^2} - \frac{dy}{dt}\right) - 3x\frac{1}{x}\frac{dy}{dt} + 13y = 4 + 3e^t$$

이고

$$\frac{d^2y}{dt^2} - 4\frac{dy}{dt} + 13y = 4 + 3e^t$$

이다. 이 방정식에 상응하는 동차방정식의 특성방정식은 $m^2 - 4m + 13 = 0$이고 복소근 $m_{1,2} = 2 \pm 3i$를 가지므로 동차방정식의 일반해는

$$y_h(t) = e^{2t}(C_1 \cos 3t + C_2 \sin 3t)$$

이다. 이제 비동차방정식의 특수해를 얻기 위해서 미정계수법을 사용하자. 특수해를 $y_p(t) = A + Be^t$라 하면

$$\frac{dy_p}{dt} = Be^t, \quad \frac{d^2y_p}{dt^2} = Be^t$$

이므로 비동차방정식에 대입하면

$$Be^t - 4Be^t + 13A + 13Be^t = 10Be^t + 13A = 4 + 3e^t$$

을 얻으므로 $B = \frac{3}{10}$, $A = \frac{4}{13}$이 되어 특수해는

$$y_p(t) = \frac{4}{13} + \frac{3}{10}e^t$$

이다. 그러므로 변수 x에 대한 일반해는

$$y(x) = x^2[C_1 \cos(3\ln x) + C_2 \sin(3\ln x)] + \frac{4}{13} + \frac{3}{10}x$$

이다. ■

연습문제 7.1

※ 다음에 주어진 코시-오일러 방정식의 일반해를 구하라.

1. $4x^2y'' - 8xy' + 5y = 0$
2. $2x^2y'' - 8xy' + 8y = 0$

3. $4x^2y'' + 17y = 0$
4. $2x^2y'' - 2xy' + 20y = 0$
5. $x^2y'' + 2xy' - 6y = 0$
6. $x^2y'' + xy' + 4y = 0$
7. $x^2y'' + 5xy' + 13y = 0$
8. $x^3y''' + 22x^2y'' + 124xy' + 140y = 0$
9. $x^3y''' - 4x^2y'' - 46xy' + 100y = 0$
10. $x^3y''' + 2x^2y'' - 4xy' + 4y = 0$
11. $x^3y''' + 4x^2y'' + 6xy' + 4y = 0$
12. $x^3y''' + 2xy' - 2y = 0$
13. $x^4y^{(4)} + 9x^3y''' + 11x^2y'' - 4xy' + 4y = 0$
14. $x^2y'' + 5xy' + 4y = x^{-5}$
15. $x^2y'' + xy' + y = x^{-2}$
16. $x^2y'' + 2xy' - 6y = 2x$
17. $x^2y'' + xy' + 4y = 8$
18. $x^2y'' + xy' + 36y = x^2$
19. $x^3y''' + 3x^2y'' - 11xy' + 16y = x^{-3}$
20. $x^3y''' + 16x^2y'' + 70xy' + 80y = x^{-13}$

※ 다음의 초기값 문제를 풀어라.

21. $3x^2y'' - 4xy' + 2y = 0$, $y(1) = 2$, $y'(1) = 1$
22. $x^2y'' + xy' + 4y = 8$, $y(1) = 1$, $y'(1) = 0$
23. $x^3y''' + 10x^2y'' - 20xy' + 20y = 0$,
    $y(1) = 0$, $y'(1) = -1$, $y''(1) = 1$
24. $x^3y''' - 2x^2y'' + 5xy' - 5y = 0$,
    $y(1) = 0$, $y'(1) = -1$, $y''(1) = 0$
25. $2x^2y'' + 3xy' - y = x^{-2}$, $y(1) = 0$, $y'(1) = 2$
26. $4x^2y'' + y = x^3$, $y(1) = 1$, $y'(1) = -1$

7.2 무한급수의 복습

7.1절에서는 계수가 변수이면서 어떤 특정한 형태의 경우에 대해서만 다루었다. 일반적으로 계수가 변수인 경우에는 4장, 6장에서 사용한 방법을 사용할 수 없다. 계수가 변수인 미분방정식의 해를 구하는 데는 무한급수를 통한 해법이 많이 이용되고 있다. 이 절에서는 무한급수에 대한 기본 성질을 복습함으로써 미분방정식을 풀 수 있는 도구로 사용할 수 있도록 준비한다.

무한급수에 관한 기본 정의와 정리

| 정의 1 | **무한급수**

x_0가 임의의 수이고 a_n이 상수일 때 $x-x_0$에 대한 무한급수는

$\sum_{n=0}^{\infty} a_n (x-x_0)^n$으로 표현된다.

| 정의 2 | **수렴반경**

무한급수

$$\sum_{n=0}^{\infty} a_n (x-x_0)^n$$

은 $x=x_0$에 대해서 항상 수렴한다. 어떤 양의 수 h에 대해서 무한급수 $\sum_{n=0}^{\infty} a_n (x-x_0)^n$가 구간 $(x_0-h,\ x_0+h)$ 안의 모든 x에 대해서 절대수렴하고 구간 $(-\infty,\ x_0-h) \cup (x_0+h,\ +\infty)$의 모든 x에 대해서 발산할 때 h를 무한급수의 **수렴반경**이라고 한다. 이 때 무한급수는 $x=x_0-h$와 $x=x_0+h$에서 수렴할 수도 있고 발산할 수도 있다. 또 모든 x에 대해서 무한급수가 절대수렴할 때 무한급수는 무한값의 수렴반경을 갖게 된다. 무한급수가 수렴반경 $h>0$를 가질 때 그러한 무한급수를 $x=x_0$에서 **해석적**(analytic)이라고 한다.

미적분학에서 많은 함수들이 **테일러**(Taylor) 와 **매클로린**(Maclaurin) **다항식**으로 어림될 수 있음을 배웠다.

┃정의 3┃ n차의 테일러와 매클로린 다항식

$x = x_0$에서의 f의 n차의 테일러 다항식은

$$\sum_{k=0}^{n} \frac{f^{(k)}(x_0)}{k!}(x-x_0)^k$$

로 표현되고 f에 대한 n차의 매클로린 다항식은 $x=0$에 관한 f의 n차 테일러 다항식 $\sum_{k=0}^{n} \frac{f^{(k)}(0)}{k!} x^k$을 말한다.

다음의 테일러 정리는 주어진 함수가 테일러나 매클로린 다항식으로 표현될 수 있는 조건을 말해준다.

┃정리 1┃ 테일러 정리

f가 구간 (a, b)에서 $(n+1)$번 미분가능하고 $a < x_0 < b$일 때 $x \in (a, b)$, $x \neq 0$이면 x와 x_0사이에

$$f(x) = \sum_{k=0}^{n} \frac{f^{(k)}(x_0)}{k!}(x-x_0)^k + R_n(x),$$

$$R_n(x) = \frac{f^{(n+1)}(z)}{(n+1)!}(x-x_0)^{n+1}$$

를 만족하는 z가 존재한다. 또한 구간 (a, b)의 모든 x에 대해서

$$\lim_{n\to\infty} R_n(x) = 0 \text{이면 } f(x) = \sum_{k=0}^{\infty} \frac{f^{(k)}(x_0)}{k!}(x-x_0)^k$$

이다.

$f(x)$가 $x = x_0$에서 무한급수에 의해서 표현되면, 즉 수렴반경 h에 대해서

$$f(x) = \sum_{n=0}^{\infty} a_n (x-x_0)^n$$

이면 $f(x)$는 $x = x_0$에서 **해석적**이다.

예제 1 $f(x) = e^x$라 하자.

(a) $f(x)$의 매클로린 급수를 찾아라.

(b) $f(x)$에 대한 n차의 매클로린 다항식을 찾아라.

(c) 모든 x에 대해서 $e^x = \sum_{k=0}^{\infty} \frac{1}{k!} x^k$ 임을 보여라.

풀이 모든 k에 대해서 $f^{(k)}(x) = e^x$이므로 $f^{(k)}(0) = 1$이고 $f(x)$에 대한 매클로린 급수는

$$\sum_{k=0}^{\infty} \frac{f^{(k)}(0)}{k!} x^k = \sum_{k=0}^{\infty} \frac{1}{k!} x^k$$

이므로 n차의 매클로린 다항식은 $\sum_{k=0}^{n} \frac{1}{k!} x^k$이며 테일러 정리에 의해서

$$R_n(x) = \frac{f^{(n+1)}(z)}{(n+1)!} x^{n+1} = \frac{e^z}{(n+1)!} x^{n+1}$$

이다. 만일 $x < 0$이면 z가 x와 0 사이에 있으므로 $e^z \leqq 1$이고

$$|R_n(x)| = \left| \frac{e^z}{(n+1)!} x^{n+1} \right| \leqq \frac{|x|^{n+1}}{(n+1)!}$$

이므로

$$\lim_{n \to \infty} |R_n(x)| \leqq \lim_{n \to \infty} \frac{|x|^{n+1}}{(n+1)!} = 0$$

이다. $x > 0$이면 $e^z \leqq e^x$이고

$$\lim_{n \to \infty} |R_n(x)| \leqq e^x \lim_{n \to \infty} \frac{x^{n+1}}{(n+1)!} = 0$$

이므로 두 경우 모두 $\lim_{n \to \infty} R_n(x) = 0$이다. 그러므로 모든 x에 대해서 $e^x = \sum_{k=0}^{\infty} \frac{1}{k!} x^k$이고 e^x는 $x = 0$에서 해석적이다.(실제로 e^x는 모든 x에 대해서 해석적이다.) ■

| 정리 2 | 무한급수의 미분

무한급수 $\sum_{n=0}^{\infty} a_n (x-x_0)^n$의 수렴반경이 $h>0$이면 함수 $f(x)=\sum_{n=0}^{\infty} a_n (x-x_0)^n$은 수렴구간에서 미분가능하며

$$f'(x)=\sum_{n=0}^{\infty} n\, a_n (x-x_0)^{n-1}$$

$$f''(x)=\sum_{n=0}^{\infty} n(n-1)a_n (x-x_0)^{n-2}$$

$$\vdots$$

등이 되고 이 무한급수의 수렴반경도 h이다.

| 정의 3 | 무한급수의 적분

무한급수 $\sum_{n=0}^{\infty} a_n (x-x_0)^n$의 수렴반경이 $h>0$일 때 급수 $\sum_{n=0}^{\infty} \frac{a_n}{n+1}(x-x_0)^{n+1}$은 같은 수렴반경 h를 가지며 $f(x)=\sum_{n=0}^{\infty} a_n (x-x_0)^n$이면

$$\int f(x)\,dx=\sum_{n=0}^{\infty} \frac{a_n}{n+1}(x-x_0)^{n+1}+C$$

이다.

무한급수에 대한 좀더 자세한 기본적인 설명에 대해서는 미적분학 책을 참고하기를 권한다. 이제 이 절을 마치기 전에 급수의 지표를 새로 정하는 방법을 설명하기로 한다. 예를 들어 급수 $\sum_{n=1}^{\infty} \frac{x^n}{n}$과 $\sum_{n=0}^{\infty} \frac{x^{n+1}}{n+1}$을 생각하자. 각 급수의 처음 몇 항을 나타내보면

$$\sum_{n=1}^{\infty} \frac{x^n}{n}=x+\frac{x^2}{2}+\frac{x^3}{3}+\frac{x^4}{4}+\cdots$$

$$\sum_{n=0}^{\infty} \frac{x^{n+1}}{n+1} = x + \frac{x^2}{2} + \frac{x^3}{3} + \frac{x^4}{4} + \cdots$$

이 되어 두 급수는 사실 같은 것이라는 것을 알 수 있다. 실제로 첫 번째 급수의 지표 n을 $n+1$로 치환하면

$$\sum_{n+1=1}^{\infty} \frac{x^{n+1}}{n+1} = \sum_{n=0}^{\infty} \frac{x^{n+1}}{n+1}$$

이 되어 두 번째 급수와 같다. 이러한 방법으로 어떠한 급수의 지표도 바꿀수 있다. 다음의 예를 보자.

예제 2 두 급수의 합 $\sum_{n=0}^{\infty} 5a_n x^{n+2} + \sum_{n=2}^{\infty} a_n x^n$을 하나의 급수로 표현하여라.

풀이 두 번째 급수의 지표 n을 $n+2$로 치환하면

$$\sum_{n+2=2}^{\infty} a_{n+2} x^{n+2} = \sum_{n=0}^{\infty} a_{n+2} x^{n+2}$$

이므로

$$\sum_{n=0}^{\infty} 5a_n x^{n+2} + \sum_{n=2}^{\infty} a_n x^n$$
$$= \sum_{n=0}^{\infty} 5a_n x^{n+2} + \sum_{n=0}^{\infty} a_{n+2} x^{n+2} \sum_{n=0}^{\infty} [5a_n + a_{n+2}] x^{n+2}$$

이다. ■

예제 3 $\sum_{n=2}^{\infty} n(n-1)a_n x^{n-2} - \sum_{n=1}^{\infty} 5n a_n x^n + \sum_{n=0}^{\infty} 10a_n x^n$을 간단히 하여라.

풀이 첫 번째와 세 번째 급수는 x^0의 항으로 시작하고 두 번째 급수는 x로 시작하므로 첫 번째와 세 번째 급수도 x로 시작하도록 x^0의 항을 급수에서 별도로 표현한다. 즉 첫 번째 급수에서 $n=2$일 때의 $2a_2 x^0$항과 세 번째 급수에서 $n=0$일 때의 항 $10a_0 x^0$를 따로 표기하면

$$2a_2 x^0 + \sum_{n=3}^{\infty} n(n-1)a_n x^{n-2} - \sum_{n=1}^{\infty} 5n a_n x^n + 10a_0 x^0 + \sum_{n=1}^{\infty} 10a_n x^n$$

이다. 이제 x의 차수가 같게 시작되므로 앞의 예에서와 같이 세 급수의 지표를 조정하여 하나의 급수로 표현하여 보자.

급수 $\sum_{n=3}^{\infty} n(n-1)a_n x^{n-2}$에서의 n을 $n+2$로 치환하면

$$\sum_{n+2=3}^{\infty} (n+2)(n+2-1)a_{n+2} x^{n+2-2} = \sum_{n=1}^{\infty} (n+2)(n+1)a_{n+2} x^n$$

이므로 처음에 주어진 표현은

$$\begin{aligned} &2a_2 x^0 + \sum_{n=1}^{\infty} (n+2)(n+1)a_{n+2} x^n - \sum_{n=1}^{\infty} 5n\, a_n x^n + 10a_0 x^0 + \sum_{n=1}^{\infty} 10a_n x^n \\ &= 2a_2 + 10a_0 + \sum_{n=1}^{\infty} [(n+2)(n+1)a_{n+2} + (10-5n)a_n]x^n \end{aligned}$$

으로 쓸 수 있다. ■

연습문제 7.2

1. 다음에 주어진 함수의 매클로린 급수를 구하라.

   (a) $f(x) = e^{-x}$　　(b) $g(x) = \dfrac{x}{1+x}$

   (c) $h(x) = x\sin x$

2. 다음에 주어진 값에 대해서 주어진 함수의 테일러 급수를 구하라.

   (a) $f(x) = e^x,\ x_0 = 1$　　(b) $g(x) = \cos x,\ x_0 = \dfrac{\pi}{4}$

3. 함수 $x\dfrac{d}{dx}\left[\dfrac{1}{1-x}\right]$를 사용하여 $\dfrac{x}{(1-x)^2}$의 매클로린 급수를 구하라.

4. 매클로린 급수가 $2 + 6x + 12x^2 + 20x^3 + \cdots$ 인 함수를 구하라.

5. 주어진 n의 값에서 급수가 시작하도록 각 급수에서 지표를 바꾸어라.

(a) $\sum_{n=2}^{\infty} a_n x^n, \; n=0$

(b) $\sum_{n=1}^{\infty} 4a_n x^{2n+1}, \; n=2$

6. 다음의 표현을 하나의 $\sum$로 나타내어라.

(a) $\sum_{n=0}^{\infty} 5a_n x^{n+1} + \sum_{n=0}^{\infty} 3a_{n+1} x^{n+1}$

(b) $\sum_{n=0}^{\infty} 10a_n x^{n+2} + \sum_{n=2}^{\infty} a_{n+1} x^n$

(c) $\sum_{n=2}^{\infty} a_{n-1} x^n - \sum_{n=0}^{\infty} 2a_{n+1} x^{n+1}$

(d) $\sum_{n=2}^{\infty} a_n x^{n-1} + \sum_{n=0}^{\infty} a_n x^n + \sum_{n=1}^{\infty} a_{n+1} x^n$

7. $h(x) = \dfrac{\sin x}{x}$ 의 멱급수를 사용하여 $\lim_{x \to 0} \dfrac{\sin x}{x}$ 를 구하라.

7.3 보통점에서의 무한급수의 예

매클로린과 테일러 다항식이 어떤 함수를 어림하는 데 이용될 수 있다는 사실은 미분방정식의 해를 찾거나 어림하는 데에도 적용할 수 있다.

| 정의 1 | 보통점과 특이점

2계의 미분방정식 $a_2(x)y'' + a_1(x)y' + a_0(x)y = 0$에서

$$p(x) = \frac{a_1(x)}{a_2(x)}, \quad q(x) = \frac{a_0(x)}{a_2(x)}$$

라 하면 $y'' + p(x)y' + q(x)y = 0$으로 표현되는데 이것을 **표준형**(standard form)이라 한다. $p(x)$와 $q(x)$가 모두 점 x_0에서 해석적일 때 x_0를 미분방정식의 **보통점**(ordinary point)이라 하고, 보통점이 아닌 x_0를 **특이점**(singular point)이라 한다.

예제 1 다음 미분방정식에서 $x=0$이 보통점인지 또는 특이점인지를 구분하여라.

(a) $y'' + y'\cos x - e^x y = 0$ (b) $\frac{1}{x^2}y'' - \frac{2}{x}y' + y = 0$

(c) $x^2y'' + 4xy' + xy = 0$

풀이 (a) 방정식은 표준형이고 함수 $\cos x$와 e^x는 주어진 점 $x=0$에서 해석적이므로 $x=0$은 미분방정식의 보통점이다.

(b) 표준형은 $y'' - 2xy' + x^2y = 0$이고 함수 $p(x) = -2x$와 $q(x) = x^2$는 다항식이므로 x의 모든 값에 대해서 해석적이다. 그러므로 $x=0$은 방정식의 보통점이다.

(c) 표준형은 $y'' + \frac{4}{x}y' + \frac{1}{x}y = 0$이고 함수 $p(x) = \frac{4}{x}$와 $q(x) = \frac{1}{x}$은 $x=0$에서 매클로린 급수로 표현되지 않으므로 $x=0$에서 해석적이 아니며 $x=0$은 방정식의 특이점이다. ■

x_0가 미분방정식 $y'' + p(x)y' + q(x)y = 0$의 보통점일 때

$$p(x) = \sum_{n=0}^{\infty} b_n (x - x_0)^n \ , \ q(x) = \sum_{n=0}^{\infty} c_n (x - x_0)^n$$
$$b_n = \frac{p^{(n)}(x_0)}{n!} \ , \ c_n = \frac{q^{(n)}(x_0)}{n!}$$

로 표현할 수 있다. 그러므로 $p(x)$, $q(x)$ 의 무한급수 표현을 방정식에 대입하면

$$y'' + y' \sum_{n=0}^{\infty} b_n (x - x_0)^n + y \sum_{n=0}^{\infty} c_n (x - x_0)^n = 0$$

이다. 이제 $y(x)$가 x_0에서 해석적일 때 $y(x)$는

$$y(x) = \sum_{n=0}^{\infty} a_n (x - x_0)^n$$

으로 표현할 수 있으므로 y의 1계, 2계 미분을 계산해서 주어진 방정식에 대입하여 계수 a_n을 찾을 수 있다. 즉 무한급수 형태의 해를 얻을 수 있다.

보통점에서의 무한급수를 이용한 방법

과정 1. 해를 $y(x) = \sum_{n=0}^{\infty} a_n (x - x_0)^n$라 가정한다.
과정 2. 주어진 계수에 따라 y의 미분을 취한 뒤 주어진 미분방정식에 대입한다.
과정 3. 얻어진 무한급수 형태의 관계식을 정리하여 계수 a_n을 결정한다.
과정 4. 초기값 조건이 주어졌다면 초기값 조건을 이용하여 미지의 계수를 정한다.

위의 과정에서 무한급수의 미분은 문제를 푸는 과정에서 필요한데 매클로린 급수 $y = \sum_{n=0}^{\infty} a_n x^n$을 항별로 미분했을 때

$$y' = \sum_{n=0}^{\infty} n a_n x^{n-1}$$

을 얻지만 $n = 0$의 초기지표에서 무한급수의 첫 번째 항이 0이므로 y'은 $y' = \sum_{n=1}^{\infty} n a_n x^{n-1}$의 형태로 표현된다. 마찬가지로

$$y'' = \sum_{n=0}^{\infty} n(n-1)a_n x^{n-2} = \sum_{n=2}^{\infty} n(n-1)a_n x^{n-2}$$

이다.

예제 2 $y'' + 4x^2 y = 0$를 풀어라.

풀이 $x = 0$가 방정식의 보통점이므로 $y = \sum_{n=0}^{\infty} a_n x^n$이라 하고 y를

$$y' = \sum_{n=1}^{\infty} n a_n x^{n-1}, \; y'' = \sum_{n=2}^{\infty} n(n-1)a_n x^{n-2}$$

과 함께 주어진 미분방정식에 대입하면

$$\sum_{n=2}^{\infty} n(n-1)a_n x^{n-2} + \sum_{n=0}^{\infty} 4a_n x^{n+2} = 0$$

이다. 첫 번째 급수는 x^0로 시작하고 두 번째 급수는 x^2으로 시작하므로 첫 번째 급수의 처음 두 항을 따로 표현하면

$$2a_2 + 6a_3 x + \sum_{n=4}^{\infty} n(n-1)a_n x^{n-2} + \sum_{n=0}^{\infty} 4a_n x^{n+2} = 0$$

가 되어 두 무한급수 모두 x^2항으로 시작한다. 이제 두 급수를 하나의 급수로 표현하기 위해서 두 번째 수에서 n을 $n-4$로 치환하면

$$\sum_{n-4=0}^{\infty} 4a_{n-4} x^{n-4+2} = \sum_{n=4}^{\infty} 4a_{n-4} x^{n-2}$$

로 되어 방정식은

$$2a_2 + 6a_3 x + \sum_{n=4}^{\infty} [n(n-1)a_n + 4a_{n-4}] x^{n-2} = 0$$

이다. 그런데 방정식의 오른쪽이 0이므로 각 계수는 0이어야 하고 $a_2 = a_3 = 0$과 $n(n-1)a_n + 4a_{n-4} = 0$이 되어야 한다. 그러므로 $n \geqq 4$인 지표에 대해서 점화관계

$$a_n = \frac{-4a_{n-4}}{n(n-1)}$$

를 얻어서 주어진 방정식의 해는

$$y = a_0 + a_1 x - \frac{4a_0}{4\cdot 3}x^4 - \frac{4a_1}{5\cdot 4}x^5 + \frac{4^2 a_0}{8\cdot 7\cdot 4\cdot 3}x^8 + \frac{4^2 a_1}{9\cdot 8\cdot 5\cdot 4}x^9$$
$$- \frac{4^3 a_0}{12\cdot 11\cdot 8\cdot 7\cdot 4\cdot 3}x^{12} - \frac{4^3 a_1}{13\cdot 12\cdot 9\cdot 8\cdot 5\cdot 4}x^{13} + \cdots$$
$$= a_0\left(1 - \frac{4}{4\cdot 3}x^4 + \frac{4^2}{8\cdot 7\cdot 4\cdot 3}x^8 - \frac{4^3}{12\cdot 11\cdot 8\cdot 7\cdot 4\cdot 3}x^{12} + \cdots\right)$$
$$+ a_1\left(x - \frac{4}{5\cdot 4}x^5 + \frac{4^2}{9\cdot 8\cdot 5\cdot 4}x^9 - \frac{4^3}{13\cdot 12\cdot 9\cdot 8\cdot 5\cdot 4}x^{13} + \cdots\right)$$

이 된다. 여기서 y는 두 개의 1차독립인 함수로 표현된 것을 주목 하자. ■

예제 3 (a) $(4-x^2)\dfrac{dy}{dx} + y = 0$의 일반해를 구하고

(b) 초기값 조건 $y(0) = 1$을 만족하는 해를 구하라.

풀이 (a) $x = 0$가 방정식의 보통점이므로 $y = \sum_{n=0}^{\infty} a_n x^n$이라 하자.

y와 y'을 방정식에 대입하면

$$(4-x^2)\frac{dy}{dx} + y = (4-x^2)\sum_{n=1}^{\infty} n\, a_n x^{n-1} + \sum_{n=0}^{\infty} a_n x^n$$
$$= \sum_{n=1}^{\infty} 4n\, a_n x^{n-1} - \sum_{n=1}^{\infty} n\, a_n x^{n+1} + \sum_{n=0}^{\infty} a_n x^n$$
$$= 0$$

이다. 세 급수의 처음 항이 x^0, x^2, x^0로 각각 시작하므로 처음과 세 번째 급수에서 처음 두 항을 따로 쓰면

$$(4a_1 + a_0) + (8a_2 + a_1)x + \sum_{n=3}^{\infty} 4n\, a_n x^{n-1} - \sum_{n=1}^{\infty} n\, a_n x^{n+1} + \sum_{n=2}^{\infty} a_n x^n = 0$$

이다. 이제 지표를 맞추기 위해서 첫 번째 급수에서 n을 $n+1$로 치환하면

$$\sum_{n+1=3}^{\infty} 4(n+1)\, a_{n+1} x^{n+1-1} = \sum_{n=2}^{\infty} 4(n+1)\, a_{n+1} x^n$$

이고, 두 번째 급수에서 n을 $n-1$로 치환하면

$$\sum_{n-1=1}^{\infty}(n-1)\,a_{n-1}\,x^{n-1+1}=\sum_{n=2}^{\infty}(n-1)\,a_{n-1}\,x^{n}$$

이므로 방정식은

$$(4a_1+a_0)+(8a_2+a_1)\,x+\sum_{n=2}^{\infty}\left[a_n+4(n+1)\,a_{n+1}-(n-1)\,a_{n-1}\right]x^n=0$$

이 되어

$$a_1=-\frac{a_0}{4}\text{ 이고 }a_2=-\frac{a_1}{8}=\frac{a_0}{32}$$

이다. 또 $n \geqq 2$에 대해서

$$a_n+4(n+1)\,a_{n+1}-(n-1)\,a_{n-1}=0$$

이므로 점화관계식

$$a_{n+1}=\frac{(n-1)\,a_{n-1}-a_n}{4(n+1)}$$

을 얻는다. 그러므로 일반해는

$$\begin{aligned}y=\ &a_0-\frac{1}{4}a_0\,x+\frac{1}{32}a_0\,x^2-\frac{3}{128}a_0\,x^3\\&+\frac{11}{2048}a_0\,x^4-\frac{31}{8192}a_0\,x^5+\frac{69}{65536}a_0\,x^6-\frac{187}{262144}a_0\,x^7\\&+\frac{1843}{8388608}a_0\,x^8-\frac{4859}{33554432}a_0\,x^9+\frac{12767}{268435456}a_0\,x^{10}+\cdots\end{aligned}$$

이다.

(b) 초기조건 $y(0)=1$을 적용하기 위해서 $x=0$를 (a)에서 얻은 해에 대입하면 $a_0=1$이므로 초기값 문제의 해는

$$\begin{aligned}y=\ &1-\frac{1}{4}x+\frac{1}{32}x^2-\frac{3}{128}x^3+\frac{11}{2048}x^4\\&-\frac{31}{8192}x^5+\frac{69}{65536}x^6-\frac{187}{262144}x^7+\cdots\end{aligned}$$

이다. ■

위의 예에서 방정식 $(4-x^2)\dfrac{dy}{dx}+y=0$는 1계의 변수분리형 방정식이므로 적분하여서 초기값 조건을 사용하면

$$y=\left|\frac{x-2}{x+2}\right|^{\frac{1}{4}}$$

을 얻는다. 그러므로 위의 무한급수해에서 유한한 항의 급수를 취함으로써 문제의 해의 근사값을 유도해 낼 수 있다.

정리 1 무한급수 해의 수렴

$x=x_0$가 방정식

$$a_2(x)y''(x)+a_1(x)y'(x)+a_0(x)y(x)=0$$

의 보통점일 때 R가 $x=x_0$에서부터 방정식의 가장 가까운 특이점까지의 길이라면 무한급수의 해 $y=\sum_{n=0}^{\infty}a_n(x-x_0)^n$은 적어도 구간 $(x_0-R,\ x_0+R)$에서 수렴한다.

$x=0$가 모든 미분방정식의 보통점이 될 수는 없으나 무한급수

$$y=\sum_{n=0}^{\infty}a_n(x-x_0)^n$$

에서 $x_0=0$일 때 계산이 편리하므로 어떤 선형방정식을 풀기 위해서

$$y=\sum_{n=0}^{\infty}a_n x^n$$

을 사용할 수 있도록 변환을 만들 수 있다. 실제로 $x=x_0$가 선형방정식의 보통점일 때 $t=x-x_0$로 변수변환하면 $t=0$는 $x=x_0$와 상응하므로 $t=0$는 변환된 방정식의 보통점이 된다.

예제 4 $xy''+y=0$를 풀어라.

풀이 주어진 방정식의 표준형은 $y''+\dfrac{1}{x}y=0$이나 $\dfrac{1}{x}$이 $x=0$에서 해석적이 아니므로 이 방정식은 $x=0$에서 특이점을 갖는다. $x=0$ 이외의 다른 모든 x의 값은 보통점이므로 급한급수의 해를 구하기 위해서 $x=1$을 취하여 무한급수 $y=\sum_{n=0}^{\infty}a_n(x-1)^n$을 생각하자. 간편한 계산을 위해서 $t=x-1$로 변수를 바꾸면 $t=0$는 $x=1$에 상응하고 $y=\sum_{n=0}^{\infty}a_n t^n$을 사용할 수 있다. 이제

$$\frac{dy}{dx}=\frac{dy}{dt}\frac{dt}{dx}=\frac{dy}{dt}$$

와

$$\frac{d^2y}{dx^2}=\frac{d}{dx}\left(\frac{dy}{dx}\right)=\frac{d}{dt}\left(\frac{dy}{dx}\right)\frac{dt}{dx}=\frac{d}{dt}\left(\frac{dy}{dt}\right)=\frac{d^2y}{dt^2}$$

을 $xy''+y=0$에 대입하면 $(t+1)\dfrac{d^2y}{dt^2}+y=0$를 얻는다. 그러므로

$y=\sum_{n=0}^{\infty}a_n t^n$이라 하면

$$(t+1)\sum_{n=2}^{\infty}n(n-1)a_n t^{n-2}+\sum_{n=0}^{\infty}a_n t^n=0$$

를 얻고 이것을 간단히 하면

$$\sum_{n=2}^{\infty}n(n-1)a_n t^{n-1}+\sum_{n=2}^{\infty}n(n-1)a_n t^{n-2}+\sum_{n=0}^{\infty}a_n t^n=0$$

$$\sum_{n=2}^{\infty}n(n-1)a_n t^{n-1}+2a_2t^0+\sum_{n=3}^{\infty}n(n-1)a_n t^{n-2}$$
$$+a_0t^0+\sum_{n=1}^{\infty}a_n t^n=0$$

이 된다. 지표를 바꾸기 위해서 두 번째 급수에서 n을 $n+1$로, 세 번째 급수에서 n을 $n-1$로 치환하면

$$(2a_2+a_0)+\sum_{n=2}^{\infty}n(n-1)a_n t^{n-1}+\sum_{n=2}^{\infty}(n+1)n\,a_{n+1}t^{n-1}$$

$$+ \sum_{n=2}^{\infty} a_{n-1} t^{n-1} = 0$$

이고, 이를 하나의 합으로 다시 쓰면

$$(2a_2 + a_0) + \sum_{n=2}^{\infty} [n(n-1)a_n + n(n+1)a_{n+1} + a_{n-1}] t^{n-1} = 0$$

이므로 구하는 계수는 $a_2 = -\frac{a_0}{2}$ 이고 $n \geqq 2$에 대해서

$$a_{n+1} = \frac{-a_{n-1} - n(n-1)a_n}{n(n+1)}$$

이다. 그러므로 구하는 해는

$$\begin{aligned} y &= a_0 + a_1 t - \frac{a_0}{2} t^2 + \frac{a_0 - a_1}{6} t^3 + \frac{2a_1 - a_0}{24} t^4 + \frac{2a_0 - 5a_1}{120} t^5 \\ &\quad + \frac{180a_1 - 7a_0}{720} t^6 + \frac{33a_0 - 85a_1}{5040} t^7 + \cdots \\ &= a_0 + a_1(x-1) - \frac{a_0}{2}(x-1)^2 + \frac{a_0 - a_1}{6}(x-1)^3 \\ &\quad + \frac{2a_1 - a_0}{24}(x-1)^4 + \frac{2a_0 - 5a_1}{120}(x-1)^5 \\ &\quad + \frac{180a_1 - 7a_0}{720}(x-1)^6 + \frac{33a_0 - 85a_1}{5040}(x-1)^7 + \cdots \end{aligned}$$

이다. ■

예 5 무한급수를 사용하여 $\begin{cases} y'' + (\sin x)y = 0 \\ y(0) = 0, \ y'(0) = 1 \end{cases}$ 의 해를 어림하라.

풀이 무한급수 해를 사용하기 위해서

$$\sin x = \sum_{n=0}^{\infty} \frac{(-1)^n x^{2n+1}}{(2n+1)!} = x - \frac{x^3}{3!} + \frac{x^5}{5!} - \cdots$$

로 치환하고 $y = \sum_{n=0}^{\infty} a_n x^n$을 가정하여 항별로 곱하면

$$\sum_{n=2}^{\infty} n(n-1)a_n x^{n-2} + \left(x - \frac{x^3}{3!} + \frac{x^5}{5!} - \cdots\right)\sum_{n=0}^{\infty} a_n x^n = 0$$

$$\begin{aligned} &2a_2 + 6a_3 x + 12a_4 x^2 + 20a_5 x^3 + 30a_6 x^4 + 42a_7 x^5 + \cdots \\ &\quad + a_0 x + a_1 x^2 + a_2 x^3 + a_3 x^4 + a_4 x^5 + \cdots \\ &\quad - \frac{a_0 x^3}{3!} - \frac{a_1 x^4}{3!} - \frac{a_2 x^5}{3!} - \cdots + \frac{a_0 x^5}{5!} + \cdots = 0 \end{aligned}$$

이다. 그러므로

$$\begin{aligned} &2a_2 = 0,\ 6a_3 + a_0 = 0,\ 12a_4 + a_1 = 0, \\ &20a_5 + a_2 - \frac{a_0}{3!} = 0,\ 30a_6 + a_3 - \frac{a_1}{3!} = 0, \cdots \end{aligned}$$

가 되어서

$$a_2 = 0,\ a_3 = -\frac{a_0}{6},\ a_4 = -\frac{a_1}{12},\ a_5 = \frac{a_0}{120},\ a_6 = \frac{a_0 + a_1}{180}$$

이므로 무한급수해는

$$y = a_0\left(1 - \frac{x^3}{6} + \frac{x^5}{120} + \frac{x^6}{180} + \cdots\right) + a_1\left(x - \frac{x^4}{12} + \frac{x^6}{180} + \cdots\right)$$

이고, 구하는 초기값 문제의 해는

$$\begin{aligned} y = x &- \frac{x^4}{12} + \frac{x^6}{180} + \frac{x^7}{504} - \frac{x^8}{6720} - \frac{7x^9}{25920} - \frac{x^{10}}{50400} + \frac{107x^{11}}{6652800} \\ &+ \frac{31x^{12}}{6842880} - \frac{41x^{13}}{94348800} - \frac{9293x^{14}}{21794572800} + \cdots \end{aligned}$$

이다. ■

연습문제 7.3

1. 다음에 주어진 미분방정식의 특이점을 잡고 그 점을 이용하여 x_0 에 무한급수해의 수렴반경의 **상한**(upper bound)을 구하라.
   (a) $x^2y'' - 2xy' + 7y = 0,\ x_0 = 1$
   (b) $(x-2)y'' + y' - y = 0,\ x_0 = -2$
   (c) $(x^2-4)y'' + 16(x+2)y' - y = 0,\ x_0 = 1$

※ 다음에 주어진 미분방정식을 $x = 0$ 에 관한 멱급수전개를 사용하여 풀어라. 각 급수의 적어도 처음 다섯 항을 나타내어라.

2. $y'' + 3y' - 18y = 0$
3. $y'' - 11y' + 30y = 0$
4. $y'' + 16y' + 64y = 0$
5. $y'' + y = 0$
6. $y'' + 8y' + 25y = 0$
7. $y'' - y' - 2y = e^{-x}$
8. $(-2-2x)y'' + 2y' + 4y = 0$
9. $(1+3x)y'' - 3y' - 2y = 0$
10. $y'' - xy' + 4y = 0$
11. $(2+3x)y'' + 3xy' = 0$
12. $(2+2x^2)y'' + 2xy' - 3y = 0$
13. $(2-x^2)y'' + 2(x-1)y' + 4y = 0$
14. $(2-2x-4x^2)y'' + (5+3x)y' = 0$
15. $y'' - 4x^2y = 0,\ y(0) = 1,\ y'(0) = 0$
16. $(-1+2x^2)y'' + 2xy' - 3y = 0,\ y(0) = -2,\ y'(0) = 2$

※ 다음에 주어진 방정식을 주어진 변수변환을 사용해서 $t = 0$ 에 관한 멱급수전개로 풀어라.

17. $4xy'' + y' = 0,\ x = t+1$
18. $4x^2y'' + (x+1)y' = 0,\ x = t+2$
19. $x^2y'' + (x+4)y' + y = 0,\ x = t-2$

7.4 정칙특이점에서의 무한급수의 해

7.3절에서는 미분방정식의 해를 구하기 위해서 보통점에서의 무한급수의 해를 이용하였다. 하지만 그러한 무한급수의 해는 방정식의 특이점 부근에서는 수렴하지 않을 수도 있다. 이 절에서는 미분방정식의 어떤 특이점에 관한 무한급수의 해를 살펴보겠다.

| 정의 1 | **특이점**

x_0가 방정식 $y''(x)+p(x)y'(x)+q(x)y(x)=0$의 특이점일 때 $(x-x_0)p(x)$와 $(x-x_0)^2q(x)$가 $x=x_0$에서 모두 해석적이면 x_0는 방정식의 **정칙특이점**(regular singular point)이라 한다. 또 x_0가 정칙특이점이 아닐 때 x_0를 방정식의 **비정칙특이점**(irregular singular point)이라 한다.

정칙과 비정칙특이점

$p(x)$와 $q(x)$가 유리함수일 때 위의 정의를 다음과 같이 나타낼 수 있다.

| 정의 2 | **계수가 유리함수인 방정식의 특이점**

$p(x)$와 $q(x)$가 공통인수가 없는 유리함수일 때 $p(x)$의 분모에서 $(x-x_0)$의 최고차수가 1이고 $q(x)$의 분모에서 $(x-x_0)$의 최고차수가 2일 때 x_0를 방정식 $y''(x)+p(x)y'(x)+q(x)y(x)=0$의 **정칙특이점**이라 하고 그렇지 않은 경우 x_0를 **비정칙특이점**이라 한다.

예제 1 다음 방정식의 특이점을 분류하여라.

(a) $y''+\dfrac{y'}{x}+\left(1-\dfrac{\mu^2}{x^2}\right)y=0$ (베셀(Bessel) 방정식)

(b) $(x^2-16)^2y''+(x-4)y'+y=0$

풀이 (a) $p(x)=\dfrac{1}{x}$은 $x=0$에서 해석적이 아니므로 $x=0$는 방정식의 특이점이다. 그런데 $x\,p(x)=1$이고

$$x^2 q(x) = x^2\left(1-\frac{\mu^2}{x^2}\right) = x^2-\mu^2$$

은 모두 $x=0$에서 해석적이므로 $x=0$는 정칙특이점이다.

(b) 방정식의 표준형은

$$y'' + \frac{1}{(x-4)(x+4)^2}\,y' + \frac{1}{(x-4)^2(x+4)^2}\,y = 0$$

이므로 $x=4$와 $x=-4$는 모두 특이점이다. $x=4$에 대해서는

$$(x-4)p(x) = (x-4)\frac{1}{(x-4)(x+4)^2} = \frac{1}{(x+4)^2}$$

이고

$$(x-4)^2 q(x) = (x-4)^2\frac{1}{(x-4)^2(x+4)^2} = \frac{1}{(x+4)^2}$$

이므로 모두 $x=4$에서 해석적이어서 $x=4$는 정칙특이점이다. $x=-4$에 대해서는

$$(x+4)p(x) = (x+4)\frac{1}{(x-4)(x+4)^2} = \frac{1}{(x-4)(x+4)}$$

이므로 $x=-4$에서 해석적이 아니므로 $x=-4$는 비정칙특이점이다. ■

$y''(x)+p(x)y'(x)+q(x)y(x)=0$ 에 대한 프로베니우스 방법

| 정리 1 | 프로베니우스(Frobenius) 방법

x_0가 방정식 $y''(x)+p(x)y'(x)+q(x)y(x)=0$의 정칙특이점일 때 어떤 구간 $|x-x_0|<R,\ R>0$에서 수렴하는 무한급수의 해

$$y=\sum_{n=0}^{\infty} a_n (x-x_0)^{n+r},\quad a_0 \neq 0$$

가 적어도 하나 존재한다.

예제 2 $xy'' + (1+x)y' - \dfrac{1}{16x}y = 0$의 일반해를 구하라.

풀이 주어진 방정식의 표준형은

$$y'' + \frac{1+x}{x}y' - \frac{1}{16x^2}y = 0$$

이므로 $x=0$은 특이점이고

$$xp(x) = x\frac{1+x}{x} = 1+x,$$
$$x^2q(x) = x^2\left(-\frac{1}{16x^2}\right) = -\frac{1}{16}$$

는 모두 $x=0$에서 해석적이므로 $x=0$은 정칙특이점이 되어 프로베니우스의 방법에 의해서 $y = \sum_{n=0}^{\infty} a_n x^{n+r}$ 형태의 해가 적어도 하나 존재함을 알 수 있다.

$$y' = \sum_{n=0}^{\infty} a_n(n+r)x^{n+r-1},$$
$$y'' = \sum_{n=0}^{\infty} a_n(n+r)(n+r-1)x^{n+r-2}$$

를 주어진 방정식에 대입하면

$$x\sum_{n=0}^{\infty} a_n(n+r)(n+r-1)x^{n+r-2} + (1+x)\sum_{n=0}^{\infty} a_n(n+r)x^{n+r-1}$$
$$-\frac{1}{16x}\sum_{n=0}^{\infty} a_n x^{n+r}$$
$$= \sum_{n=0}^{\infty} a_n(n+r)(n+r-1)x^{n+r-1} + \sum_{n=0}^{\infty} a_n(n+r)x^{n+r-1}$$
$$+\sum_{n=0}^{\infty} a_n(n+r)x^{n+r} - \sum_{n=0}^{\infty}\frac{1}{16}a_n x^{n+r-1} = 0$$

이다. 각 무한급수의 초항의 차수를 같게 하기 위하여 세 번째 무한급수를 제외한 나머지 무한급수들의 초항을 따로 표현하면

$$[r(r-1)+r-\frac{1}{16}]a_0 x^{r-1} + \sum_{n=1}^{\infty} a_n (n+r)(n+r-1)x^{n+r-1}$$
$$+\sum_{n=1}^{\infty} a_n (n+r)x^{n+r-1} + \sum_{n=0}^{\infty} a_n (n+r)x^{n+r} - \sum_{n=1}^{\infty}\frac{1}{16}a_n x^{n+r-1}$$
$$=0$$

이고 세 번째 급수에서 n을 $n-1$로 치환하면

$$\sum_{n-1=0}^{\infty} a_{n-1}(n-1+r)x^{n-1+r} = \sum_{n=1}^{\infty} a_{n-1}(n+r-1)x^{n+r-1}$$

이므로 이것을 이용하여 식을 간단히 하면

$$\left[r(r-1)+r-\frac{1}{16}\right]a_0 x^{r-1}$$
$$+\sum_{n=1}^{\infty}\left[\left\{(n+r)(n+r-1)+(n+r)-\frac{1}{16}\right\}a_n\right.$$
$$\left.+\ (n+r-1)a_{n-1}\right]x^{n+r-1}=0$$

이다. 무한급수의 초항이 0이 되지 않도록 $a_0 \neq 0$이라 가정하면 첫 번째 항으로부터 **지표방정식**(indicial equation)

$$r(r-1)+r-\frac{1}{16} = 0$$

을 얻고 이것은

$$r(r-1)+r-\frac{1}{16} = r^2-\frac{1}{16} = \left(r+\frac{1}{4}\right)\left(r-\frac{1}{4}\right) = 0$$

이므로 $r_1 = \frac{1}{4}$, $r_2 = -\frac{1}{4}$이어서 미분방정식의 해는

$$y = \sum_{n=0}^{\infty} a_n x^{n+\frac{1}{4}} = x^{\frac{1}{4}}\sum_{n=0}^{\infty} a_n x^n,$$
$$y = \sum_{n=0}^{\infty} b_n x^{n-\frac{1}{4}} = x^{-\frac{1}{4}}\sum_{n=0}^{\infty} b_n x^n$$

이다. $y = x^{\frac{1}{4}}\sum_{n=0}^{\infty} a_n x^n$이라 하자. 무한급수의 계수가 0이므로 $r_1 = \frac{1}{4}$에

대해서

$$\left[\left(n+\frac{1}{4}\right)\left(n+\frac{1}{4}-1\right)+\left(n+\frac{1}{4}\right)-\frac{1}{16}\right]a_n+\left(n+\frac{1}{4}-1\right)a_{n-1}=0$$

이므로

$$a_n=\frac{-\left(n-\frac{3}{4}\right)a_{n-1}}{\left(n+\frac{1}{4}\right)\left(n-\frac{3}{4}\right)+\left(n+\frac{1}{4}\right)-\frac{1}{16}}=\frac{(3-4n)a_{n-1}}{2(2n^2+n)},\ n\geq 1$$

이고

$$y_1(x)=a_0x^{\frac{1}{4}}\left(1-\frac{1}{6}x+\frac{1}{24}x^2-\frac{1}{112}x^3+\frac{13}{8064}x^4-\cdots\right)$$

이다. $r_2=-\frac{1}{4}$에 대해서 $y=x^{-\frac{1}{4}}\sum_{n=0}^{\infty}b_nx^n$ 이면

$$\left[\left(n-\frac{1}{4}\right)\left(n-\frac{1}{4}-1\right)+\left(n-\frac{1}{4}\right)-\frac{1}{16}\right]b_n+\left(n-\frac{1}{4}-1\right)b_{n-1}=0$$

이므로

$$b_n=\frac{-\left(n-\frac{5}{4}\right)b_{n-1}}{\left(n-\frac{1}{4}\right)\left(n-\frac{5}{4}\right)+\left(n-\frac{1}{4}\right)-\frac{1}{16}}=\frac{(5-4n)b_{n-1}}{2(2n^2-n)},\ n\geq 1$$

이고

$$y_2(x)=b_0x^{-\frac{1}{4}}\left(1+\frac{1}{2}x-\frac{1}{8}x^2+\frac{7}{240}x^3-\frac{11}{1920}x^4-\cdots\right)$$

이다. y_1과 y_2는 1차독립인 해이므로 일반해는

$$\begin{aligned}y(x)=&\ C_1x^{\frac{1}{4}}\left(1-\frac{1}{6}x+\frac{1}{24}x^2-\frac{1}{112}x^3+\frac{13}{8064}x^4-\cdots\right)\\&+C_2x^{-\frac{1}{4}}\left(1+\frac{1}{2}x-\frac{1}{8}x^2+\frac{7}{240}x^3-\frac{11}{1920}x^4-\cdots\right)\end{aligned}$$

이다. ■

위의 예에서는 미분방정식에 무한급수의 해를 직접 대입함으로써 지표방정식을 구하였다. 이제 이러한 지표방정식에 대한 공식을 구하여 보자. $x=0$를 미분방정식

$$y'' + p(x)y' + q(x)y = 0$$

의 정칙특이점이라 할 때 $x\,p(x)$와 $x^2 q(x)$는 모두 해석적이므로 양의 수렴반경을 가진 무한급수

$$x\,p(x) = p_0 + p_1 x + p_2 x^2 + \cdots,$$
$$x^2 q(x) = q_0 + q_1 x + q_2 x^2 + \cdots$$

로 나타낼 수 있으므로

$$p(x) = \frac{p_0}{x} + p_1 + p_2 x + p_3 x^2 + p_4 x^3 + \cdots,$$
$$q(x) = \frac{q_0}{x^2} + \frac{q_1}{x} + q_2 + q_3 x + q_4 x^2 + q_5 x^3 + \cdots$$

이다. 이것을 방정식에 대입하면

$$\begin{aligned}
&\left(\sum_{n=0}^{\infty} a_n (n+r)(n+r-1)x^{n+r-2}\right) \\
&+\left(\frac{p_0}{x} + p_1 + p_2 x + p_3 x^2 + p_4 x^3 + \cdots\right)\left(\sum_{n=0}^{\infty} a_n (n+r) x^{n+r-1}\right) \\
&+\left(\frac{q_0}{x^2} + \frac{q_1}{x} + q_2 + q_3 x + q_4 x^2 + q_5 x^3 + \cdots\right)\left(\sum_{n=0}^{\infty} a_n x^{n+r}\right) = 0 \\
&\left(\sum_{n=0}^{\infty} a_n (n+r)(n+r-1)x^{n+r-2}\right) + \left(\sum_{n=0}^{\infty} a_n p_0 (n+r) x^{n+r-2}\right) \\
&+(p_1 + p_2 x + p_3 x^2 + p_4 x^3 + \cdots)\left(\sum_{n=0}^{\infty} a_n (n+r) x^{n+r-1}\right) \\
&+\left(\sum_{n=0}^{\infty} a_n q_0 x^{n+r-2}\right) \\
&+\left(\frac{q_1}{x} + q_2 + q_3 x + q_4 x^2 + q_5 x^3 + \cdots\right)\left(\sum_{n=0}^{\infty} a_n x^{n+r}\right) = 0
\end{aligned}$$

이고 $n=0$일 때 x^{r-2}의 계수는

$$-ra_0 + r^2 a_0 + r a_0 p_0 + a_0 q_0 = a_0(r^2 + (p_0 - 1)r + q_0)$$
$$= a_0(r(r-1) + p_0 r + q_0)$$

이므로 지표방정식은 $r(r-1) + p_0 r + q_0 = 0$이다. 지표방정식을 만족하는 r의 값을 **지표근**(indicial root)이라 한다.

예제 3 다음의 각 미분방정식에 대해서 지표방정식의 근을 구하라.

(a) $y'' - \frac{1}{2x}y' + \frac{1}{2x^2}y = 0$

(b) $xy'' + y' - 3y = 0$

(c) $x^2y'' + x^2y' + (x-2)y = 0$

풀이 (a) $xp(x) = x\left(-\frac{1}{2x}\right) = -\frac{1}{2}$이고

$x^2q(x) = x^2\left(\frac{1}{2x^2}\right) = \frac{1}{2}$이므로 $p_0 = -\frac{1}{2}$이고 $q_0 = \frac{1}{2}$이어서 지표방정식은

$$r(r-1) + p_0 r + q_0 = r(r-1) - \frac{1}{2}r + \frac{1}{2} = r^2 - \frac{3}{2}r + \frac{1}{2} = 0$$

이다. $2r^2 - 3r + 1 = (2r-1)(r-1) = 0$에서

$$r_1 = 1, \quad r_2 = \frac{1}{2}$$

이다.

(b) 표준형은 $y'' + \frac{1}{x}y' - \frac{3}{x}y = 0$이므로 $xp(x) = x\frac{1}{x} = 1$이고

$x^2q(x) = x^2\left(-\frac{3}{x}\right) = -3x$이므로 $p_0 = 1$, $q_0 = 0$이다. 지표방정식은

$$r(r-1) + r = r^2 = 0$$

이므로 지표근은

$$r_1 = r_2 = 0$$

이다.

(c) 표준형은 $y'' + y' + \left(\frac{x-2}{x^2}\right)y = 0$이므로 $xp(x) = x(1) = x$이고

$x^2 q(x) = x^2\left(\dfrac{x-2}{x^2}\right) = x-2$이어서 $p_0 = 0$, $q_0 = -2$이다. 그러므로 지표방정식은

$$r(r-1) - 2 = r^2 - r - 2 = (r-2)(r+1) = 0$$

이므로, 근

$$r_1 = 2, \quad r_2 = -1$$

을 갖는다. ■

위의 예에서 보는 바와 같이 지표방정식의 근은 다음 세 가지 경우의 종류로 나뉜다.

(1) 근이 서로 다르며 두 근의 차가 유리수인 경우
(2) 근이 서로 다르며 두 근의 값의 차이가 정수인 경우
(3) 두 근이 같은 경우

지표근의 차이가 정수인 경우

예제 4 $x^2y'' + x^2y' + (x-2)y = 0$의 일반해를 구하라.

풀이 주어진 방정식의 표준형은 $y'' + y' + \dfrac{x-2}{x^2}y = 0$이고 $x\,p(x) = x$, $x^2q(x) = x-2$이므로 $p_0 = 0$, $q_0 = -2$이고 지표방정식은

$$r(r-1) + p_0 r + q_0 = r^2 - r - 2 = (r+1)(r-2) = 0$$

가 되어

$$r_1 = 2, \quad r_2 = -1$$

의 근을 갖는다. $r_1 = 2$일 때 해는 $y = \sum_{n=0}^{\infty} a_n x^{n+2}$의 형태가 되며 이것을 미분방정식에 대입하면

$$\sum_{n=0}^{\infty}(n+2)(n+1)a_n x^{n+2}+\sum_{n=0}^{\infty}(n+2)a_n x^{n+3}+\sum_{n=0}^{\infty}a_n x^{n+3}$$
$$-\sum_{n=0}^{\infty}2a_n x^{n+2}=0$$
$$(2a_0-2a_0)x^2+\sum_{n=1}^{\infty}(n+2)(n+1)a_n x^{n+2}+\sum_{n=0}^{\infty}(n+2)a_n x^{n+3}$$
$$+\sum_{n=0}^{\infty}a_n x^{n+3}-\sum_{n=1}^{\infty}2a_n x^{n+2}=0$$
$$\sum_{n=0}^{\infty}(n+3)(n+2)a_{n+1}x^{n+3}+\sum_{n=0}^{\infty}(n+2)a_n x^{n+3}+\sum_{n=0}^{\infty}a_n x^{n+3}$$
$$-\sum_{n=0}^{\infty}2a_{n+1}x^{n+3}=0$$
$$\sum_{n=0}^{\infty}\{[(n+3)(n+2)-2]a_{n+1}+[(n+2)+1]a_n\}x^{n+3}=0$$

이므로

$$a_{n+1}=-\frac{(n+3)}{n^2+5n+4}a_n=-\frac{(n+3)}{(n+1)(n+4)}a_n,\ \ n\geq 0$$

이다. 그러므로

$$y_1(x)=a_0\left(x^2-\frac{3x^3}{4}+\frac{3x^4}{10}-\frac{x^5}{12}+\frac{x^6}{56}+\dots\right)$$

이다. $r_2=-1$일 때 $y=\sum_{n=0}^{\infty}bx^{n-1}$을 방정식의 해라 하면

$$\sum_{n=0}^{\infty}(n-1)(n-2)b_n x^{n-1}+\sum_{n=0}^{\infty}(n-1)b_n x^n+\sum_{n=0}^{\infty}b_n x^n-\sum_{n=0}^{\infty}2b_n x^{n-1}=0$$

이고

$$(2b_0-2b_0)x^{-1}+\sum_{n=1}^{\infty}(n-1)(n-2)b_n x^{n-1}+\sum_{n=0}^{\infty}(n-1)b_n x^n$$
$$+\sum_{n=0}^{\infty}b_n x^n-\sum_{n=1}^{\infty}2b_n x^{n-1}=0$$
$$\sum_{n=1}^{\infty}(n-1)(n-2)b_n x^{n-1}+\sum_{n=1}^{\infty}(n-2)b_{n-1}x^{n-1}+\sum_{n=1}^{\infty}b_{n-1}x^{n-1}$$

$$- \sum_{n=1}^{\infty} 2b_n x^{n-1} = 0$$

$$\sum_{n=1}^{\infty} \{[(n-1)(n-2)-2]b_n + [(n-2)+1]b_{n-1}\} x^{n-1} = 0$$

이므로

$$b_n = -\frac{n-1}{n^2-3n} b_{n-1} = -\frac{(n-1)}{n(n-3)} b_{n-1}, \ n \geq 1, n \neq 3$$

이고 $n=3$일 때는 $n(n-3)b_n + (n-1)b_{n-1} = 0$로부터 $2b_2 = 0$가 되어서

$$\begin{aligned} y_2(x) &= x^{-1}\left(b_0 + b_3x^3 - \frac{3}{4}b_3x^4 + \frac{3}{10}b_3x^5 - \frac{1}{12}b_3x^6 + \frac{1}{56}b_3x^7 + \dots\right) \\ &= b_0x^{-1} + b_3\left(x^2 - \frac{3}{4}x^3 + \frac{3}{10}x^4 - \frac{1}{12}x^5 + \frac{1}{56}x^6 + \dots\right) \\ &= b_0x^{-1} + \frac{b_3}{a_0}y_1(x) = c_1x^{-1} + c_2y_1(x) \end{aligned}$$

이다. 그러므로 지표방정식의 두 근의 차이가 정수일 때 두 근 중 작은 근으로부터 해를 찾게 되면 큰 근을 이용해서 얻을 수 있는 방정식의 해를 구하지 않고서도 미분방정식의 일반해를 구할 수 있다. ■

그러나 대부분의 경우 지표방정식의 두 근의 차이가 정수일 때 일반해가 위의 예에서와 같이 쉽게 구해지지 않는다.

예제 5 미분방정식 $xy'' + 3y' - y = 0$의 정칙특이점 $x = 0$에 관한 무한급수를 사용하여 $y = \sum_{n=0}^{\infty} a_n x^{n+r_2}$ (r_2는 지표방정식의 근 중 작은 것) 형태의 해를 구하라.

풀이 방정식의 표준형은 $y'' + \frac{3}{x}y' - \frac{1}{x}y = 0$이므로

$$x\,p(x) = x\left(\frac{3}{x}\right) = 3, \ x^2 q(x) = x^2\left(-\frac{1}{x}\right) = -x$$

이므로 $p_0 = 3, \ q_0 = 0$이다. 그러므로 지표방정식은

$$r(r-1) + 3r = r^2 + 2r = r(r+2) = 0$$

이고 $r_1 = 0$, $r_2 = -2$의 근을 갖는다. 이 때 두 근 중 r_1을 항상 큰 근으로 사용하기로 하자. 이제 $y = \sum_{n=0}^{\infty} a_n x^{n-2}$를 방정식의 해라 하면

$$y' = \sum_{n=0}^{\infty}(n-2)a_n x^{n-3}, \quad y'' = \sum_{n=0}^{\infty}(n-2)(n-3)a_n x^{n-4}$$

이므로 주어진 미분방정식에 대입하면

$$\sum_{n=0}^{\infty}(n-2)(n-3)a_n x^{n-3} + \sum_{n=0}^{\infty}3(n-2)a_n x^{n-3} - \sum_{n=0}^{\infty}a_n x^{n-2} = 0$$

$$(6a_0 - 6a_0)x^{-3} + \sum_{n=1}^{\infty}(n-2)(n-3)a_n x^{n-3} + \sum_{n=1}^{\infty}3(n-2)a_n x^{n-3}$$
$$- \sum_{n=0}^{\infty}a_n x^{n-2} = 0$$

$$\sum_{n=1}^{\infty}(n-2)(n-3)a_n x^{n-3} + \sum_{n=1}^{\infty}3(n-2)a_n x^{n-3} - \sum_{n=1}^{\infty}a_{n-1}x^{n-3} = 0$$

$$\sum_{n=1}^{\infty}\{[(n-2)(n-3)+3(n-2)]a_n - a_{n-1}\}x^{n-3} = 0$$

이어서

$$a_n = \frac{a_{n-1}}{(n-2)(n-3+3)} = \frac{a_{n-1}}{n(n-2)}, \quad n \geq 1, \ n \neq 2$$

이고 $a_1 = -a_0$이며 $n = 2$일 때 $n(n-2)a_n - a_{n-1} = 0$으로부터 $2(0)a_2 - a_1 = 0$을 얻으므로 $a_1 = 0$이다. 그러므로 $a_0 = 0$가 되나 가정에서부터 $a_0 \neq 0$이어야 하므로 모순이 되어 위에서 설정한 형태의 해는 없다. ■

$x = 0$가 미분방정식 $y'' + p(x)y' + q(x)y = 0$의 정칙특이점이라 할 때 지표방정식 $r^2 + (p_0 - 1)r + q_0 = 0$의 근은

$$r_1 = \frac{1 - p_0 + \sqrt{1 - 2p_0 + p_0^2 - 4q_0}}{2},$$
$$r_2 = \frac{1 - p_0 - \sqrt{1 - 2p_0 + p_0^2 - 4q_0}}{2}, \quad r_1 \geq r_2$$
$$r_1 - r_2 = \sqrt{1 - 2p_0 + p_0^2 - 4q_0}$$

이 되어 다음 세 가지 경우를 생각할 수 있다.

경우 I $r_1 \neq r_2$이고 $r_1 - r_2$가 정수가 아닌 경우

$$y_1(x) = x^{r_1} \sum_{n=0}^{\infty} a_n x^n, \quad y_2(x) = x^{r_2} \sum_{n=0}^{\infty} b_n x^n$$

형태의 1차독립인 해가 존재한다.

경우 II $r_1 \neq r_2$이고 $r_1 - r_2$가 정수인 경우

$$y_1(x) = x^{r_1} \sum_{n=0}^{\infty} a_n x^n,$$

$$y_2(x) = c y_1(x) \ln x + x^{r_2} \sum_{n=0}^{\infty} b_n x^n, \quad b_0 \neq 0$$

형태의 1차독립인 두 개의 해가 존재한다. 여기서 y_2에서의 c는 0일 수도 있다.

경우 III $r_1 = r_2$인 경우

$$y_1(x) = x^{r_1} \sum_{n=0}^{\infty} a_n x^n,$$

$$y_2(x) = y_1(x) \ln x + x^{r_1} \sum_{n=1}^{\infty} b_n x^n$$

형태의 1차독립인 두 개의 해가 존재한다.

어떤 경우에서든지 $y_1(x)$가 방정식의 해이면 y_1과 1차독립의 관계에 있는 다른 해 $y_2(x)$는 계수축소방법에 의해서

$$y_2(x) = y_1(x) \int \frac{e^{-\int p(x)dx}}{[y_1(x)]^2} dx$$

로 구할 수 있다.

위의 경우 II에서 미분방정식을 풀 때 r_2가 두 개의 근 중 작은 근이라 하면

$$y = x^{r_2} \sum_{n=0}^{\infty} a_n x^n = \sum_{n=0}^{\infty} a_n x^{n+r_2}$$

를 사용하여 일반해를 구할 수 있는지를 시도해 보는 것이 좋다. 위의 예에서 보

았듯이 가끔 이러한 방법으로 일반해를 비교적 쉽게 구할 수 있다. 그러나 $a_0 = 0$이라는 모순을 얻으면

$$y_1(x) = x^{r_1}\sum_{n=0}^{\infty} a_n x^n, \quad y_2(x) = cy_1(x)\ln x + x^{r_2}\sum_{n=0}^{\infty} b_n x^n$$

형태의 해를 찾도록 한다.

예제 6 방정식 $xy'' + 3y' - y = 0$의 정칙특이점 $x = 0$에 관한 무한급수를 사용하여 일반해를 구하라.

풀이 예 5 에서 지표방정식

$$r(r-1) + 3r = r(r+2) = 0$$

는 $r_1 = 0$, $r_2 = -2$의 근을 갖고 $r_2 = -2$에 대해서는 상응하는 무한급수 해가 존재하지 않는 것을 보았으므로 $r_1 = 0$에 상응하는

$y = \sum_{n=0}^{\infty} a_n x^n$ 형태의 근이 존재함을 가정하자.

$$y' = \sum_{n=1}^{\infty} n a_n x^{n-1} \text{과 } y'' = \sum_{n=2}^{\infty} n(n-1) a_n x^{n-2}$$

를 y에 함께 주어진 미분방정식에 대입하면

$$\sum_{n=2}^{\infty} n(n-1)a_n x^{n-1} + \sum_{n=1}^{\infty} 3na_n x^{n-1} - \sum_{n=0}^{\infty} a_n x^n = 0$$

$$(3a_1 - a_0)x^0 + \sum_{n=2}^{\infty} n(n-1)a_n x^{n-1} + \sum_{n=2}^{\infty} 3na_n x^{n-1} - \sum_{n=1}^{\infty} a_n x^n = 0$$

$$(3a_1 - a_0)x^0 + \sum_{n=2}^{\infty} \{[n(n-1) + 3n]a_n - a_{n-1}\}x^{n-1} = 0$$

이고, 이것으로부터

$$a_1 = \frac{1}{3}a_0, \quad a_n = \frac{a_{n-1}}{n(n-1)+3n} = \frac{a_{n-1}}{n^2+2n}, \quad n \geq 2$$

이다. 그러므로

$$y_1(x) = a_0\left(1 + \frac{x}{3} + \frac{x^2}{24} + \frac{x^3}{360} + \ldots\right)$$

이고, 이것과 1차독립인 두 번째 해를 구하기 위해서

$$y_2(x) = cy_1(x)\ln x + \sum_{n=0}^{\infty} b_n x^{n-2}$$

라 놓으면

$$y_2'(x) = \frac{cy_1(x)}{x} + cy_1'(x)\ln x + \sum_{n=0}^{\infty}(n-2)b_n x^{n-3},$$

$$y_2''(x) = -\frac{cy_1(x)}{x^2} + \frac{2cy_1'(x)}{x} + cy_1''(x)\ln x + \sum_{n=0}^{\infty}(n-2)(n-3)b_n x^{n-4}$$

이므로 이것을 미분방정식에 대입하면

$$x\left[\frac{-cy_1(x)}{x^2} + \frac{2cy_1(x)}{x} + cy_1''(x)\ln x + \sum_{n=0}^{\infty}(n-2)(n-3)b_n x^{n-4}\right] + 3\left[\frac{cy_1(x)}{x} + cy_1'(x)\ln x + \sum_{n=0}^{\infty}(n-2)b_n x^{n-3}\right] - cy_1(x)\ln x - \sum_{n=0}^{\infty} b_n x^{n-2} = 0$$

$$\frac{-cy_1(x)}{x} + 2cy_1'(x) + cxy_1''(x)\ln x + \sum_{n=0}^{\infty}(n-2)(n-3)b_n x^{n-3} + \frac{3cy_1(x)}{x} + 3cy_1'(x)\ln x + \sum_{n=0}^{\infty}3(n-2)b_n x^{n-3} - cy_1(x)\ln x - \sum_{n=0}^{\infty} b_n x^{n-2} = 0$$

$$\frac{2cy_1(x)}{x} + 2cy_1'(x) + \sum_{n=0}^{\infty}(n-2)(n-3)b_n x^{n-3} + \sum_{n=0}^{\infty}3(n-2)b_n x^{n-3} - \sum_{n=0}^{\infty} b_n x^{n-2} + c\,[xy_1''(x) + 3y_1'(x) - y_1(x)]\ln x = 0$$

$$\frac{2cy_1(x)}{x} + 2cy_1'(x) + 6b_0 x^{-3} - 6b_0 x^{-3} + \sum_{n=1}^{\infty}(n-2)(n-3)b_n x^{n-3} + \sum_{n=1}^{\infty}3(n-2)b_n x^{n-3}$$

$$-\sum_{n=0}^{\infty} b_n x^{n-2} = 0$$

$$\frac{2cy_1(x)}{x} + 2cy_1'(x) + \sum_{n=1}^{\infty}[(n-2)nb_n - b_{n-1}]x^{n-3} = 0$$

을 얻는다. $a_0 = \dfrac{1}{c}$으로 택하면

$$y_1(x) = \frac{1}{c}\left(1 + \frac{x}{3} + \frac{x^2}{24} + \frac{x^3}{360} + \cdots\right),$$
$$y_1'(x) = \frac{1}{c}\left(\frac{1}{3} + \frac{x}{12} + \frac{x^2}{120} + \cdots\right)$$

이므로 위의 방정식에 대입하면

$$\frac{2}{x}\left[1 + \frac{x}{3} + \frac{x^2}{24} + \frac{x^3}{360} + \cdots\right] + 2\left[\frac{1}{3} + \frac{x}{12} + \frac{x^2}{120} + \cdots\right]$$
$$+ \sum_{n=1}^{\infty}[(n-2)nb_n - b_{n-1}]x^{n-3} = 0$$

$$\left(\frac{2}{x} + \frac{4}{3} + \frac{x}{4} + \frac{x^2}{45} + \cdots\right) + \sum_{n=1}^{\infty}[(n-2)nb_n - b_{n-1}]x^{n-3} = 0$$

$$\left(\frac{2}{x} + \frac{4}{3} + \frac{x}{4} + \frac{x^2}{45} + \cdots\right) + (-b_1 - b_0)x^{-2} - b_1x^{-1} + (3b_3 - b_2)x^0$$
$$+ (8b_4 - b_3)x + (15b_5 - b_4)x^2 = 0$$

이므로

$$-b_1 - b_0 = 0,\ \ -b_1 + 2 = 0,\ \ 3b_3 - b_2 + \frac{4}{3} = 0,$$
$$8b_4 - b_3 + \frac{1}{4} = 0,\ \ 15b_5 - b_4 + \frac{1}{45} = 0$$

로부터 $b_1 = 2$, $b_0 = -2$이고, 다른 계수들은 b_2에 의해서 나타나므로 y_1과 1차독립관계에 있는 두 번째 해는

$$y_2(x) = cy_1(x)\ln x + x^{-2}\left(-2 + 2x + b_2x^2 + \frac{3b_2 - 4}{9}x^3\right.$$
$$\left. + \frac{12b_2 - 25}{288}x^4 + \frac{60b_2 - 157}{21600}x^5 + \cdots\right)$$

$$= \left(1 + \frac{x}{3} + \frac{x^2}{24} + \frac{x^3}{360} + \cdots\right)\ln x$$
$$+ x^{-2}\left(-2 + 2x + b_2 x^2 + \frac{3b_2 - 4}{9}x^3 + \frac{12b_2 - 25}{288}x^4 + \frac{60b_2 - 157}{21600}x^5 + \cdots\right)$$

이다. 특히 $c_1 = \frac{1}{a_0} = 1,\ b_2 = 0$으로 취하면 두 개의 1차독립해는

$$y_1(x) = 1 + \frac{x}{3} + \frac{x^2}{24} + \frac{x^3}{360} + \cdots$$
$$y_2(x) = \left(1 + \frac{x}{3} + \frac{x^2}{24} + \frac{x^3}{360} + \cdots\right)\ln x + x^{-2}\left(-2 + 2x - \frac{4}{9}x^3 - \frac{25}{288}x^4 - \frac{157}{21600}x^5 - \cdots\right)$$

이므로 c_1과 c_2가 임의의 상수일 때 일반해는

$$y(x) = c_1 y_1(x) + c_2 y_2(x)$$

이다. ■

두 개의 지표근이 같을 때

두 개의 지표근이 같은 경우에 몇 가지의 방법을 사용할 수 있다.

예제 7 미분방정식 $xy'' + (2-x)y' + \frac{1}{4x}y = 0$ 의 정칙특이점 $x = 0$에 관한 무한급수를 이용해서 일반해를 구하라.

풀이 표준형은 $y'' + \frac{2-x}{x}y' + \frac{1}{4x^2}y = 0$이므로

$$x\,p(x) = x\left(\frac{2-x}{x}\right) = 2 - x,\quad x^2 q(x) = x^2\left(\frac{1}{4x^2}\right) = \frac{1}{4}$$

이어서 $p_0 = 2,\ q_0 = \frac{1}{4}$이며 지표방정식은

$$r^2+(2-1)r+\frac{1}{4}=0$$

이고, $r_1=r_2=-\frac{1}{2}$의 근을 갖는다. 그러므로

$$y_1(x)=x^{-\frac{1}{2}}\sum_{n=0}^{\infty}a_nx^n=\sum_{n=0}^{\infty}a_nx^{n-\frac{1}{2}}$$

형태의 근을 방정식에 대입하면

$$x\frac{d^2}{dx^2}\left(\sum_{n=0}^{\infty}a_nx^{n-\frac{1}{2}}\right)+(2-x)\frac{d}{dx}\left(\sum_{n=0}^{\infty}a_nx^{n-\frac{1}{2}}\right)$$
$$+\frac{1}{4x}\left(\sum_{n=0}^{\infty}a_nx^{n-\frac{1}{2}}\right)=0$$

$$x\sum_{n=0}^{\infty}\left(n-\frac{1}{2}\right)\left(n-\frac{3}{2}\right)a_nx^{n-\frac{5}{2}}+(2-x)\sum_{n=0}^{\infty}\left(n-\frac{1}{2}\right)a_nx^{n-\frac{3}{2}}$$
$$+\frac{1}{4x}\sum_{n=0}^{\infty}a_nx^{n-\frac{1}{2}}=0$$

$$\sum_{n=0}^{\infty}\left(n-\frac{1}{2}\right)\left(n-\frac{3}{2}\right)a_nx^{n-\frac{3}{2}}+\sum_{n=0}^{\infty}2\left(n-\frac{1}{2}\right)a_nx^{n-\frac{3}{2}}$$
$$-\sum_{n=0}^{\infty}\left(n-\frac{1}{2}\right)a_nx^{n-\frac{1}{2}}+\sum_{n=0}^{\infty}\frac{a_n}{4}x^{n-\frac{3}{2}}=0$$

$$\sum_{n=0}^{\infty}\left[\left(n-\frac{1}{2}\right)\left(n-\frac{3}{2}\right)a_n+2\left(n-\frac{1}{2}\right)a_n\right.$$
$$\left.-\left(n-\frac{3}{2}\right)a_{n-1}+\frac{a_n}{4}\right]x^{n-\frac{3}{2}}=0$$

$$\sum_{n=0}^{\infty}\left[a_nn^2-\frac{2n-3}{2}a_{n-1}\right]x^{n-\frac{3}{2}}=0$$

을 얻으므로 $a_n=\frac{2n-3}{2n^2}a_{n-1}$이고 $a_0\neq 0$에 대해서

$$y_1(x)=a_0\left(x^{-\frac{1}{2}}-\frac{1}{2}x^{\frac{1}{2}}-\frac{1}{16}x^{\frac{3}{2}}-\frac{1}{96}x^{\frac{5}{2}}-\frac{5}{3072}x^{\frac{7}{2}}-\frac{7}{30720}x^{\frac{9}{2}}-\cdots\right)$$

이다. $a_0=1$을 택하면

$$y_1(x) = x^{-\frac{1}{2}} - \frac{1}{2}x^{\frac{1}{2}} - \frac{1}{16}x^{\frac{3}{2}} - \frac{1}{96}x^{\frac{5}{2}} - \frac{5}{3072}x^{\frac{7}{2}} - \frac{7}{30720}x^{\frac{9}{2}} - \cdots$$

는 특수해이다. 그런데 지표방정식의 근이 같으므로

$$y_2(x) = y_1(x)\ln x + \sum_{n=1}^{\infty} b_n x^{n-\frac{1}{2}}$$

형태를 가진 y_1과 1차독립인 해가 존재하므로 y_2를 미분방정식에 대입하면

$$x\frac{d^2}{dx^2}\left(y_1(x)\ln x + \sum_{n=1}^{\infty} b_n x^{n-\frac{1}{2}}\right) + (2-x)\frac{d}{dx}\left(y_1(x)\ln x + \sum_{n=1}^{\infty} b_n x^{n-\frac{1}{2}}\right)$$
$$+ \frac{1}{4x}\left(y_1(x)\ln x + \sum_{n=1}^{\infty} b_n x^{n-\frac{1}{2}}\right) = 0$$

$$x\left[-\frac{y_1(x)}{x^2} + \frac{2y_1{}'(x)}{x} + y_1{}''(x)\ln x + \sum_{n=1}^{\infty}\left(n-\frac{1}{2}\right)\left(n-\frac{3}{2}\right)b_n x^{n-\frac{5}{2}}\right]$$
$$+ (2-x)\left[\frac{y_1(x)}{x} + y_1{}'(x)\ln x + \sum_{n=1}^{\infty}\left(n-\frac{1}{2}\right)b_n x^{n-\frac{3}{2}}\right] + \frac{y_1(x)\ln x}{4x}$$
$$+ \frac{1}{4x}\sum_{n=1}^{\infty} b_n x^{n-\frac{1}{2}} = 0$$

$$\left(xy_1{}''(x) + (2-x)y_1{}'(x) + \frac{1}{4x}y_1(x)\right)\ln x$$
$$+ x\left[\frac{-y_1(x)}{x^2} + \frac{2y_1{}'(x)}{x} + \sum_{n=1}^{\infty}(n-\frac{1}{2})(n-\frac{3}{2})b_n x^{n-\frac{5}{2}}\right]$$
$$+ (2-x)\left[\frac{y_1(x)}{x} + \sum_{n=1}^{\infty}(n-\frac{1}{2})b_n x^{n-\frac{3}{2}}\right] + \frac{1}{4x}\sum_{n=1}^{\infty} b_n x^{n-\frac{1}{2}} = 0$$

$$x\left[\frac{-y_1(x)}{x^2} + \frac{2y_1{}'(x)}{x} + \sum_{n=1}^{\infty}(n-\frac{1}{2})(n-\frac{3}{2})b_n x^{n-\frac{5}{2}}\right]$$
$$+ (2-x)\left[\frac{y_1(x)}{x} + \sum_{n=1}^{\infty}(n-\frac{1}{2})b_n x^{n-\frac{3}{2}}\right] + \frac{1}{4x}\sum_{n=1}^{\infty} b^n x^{n-\frac{1}{2}} = 0$$

$$\frac{y_1(x)}{x} + 2y_1{}'(x) - y_1(x) + \sum_{n=1}^{\infty}(n-\frac{1}{2})(n-\frac{3}{2})b_n x^{n-\frac{3}{2}}$$
$$+ 2\sum_{n=1}^{\infty}(n-\frac{1}{2})b_n x^{n-\frac{3}{2}} - \sum_{n=1}^{\infty}(n-\frac{1}{2})b_n x^{n-\frac{1}{2}}$$

$$+\sum_{n=1}^{\infty}\frac{b_n}{4}x^{n-\frac{3}{2}}=0$$

$$\frac{y_1(x)}{x}+2y_1{}'(x)-y_1(x)+\sum_{n=1}^{\infty}n^2b_nx^{n-\frac{3}{2}}$$

$$-\sum_{n=1}^{\infty}(n-\frac{1}{2})b_nx^{n-\frac{1}{2}}=0$$

$$\frac{y_1(x)}{x}+2y_1{}'(x)-y_1(x)+b_1x^{-\frac{1}{2}}$$

$$+\sum_{n=2}^{\infty}\left[n^2b_n-(n-\frac{3}{2})b_{n-1}\right]x^{n-\frac{3}{2}}=0$$

이므로

$$b_1x^{-\frac{1}{2}}+\sum_{n=2}^{\infty}\left[n^2b_n-(n-\frac{3}{2})b_{n-1}\right]x^{n-\frac{3}{2}}$$

$$=-\frac{y_1(x)}{x}-2y_1{}'(x)+y_1(x)$$

이다. 또

$$y_1(x)=x^{-\frac{1}{2}}-\frac{1}{2}x^{\frac{1}{2}}-\frac{1}{16}x^{\frac{3}{2}}-\frac{1}{96}x^{\frac{5}{2}}-\frac{5}{3072}x^{\frac{7}{2}}$$

$$-\frac{7}{30720}x^{\frac{9}{2}}+\cdots$$

이므로

$$b_1x^{-\frac{1}{2}}+\sum_{n=2}^{\infty}\left[n^2b_n-\left(n-\frac{3}{2}\right)b_{n-1}\right]x^{n-\frac{3}{2}}$$

$$=2x^{-\frac{1}{2}}-\frac{1}{4}x^{\frac{1}{2}}+\frac{1}{384}x^{\frac{5}{2}}+\frac{1}{1536}x^{\frac{7}{2}}+\cdots$$

이 되어서

$$b_1=2,\quad -\frac{b_1}{2}+4b_2=-\frac{1}{4},\quad -\frac{3b_2}{2}+9b_3=0,$$

$$-\frac{5b_3}{2}+16b_4=\frac{1}{384},\quad -\frac{7b_4}{2}+25b_5=\frac{a_0}{1536},\ \cdots$$

으로부터 y_1과 1차독립인 방정식의 또 다른 해는

$$y_2(x) = y_1(x)\ln(x) + \sum_{n=1}^{\infty} b^n x^{n-\frac{1}{2}}$$
$$= y_1(x)\ln(x) + 2x^{\frac{1}{2}} + \frac{3}{16}x^{\frac{3}{2}} + \frac{1}{32}x^{\frac{5}{2}}$$
$$+ \frac{31}{6144}x^{\frac{7}{2}} + \frac{3}{4096}x^{\frac{9}{2}} + \cdots$$

이다. 그러므로 임의의 c_1, c_2에 대해서 일반해는

$$y(x) = c_1 y_1(x) + c_2 y_2(x)$$

이다. ■

예제 8 방정식 $x^2y'' + xy' + x^2y = 0$, $x > 0$의 일반해를 구하라.

풀이 방정식의 표준형은 $y'' + \frac{1}{x}y' + y = 0$이므로 $x = 0$은 정칙특이점이다. $x\,p(x) = x\left(\frac{1}{x}\right) = 1$, $x^2q(x) = x^2$이므로 $p_0 = 1$, $q_0 = 0$에서 지표방정식은

$$r(r-1) + r = r^2 - r + r = r^2 = 0$$

이고 $r_1 = r_2 = 0$의 근을 갖는다. 그러므로 $y = \sum_{n=0}^{\infty} a_n x^n$ 형태의 근을 방정식에 대입하면

$$x^2 \sum_{n=2}^{\infty} n(n-1)a_n x^{n-2} + x\sum_{n=1}^{\infty} na_n x^{n-1} + x^2 \sum_{n=0}^{\infty} a_n x^n = 0$$
$$\sum_{n=2}^{\infty} n(n-1)a_n x^n + \sum_{n=1}^{\infty} na_n x^n + \sum_{n=0}^{\infty} a_n x^{n+2} = 0$$

이고 이것을 간단히 하면

$$a_1 x + \sum_{n=2}^{\infty} \{[n(n-1)+n]a_n + a_{n-2}\}\, x^n = 0$$

이다. 그러므로 $a_1 = 0$, $a_n = -\frac{a_{n-2}}{n^2}$, $n \geq 2$이고 $a_0 = 1$로 택하면 방정

식의 하나의 해인

$$y_1(x) = 1 - \frac{x^2}{4} + \frac{x^4}{64} - \cdots$$

를 얻고 이것과 1차독립인 또 다른 하나의 해를 구하기 위해서

$$y_2(x) = y_1(x) \int \frac{e^{-\int p(x)dx}}{[y_1(x)]^2} dx$$

의 공식을 사용하면

$$\begin{aligned}
y_2(x) &= y_1(x) \int \frac{e^{-\int \frac{1}{x}dx}}{\left(1 - \frac{x^2}{4} + \frac{x^4}{6^4} + \cdots\right)^2} dx \\
&= y_1(x) \int \frac{x^{-1}}{\left(1 - \frac{x^2}{2} + \frac{3x^4}{32} + \cdots\right)} dx \\
&= y_1(x) \int \frac{1}{x} \frac{1}{\left(1 - \frac{x^2}{2} + \frac{3x^4}{32} + \cdots\right)} dx \\
&= y_1(x) \int \frac{1}{x}\left(1 + \frac{x^2}{2} + \frac{5x^2}{32} + \ldots\right) dx \\
&= y_1(x) \int \left(\frac{1}{x} + \frac{x}{2} + \frac{5x^3}{32} + \ldots\right) dx \\
&= y_1(x)\left(\ln(x) + \frac{x^2}{4} + \frac{5x^4}{128} + \ldots\right) \\
&= y_1(x)\ln(x) + y_1(x)\left(\frac{x^2}{4} + \frac{5x^4}{128} + \ldots\right)
\end{aligned}$$

이다. (이 예에서 구한 해가 경우 Ⅲ에서 언급한 형태의 해임을 주목하라.) c_1과 c_2가 임의의 상수일 때 일반해는

$$y = c_1 y_1(x) + c_2 y_2(x)$$

이다. ■

미분방정식을 풀 때 비정칙특이점에 관한 무한급수를 사용하여 해를 구할 수 있는지는 언급하지 않았음에 주의하라. $x = x_0$가 방정식

$$y'' + p(x)y' + g(x)y = 0$$

의 비정칙특이점이면

$$y = \sum_{n=0}^{\infty} a_n (x - x_0)^{n+r}$$

형태의 해를 가질 수도 있고 갖지 않을 수도 있다.

연습문제 7.4

※ 다음에 주어진 방정식에서 특이점을 찾고 정칙특이점인지 비정칙특이점인지를 판정하라.

1. $x^2 y'' + 6y = 0$
2. $x(x+1)y'' - \dfrac{1}{x^2} y' + 5y = 0$
3. $(x^2 - 3x + 4)y'' - (x+1)y' + (x^2 - 1)y = 0$
4. $(x^2 - 25)^2 y'' - (x+5)y' + 10y = 0$
5. $x^2(x^2 - 5x + 6)y'' - x(x-2)y' + x(x-3)y = 0$

※ 다음에 주어진 방정식을 프로베니우스 방법을 사용하여 정칙특이점에 관한 두 개의 1차독립인 무한급수해를 구하라.

6. $4xy'' + 3y' - 2y = 0$
7. $2xy'' - 5y' - 3y = 0$
8. $5xy'' + 8y' - xy = 0$
9. $9xy'' + 14y' + (x-1)y = 0$
10. $7xy'' + 10y' + (1 - x^2)y = 0$
11. $x^2 y'' + xy' + (x-1)y = 0$

12. $xy'' + 5xy' + 5y = 0$

13. $y'' + \dfrac{8}{3x}y' - \left(\dfrac{2}{3x^2} - 1\right)y = 0$

14. $y'' + \left(\dfrac{16}{3x} - 1\right)y' - \dfrac{16}{3x^2}y = 0$

15. $y'' + \left(\dfrac{1}{2x} - 2\right)y' - \dfrac{35}{16x^2}y = 0$

16. $y'' + \dfrac{7}{3x}y' - \left(\dfrac{4}{9x^2} - \dfrac{2}{x}\right)y = 0$

17. $y'' - \left(\dfrac{1}{x} + 2\right)y' + \left(\dfrac{1}{x^2} + x\right)y = 0$

7.5 특수함수

미분방정식을 풀 때 방정식의 보통점과 정칙특이점에 관한 무한급수를 사용하는 방법은 어떤 특별한 형태의 상미분방정식을 푸는 데에도 이용할 수 있다. 그러한 방정식은 응용수학과 물리학 등에서의 많은 문제에서 나타나므로 응용면에서 중요한 방정식이라고 할 수 있다.

르장드르 방정식

k가 상수일 때

$$(1-x^2)y' - 2xy' + k(k+1)y = 0$$

을 **르장드르**(Legendre) **방정식**이라 하고 이 방정식의 해를 **르장드르 다항식**이라고 한다.

예제 1 르장드르 방정식 $(1-x^2)y' - 2xy' + k(k+1)y = 0$의 일반해를 구하라.

풀이 표준형은 $y - \dfrac{2x}{1-x^2} + \dfrac{k(k+1)}{1+x^2} = 0$이고 $x=0$가 보통점이므로 $y = \sum_{n=0}^{\infty} a_n x^n$ 형태의 해를 갖는다. 그런데 $x=0$에 가장 가까운 특이점은 $x = \pm 1$이므로 구간 $(-1, +1)$에서 수렴한다. 방정식에 y를 대입하면

$$\sum_{n=2}^{\infty} n(n-1)a_n x^{n-2} - \sum_{n=2}^{\infty} n(n-1)a_n x^n - \sum_{n=1}^{\infty} 2na_n x^n + \sum_{n=0}^{\infty} k(k+1)a_n x^n = 0$$

$$[2a_2 + k(k+1)a_0]x^0 + [-2a_1 + k(k+1)a_1 + 6a_3]x + \sum_{n=4}^{\infty} n(n-1)a_n x^{n-2} - \sum_{n=2}^{\infty} n(n-1)a_n x^n - \sum_{n=2}^{\infty} 2na_n x^n + \sum_{n=2}^{\infty} k(k+1)a_n x^n = 0$$

이고 이것을 간단히 하면

$$[2a_2+k(k+1)a_0]x^0+[-2a_1+k(k+1)a_1+6a_3]x$$
$$+\sum_{n=2}^{\infty}\{(n+2)(n+1)a_{n+2}+[-n(n-1)$$
$$-2n+k(k+1)]a_n\}x_n=0$$

이다. 이것으로부터

$$a_2=\frac{k(k+1)}{2}a_0,\ \ a_3=-\frac{k(k+1)-2}{6}a_1=-\frac{(k-1)(k+2)}{6}a_1$$

그리고

$$a_{n+2}=\frac{n(n-1)+2n-k(k+1)}{(n+2)(n+1)}a_n$$
$$=\frac{(n-k)(n+k+1)}{(n+2)(n+1)}a_n,\ \ n\geqq 2$$

를 얻는다. 그러므로

$$a_4=\frac{(2-k)(3+k)}{4\cdot 3}a_2=-\frac{(2-k)(3+k)k(k+1)}{4\cdot 3\cdot 2}a_0$$
$$a_5=\frac{(3-k)(4+k)}{5\cdot 4}a_3=-\frac{(3-k)(4+k)(k-1)(k+2)}{5\cdot 4\cdot 3\cdot 2}a_1$$
$$a_6=\frac{(4-k)(5+k)}{6\cdot 5}a_4=-\frac{(4-k)(5+k)(2-k)(3+k)k(k+1)}{6\cdot 5\cdot 4\cdot 3\cdot 2}a_0$$
$$a_7=\frac{(5-k)(6+k)}{6\cdot 5}a_5=-\frac{(5-k)(6+k)(3-k)(4+k)(k-1)(k+2)}{7\cdot 6\cdot 5\cdot 4\cdot 3\cdot 2}a_1$$

이며 1차독립인 두 개의 해는

$$y_1(x)=a_0\left(1-\frac{k(k+1)}{2!}x^2-\frac{(2-k)(3+k)k(k+1)}{4!}x^4\right.$$
$$\left.-\frac{(4-k)(5+k)(2-k)(3+k)k(k+1)}{6!}x^6-\cdots\right)$$
$$y_2(x)=a_1\left(x-\frac{(k-1)(k+2)}{6}x^3-\frac{(3-k)(4+k)(k-1)(k+2)}{5!}x^5\right.$$

$$- \frac{(5-k)(6+k)(3-k)(4+k)(k-1)(k+2)}{7!}x^7 - \cdots)$$

가 되어서 일반해는

$$\begin{aligned} y = a_0\bigg(1 &- \frac{k(k+1)}{2!}x^2 - \frac{(2-k)(3+k)k(k+1)}{4!}x^4 \\ &- \frac{(4-k)(5+k)(2-k)(3+k)k(k+1)}{6!}x^6 - \cdots\bigg) \\ &+ a_1\bigg(x - \frac{(k-1)(k+2)}{6}x^3 - \frac{(3-k)(4+k)(k-1)(k+2)}{5!}x^5 \\ &- \frac{(5-k)(6+k)(3-k)(4+k)(k-1)(k+2)}{7!}x^7 - \cdots\bigg) \end{aligned}$$

이다. ■

르장드르 방정식의 무한해의 급수는 k 가 정수값 일 때 끝이 있음을 주목하라. k 가 짝수의 정수이면 첫 번째 무한급수가 끝이 있으며 k가 홀수의 정수면 두 번째 급수가 끝이 있다. 그러므로 방정식의 해는 다항식의 형태 $P_n(x)$로 나타나며 이러한 르장드르 방정식의 n차의 다항식 형태의 해를 **르장드르 다항식**(Legendre polynomial)이라 한다.

감마(Gamma)함수

| 정의 1 | 감마함수

감마(Gamma)함수 $\Gamma(x)$는

$$\Gamma(x) = \int_0^\infty e^{-u} \cdot u^{x-1} du, \quad x > 0$$

로 정의된다.(그림 7.3)

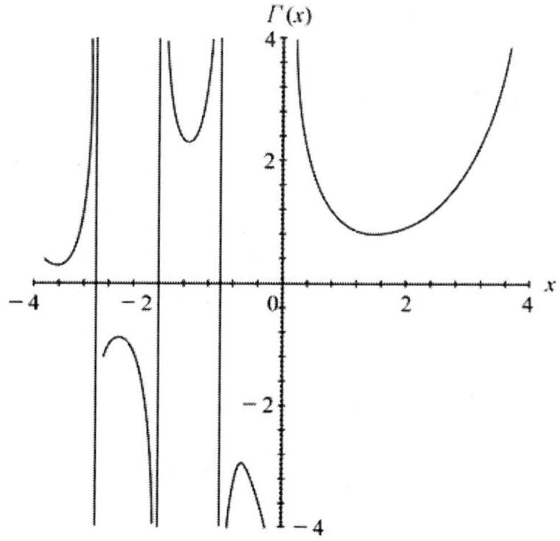

그림 7.3

예제 2 $\Gamma(1)$ 을 계산하라.

풀이 $$\Gamma(1) = \int_0^{\infty} e^{-u} u^{x-1} du = \int_0^{\infty} e^{-u} du$$
$$= \lim [-e^{-u}]_0^b = \lim(-e^{-b}+1) = 1 .$$ ■

감마함수의 유용한 성질 중의 하나는

$$\Gamma(x+1) = x\,\Gamma(x)$$

이다. x 가 정수일 때 예를 들어

$$\Gamma(2) = \Gamma(1+1) = 1 \cdot \Gamma(1) = \Gamma(1)$$

이고

$$\Gamma(3) = \Gamma(2+1) = 2\,\Gamma(2) = 2$$
$$\Gamma(4) = \Gamma(3+1) = 3\,\Gamma(3) = 3 \cdot 2$$
$$\Gamma(5) = \Gamma(4+1) = 4\,\Gamma(4) = 4 \cdot 3 \cdot 2 \quad \cdots$$

이 되어 정수 n에 대해서

$$\Gamma(n+1) = n!$$

이다.

베셀 방정식

계수 μ를 갖는 베셀(Bessel) 방정식은

$$x^2 y'' + xy' + (x^2 - \mu^2)y = 0, \quad (\mu \geqq 0\text{는 상수})$$

로 정의된다. 또 베셀 방정식의 해인 계수 μ를 갖는 베셀 함수는 $J_\mu(x)$로 나타내기로 한다. 베셀 방정식을 무한급수 해법으로 풀기 위해서 표준형으로 나타내면

$$y'' + \frac{1}{x}y' + \frac{x^2 - \mu^2}{x^2}y = 0$$

이므로 $x = 0$는 정칙특이점이고 프로베니우스 방법에 의해서

$$y = \sum_{n=0}^{\infty} a_n x^{n+r}$$

이 방정식의 해임을 가정할 수 있다.

$$x\,p(x) = x\,\frac{1}{x} = 1,$$

$$x^2 q(x) = x^2\left(\frac{x^2 - \mu^2}{x^2}\right) = x^2 - \mu^2$$

이므로 $p_0 = 1$, $q_0 = -\mu^2$이어서 지표방정식은

$$r(r-1) + p_0 r + q_0 = r(r-1) + r - \mu^2 = r^2 - \mu^2 = 0$$

이고, 근 $r_1 = \mu$, $r_2 = -\mu$를 갖는다. 이제 $y = \sum_{n=0}^{\infty} a_n x^{n+\mu}$를 해라 하고 y'과 y''을 계산하여 방정식에 대입하면

$$x^2 \sum_{n=0}^{\infty}(n+\mu)(n+\mu-1)a_n x^{n+\mu-2}$$

$$+ x\sum(n+\mu)a_n x^{n+\mu-1} + (x^2 - \mu^2)\sum_{n=0}^{\infty} a_n x^{n+\mu} = 0$$

$$\sum_{n=0}^{\infty}(n+\mu)(n+\mu-1)a_n x^{n+\mu} + \sum_{n=0}^{\infty}(n+\mu)a_n x^{n+\mu}$$

$$+ \sum_{n=0}^{\infty} a_n x^{n+\mu+2} - \sum_{n=0}^{\infty} u^2 a_n x^{n+\mu} = 0$$

$$\mu(\mu-1)a_0 x^\mu + (1+\mu)\mu a_1 x^{\mu+1}$$

$$+\sum_{n=2}^{\infty}(n+\mu)(n+\mu-1)a_n x^{n+\mu}+\mu a_0 x^{\mu}$$

$$+(1+\mu)a_1 x^{\mu+1}+\sum_{n=2}^{\infty}(n+\mu)a_n x^{n+\mu}+\sum_{n=0}^{\infty}a_n x^{n+\mu+2}$$

$$-\mu^2 a_0 x^{\mu}-\mu^2 a_1 x^{\mu+1}-\sum_{n=2}^{\infty}\mu^2 a_n x^{n+\mu}=0$$

$$[\mu(\mu-1)+\mu-\mu^2]\ a_0 x^{\mu}+\ [(1+\mu)\mu+(1+\mu)-\mu^2]\ a_1 x^{\mu+1}$$

$$+\sum_{n=2}^{\infty}\{\ [(n+\mu)(n+\mu-1)+(n+\mu)-\mu^2]\ a_n+a_{n-2}\}x^{n+\mu}=0$$

이다. 여기서 $r_1=\mu$는 지표방정식의 근이므로 $a_0 x^{\mu}$의 계수는 0이고 다른 계수들을 간단히 하면 $(1+2\mu)a_1=0$이고

$$a_n=-\frac{a_{n-2}}{(n+\mu)(n+\mu-1)+(n+\mu)-\mu^2},$$
$$=-\frac{a_{n-2}}{n(n+2\mu)},\ n\geqq 2$$

이다. 그러므로 $a_1=0$이고 모든 홀수 n에 대해서 $a_n=0$이다. 또한 짝수인 지표에 대해서는

$$a_2=-\frac{a_0}{2(2+2\mu)}=-\frac{a_0}{2^2(1+\mu)}$$
$$a_4=-\frac{a_2}{4(4+2\mu)}=\frac{a_0}{2^4\cdot 2(2+\mu)(1+\mu)}$$
$$a_6=-\frac{a_4}{6(6+2\mu)}=-\frac{a_0}{2^6\cdot 3\cdot 2(3+\mu)(2+\mu)(1+\mu)}$$
$$a_8=-\frac{a_6}{8(8+2\mu)}=\frac{a_0}{2^8\cdot 4\cdot 3\cdot 2(4+\mu)(3+\mu)(2+\mu)(1+\mu)}$$

를 갖는다. 즉 $n\geqq 2$에 대해서

$$a_{2n}=\frac{(-1)^n a_0}{2^{2n}\cdot n!(1+\mu)(2+\mu)(3+\mu)\cdots(n+\mu)}$$

이므로 방정식의 해는

$$\begin{aligned} y &= \sum_{n=0}^{\infty} a_{2n}\, x^{2n+\mu} \\ &= \sum_{n=0}^{\infty} \frac{a_0(-1)^n x^{2n+\mu}}{2^{2n} n!(1+\mu)(2+\mu)(3+\mu)(4+\mu)\cdots(n+\mu)} \\ &= \sum_{n=0}^{\infty} \frac{a_0(-1)^n 2^{\mu}}{2^n n!(1+\mu)(2+\mu)(3+\mu)(4+\mu)\cdots(n+\mu)} \left(\frac{x}{2}\right)^{2n+\mu} \end{aligned}$$

이다. 이제 감마함수 $\Gamma(x)$를 이용하면

$$y = \sum_{n=0}^{\infty} \frac{(-1)^n}{n!\,\Gamma(1+\mu+n)} \left(\frac{x}{2}\right)^{2n+\mu}, \quad a_0 = \frac{\mu!}{2^{\mu}}$$

이고 이것을 $J_{\mu}(x)$로 나타내고 계수 μ를 갖는 **첫 번째 종류의 베셀 함수**라 부른다. 지표방정식의 또 다른 근 $r_2 = -\mu$에 대해서도 같은 방법으로 구하면 두 번째 해는

$$y = \sum_{n=0}^{\infty} \frac{(-1)^n}{n!\,\Gamma(1-\mu+n)} \left(\frac{x}{2}\right)^{2n-\mu}$$

로 나타내며 계수가 $-\mu$인 첫 번째 종류의 베셀 함수라 부르고 $J_{-\mu}(x)$로 나타낸다.

마지막으로 $J_{\mu}(x)$와 $J_{-\mu}(x)$가 1차독립인 관계에 있는지를 확인하여 보자. $\mu = 0$이면 두 함수는 같으므로 $\mu > 0$라고 가정하면

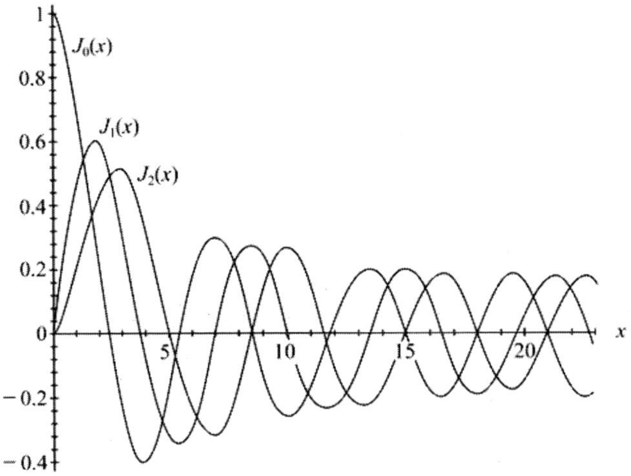

그림 7.4

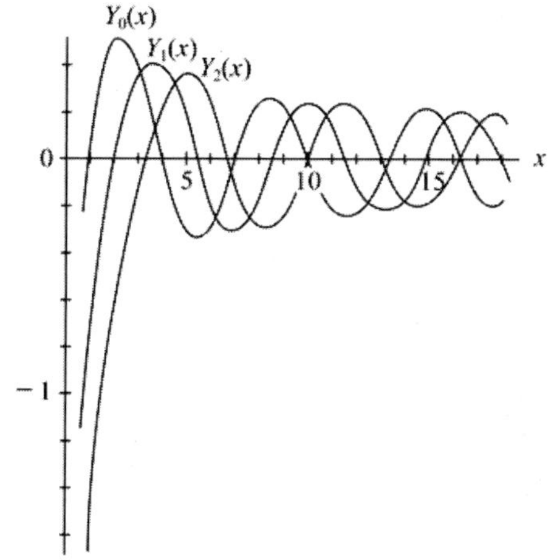

그림 7.5

$$r_1 - r_2 = \mu - (-\mu) = 2\mu$$

이고 2μ가 정수가 아니면 프로베니우스 방법에 의해서 두 개의 해인 $J_\mu(x)$와 $J_{-\mu}(x)$는 1차독립이다. 또 2μ가 홀수이면 $J_\mu(x)$와 $J_{-\mu}(x)$는 1차독립이 되어서 위의 두 경우 모두 일반해는

$$y = C_1 J_\mu(x) + C_2 J_{-\mu}(x)$$

이다.(그림 7.4) μ가 정수가 아닐 때는 $J_\mu(x)$와 $J_{-\mu}(x)$의 1차결합으로써 계수가 μ인 두 번째 종류의 베셀 함수를 정의하고 $Y_\mu(x)$로 나타내며

$$Y_\mu(x) = \frac{\cos\mu\pi\, J_\mu(x) - J_{-\mu}(x)}{\sin\mu\pi}$$

로 정의한다. $J_\mu(x)$와 $Y_\mu(x)$가 계수가 μ인 베셀 방정식의 1차독립인 해임을 보일 수 있으므로 방정식의 일반해는

$$y = C_1 J_\mu(x) + C_2 Y_\mu(x)$$

로 나타낼 수 있다.(그림 7.5)

또한 m이 정수이고 $Y_m(x) = \lim_{\mu\to m} Y_\mu(x)$이면 $J_m(x)$와 $Y_m(x)$가 1차독립임을 보일 수 있으므로 $y = C_1 J_\mu(x) + C_2 Y_\mu(x)$는 μ의 임의의 값에 대해서 $x^2 y'' + xy' + (x^2 - \mu^2)y = 0$의 일반해가 된다. 베셀 방정식의 일반적인 형태는

$$x^2 y'' + xy' + (\lambda^2 x^2 - \mu^2)y = 0$$

로 나타내며 변수변환에 의해서 일반해가

$$y = C_1 J_\mu(\lambda x) + C_2 Y_\mu(\lambda x)$$

임을 알 수 있다.

예제 3 다음 각 방정식의 일반해를 구하라.

(a) $x^2 y'' + xy' + (x^2 - 16)y = 0$

(b) $x^2 y'' + xy' + \left(x^2 - \dfrac{1}{25}\right)y = 0$

(c) $x^2 y'' + xy' + (9x^2 - 4)y = 0$

풀이 (a) $\mu = 4$이므로 $y = C_1 J_4(x) + C_2 Y_4(x)$이다.(그림 7.6 (a))

(b) $\mu = \dfrac{1}{5}$이므로 $y = C_1 J_{\frac{1}{5}}(x) + C_2 Y_{\frac{1}{5}}(x)$이다.(그림 7.6 (b))

(c) $\lambda = 3,\ \mu = 2$이므로 $y = C_1 J_2(3x) + C_2 Y_2(3x)$이다.(그림 7.6 (c))

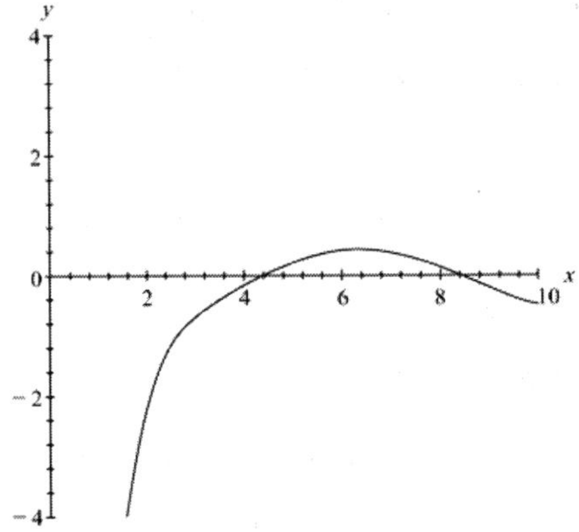

그림 7.6 (a)

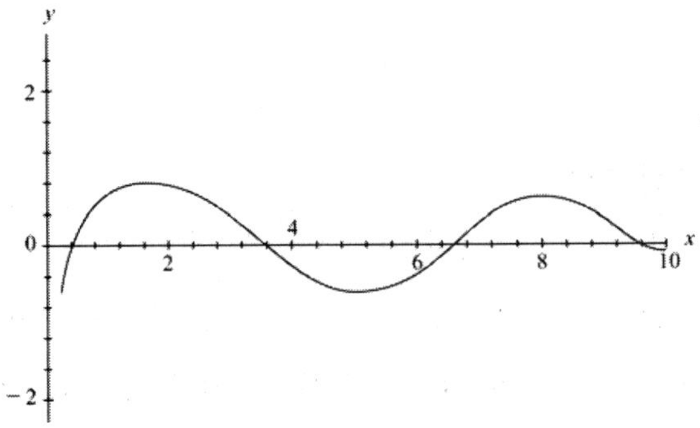

그림 7.6 (b)

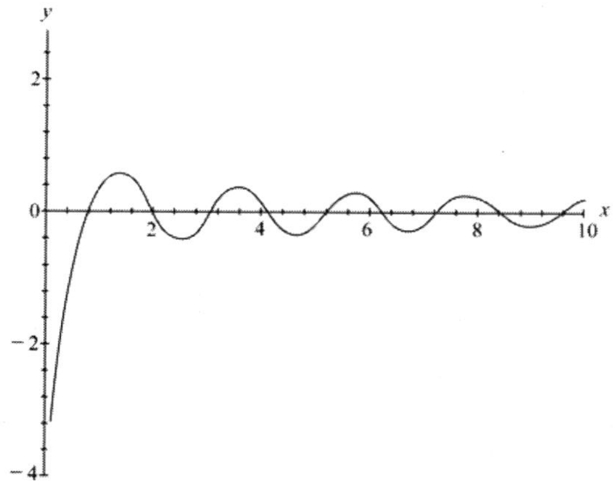

그림 7.6 (c) ■

연습문제 7.5

1. 에르미트(Hermite) 방정식은

$$y'' - 2xy' + 2ky = 0, \ k \geq 0$$

로 정의된다. 보통점 $x = 0$에 관한 무한급수 전개를 사용하여 (a) $k = 1$일 때와 (b) $k = 3$일 때의 일반해를 구하라. 또 k가 음이 아닌 정수일 때 해 중의 하나가 k차의 다항식임을 보여라.

2. 체비셰프(ChebyShev) 방정식

$$(1 - x^2)y'' - xy' + k^2 y = 0, \quad k \geq 0$$

을 무한급수전개를 사용하여 (a) $k = 1$일 때와 (b) $k = 3$일 때의 일반해를 구하라. 또, k가 음이 아닌 정수일 때 해 중의 하나가 k차의 다항식임을 보여라.

3. k가 상수일 때 $y = J_0(kx)$가 베셀 방정식

$$xy'' - y' + k^2 xy = 0$$

의 해임을 보여라.

4. 다음 방정식의 일반해를 구하라.

(a) $x^2 y'' + xy' + \left(x^2 - \frac{1}{4}\right)y = 0$

(b) $x^2 y'' + xy' + (16x^2 - 25)y = 0$

5. v 가 상수일 때 $x\frac{d^2 y}{dx^2} + \frac{dy}{dx} + \frac{y}{v} = 0$의 해가 $y = J_0\left(2\sqrt{\frac{x}{v}}\right)$임을 보여라.

6. (a) $\Gamma\left(\frac{1}{2}\right) = 2\int_0^\infty e^{-x^2}\,dx$를 보여라.

(b) 극좌표를 사용하여

$$\left(\int_0^\infty e^{-x^2}dx\right)\left(\int_0^\infty e^{-y^2}dy\right) = \int_0^\infty \int_0^\infty e^{-(x^2+y^2)}\,dx\,dy$$

를 보여라.

(c) (a) (b)를 사용하여 $\Gamma\left(\frac{1}{2}\right)$과 $\Gamma\left(\frac{3}{2}\right)$를 계산하라.

8 라플라스 변환

8.1 라플라스 변환의 정의

함수간의 더하기, 빼기, 곱하기, 나누기 그리고 합성함수를 만드는 것은 함수에서의 연산자를 실행하는 것이라 할 수 있다. 또 미분은 함수 $F(x)$를 도함수 $F'(x)$로 변환하는 연산자이며

$$D_x(F(x)) = F'(x)$$

로 나타내었다. 마찬가지로 적분 가능한 함수인 $f(x)$에 적분의 연산자를 행하였을 때의 결과를 $\int_a^x f(x)\,dt$인 x의 함수로 나타낼 수 있다.

이 절에서는 함수 위에서의 또 다른 연산자인 라플라스 변환의 정의와 기본 성질에 관해서 다룬다.

라플라스 변환의 정의

| 정의 1 | 라플라스 변환

구간 $[0, +\infty)$에서 정의된 함수 $f(t)$의 **라플라스(Laplace) 변환**은 다음의 이상적분이 존재할 때

$$\mathcal{L}\{f(t)\} = \int_0^\infty e^{-st} f(t)\,dt$$

로 주어진다.

라플라스 변환은 s에 대한 함수이므로 $f(t)$의 라플라스 변환은 $\mathcal{L}\{f(t)\} = F(s)$로 나타낸다. 또 라플라스 변환은 이상적분으로 정의되므로 정적분에 극한을 취함으로써 이상적분을 계산한다. 즉

$$\int_0^\infty f(t)\,dt = \lim_{M\to\infty}\int_0^M f(t)\,dt$$

으로 나타낸다.

예제 1 $f(t)=1$일 때 $\mathcal{L}\{f(t)\}$를 계산하라.

풀이
$$F(s)=\mathcal{L}\{f(t)\}=\int_0^{\infty} e^{-st}\cdot 1dt=\lim_{M\to\infty}\int_0^{M} e^{-st}\cdot 1\,dt$$
$$=\lim_{M\to\infty}\left[-\frac{e^{-st}}{s}\right]_{t=0}^{t=M}=-\frac{1}{s}\lim_{M\to\infty}\left[e^{-sM}-1\right]$$

이고 $s>0$일 때 $\lim_{M\to\infty} e^{-sM}=0$이므로

$$F(s)=-\frac{1}{s}\lim_{M\to\infty}\left[e^{-sM}-1\right]=-\frac{1}{s}(0-1)=\frac{1}{s},\ s>0$$

이다. ■

예제 2 $f(t)=e^{at}$일 때 $\mathcal{L}\{f(t)\}$를 구하라.

풀이
$$F(s)=\mathcal{L}\{f(t)\}=\int_0^{\infty} e^{-st}f(t)\,dt=\int_0^{\infty} e^{-st}e^{at}\,dt$$
$$=\int_0^{\infty} e^{-(s-a)t}\,dt=\lim\left[-\frac{e^{-(s-a)t}}{s-a}\right]_{t=0}^{t=M}$$
$$=-\lim_{M\to\infty}\left(\frac{e^{-(s-a)M}}{s-a}-\frac{1}{s-a}\right)$$

$s-a>0$이면 $\lim_{M\to\infty} e^{-(s-a)M}=0$이므로

$$F(s)=\mathcal{L}\{f(x)\}=-\lim_{M\to\infty}\left(\frac{e^{-(s-a)m}}{s-a}-\frac{1}{s-a}\right)$$
$$=-\left(0-\frac{1}{s-a}\right)=\frac{1}{s-a},\ s>a$$

이다. ■

위의 예는 공식으로 기억해 두면 편리하다.

예제 3 (a) $\mathcal{L}\{e^{-3t}\}$, (b) $\mathcal{L}\{e^{5t}\}$를 구하라.

풀이 (a) $\mathcal{L}\{e^{-3t}\} = \dfrac{1}{s-(-3)} = \dfrac{1}{s+3}$, $s > -3$

(b) $\mathcal{L}\{e^{5t}\} = \dfrac{1}{s-5}$, $s > 5$ ■

예제 4 $\mathcal{L}\{\sin t\}$를 구하라.

풀이

$$\mathcal{L}\{\sin t\} = \int_0^\infty e^{-st}\sin t\, dt = \lim_{M\to\infty}\int_0^\infty e^{-st}\sin t\, dt$$

$$= \lim_{M\to\infty}\left[-\frac{e^{-st}}{s^2+1}(s\cdot\sin t + \cos t)\right]\Bigg|_{t=0}^{t=M}$$

$$= -\frac{1}{s^2+1}\lim_{M\to\infty}\left[e^{-sM}(s\sin M + \cos M) - 1\right]$$

$s > 0$ 이면 $\lim_{M\to\infty} e^{-sM}(s\sin M + \cos M) = 0$ 이므로

$$\mathcal{L}\{\sin t\} = -\frac{1}{s^2+1}\lim_{M\to\infty}\left[e^{-sM}(s\sin M + \cos M) - 1\right]$$

$$= \frac{1}{s^2+1},\quad s > 0$$

이다. ■

예제 5 $f(t) = t$일 때 $\mathcal{L}\{f(t)\}$를 구하라.

풀이 부분적분을 사용하면

$$F(s) = \mathcal{L}\{f(t)\} = \int_0^\infty e^{-st}t\, dt = \lim_{M\to\infty}\int_0^M e^{-st}t\, dt$$

$$= \lim_{M\to\infty}\left(\frac{-te^{-st}}{s}\Bigg|_{t=0}^{t=M}\right) + \lim_{M\to\infty}\frac{1}{s}\int_0^M e^{-st}\, dt$$

$$= 0 - \frac{1}{s^2}\lim_{M\to\infty}\left(e^{-st}\Big|_{t=0}^{t=M}\right)$$

이 되고, $s > 0$이면 $\lim_{M\to\infty} e^{-sM} = 0$이므로

$$F(s) = \mathcal{L}\{f(t)\} = -\frac{1}{s^2}\lim_{M\to\infty}(e^{-sM}-1) = \frac{1}{s^2},\ s > 0$$

이다. ■

많은 경우에 함수의 라플라스 변환을 구할 때 라플라스 변환의 성질을 이용하면 편리할 때가 많다. 많은 성질 중에 먼저 라플라스 변환의 선형성질에 관하여 살펴보자. 선형성질은 미분과 적분을 계산할 때에 이미 많이 이용되었다.

❙정리 1❙ 라플라스 변환의 선형성질

a, b가 상수이고 $f(t)$와 $g(t)$의 라플라스 변환이 존재할 때

$$\mathcal{L}\{af(t)+bg(t)\} = a\mathcal{L}\{f(t)\} + b\mathcal{L}\{g(t)\}$$

를 만족한다.

증명

$$\begin{aligned}\mathcal{L}\{af(t)+bg(t)\} &= \int_0^\infty e^{-st}(af(t)+bg(t))\,dt \\ &= a\int_0^\infty e^{-st}f(t)\,dt + b\int_0^\infty e^{-st}g(t)\,dt \\ &= a\mathcal{L}\{(t)\} + b\,\mathcal{L}\{g(t)\}.\end{aligned}$$

■

예제 6 (a) $\mathcal{L}\{6\}$ (b) $\mathcal{L}\{5-2e^{-t}\}$를 구하라.

풀이

(a) $\mathcal{L}\{6\} = 6\mathcal{L}\{1\} = 6\left(\frac{1}{s}\right) = \frac{6}{s}$

(b)
$$\begin{aligned}\mathcal{L}\{5-2e^{-t}\} &= 5\mathcal{L}\{1\} - 2\mathcal{L}\{e^{-t}\} \\ &= 5\frac{1}{s} - 2\left(\frac{1}{s-(-1)}\right) = \frac{5}{s} - \frac{2}{s+1}.\end{aligned}$$

■

$\sin kt$ 와 $\cos kt$ 의 라플라스 변환

오일러 공식 $e^{\pm i\theta} = \cos\theta \pm i\sin\theta$를 사용하면

$$\cos\theta = \frac{1}{2}(e^{i\theta} + e^{-i\theta}),\ \sin\theta = \frac{1}{2i}(e^{i\theta} - e^{-i\theta})$$

이므로

$$\cos kt = \frac{1}{2}(e^{ikt} + e^{-ikt}),\ \sin kt = \frac{1}{2i}(e^{ikt} - e^{-ikt})$$

이고

$$\begin{aligned}
\mathcal{L}\{\cos kt\} &= \mathcal{L}\left\{\frac{1}{2}(e^{ikt} + e^{-ikt})\right\} \\
&= \frac{1}{2}[\ \mathcal{L}\{e^{ikt}\} + \mathcal{L}\{e^{-ikt}\}] \\
&= \frac{1}{2}\left[\frac{1}{s-ik} + \frac{1}{s+ik}\right] \\
&= \frac{1}{2}\left[\frac{s+ik+s-ik}{(s-ik)(s+ik)}\right] \\
&= \frac{1}{2}\,\frac{2s}{s^2 - i^2k^2} \\
&= \frac{s}{s^2+k^2} \\
\mathcal{L}\{\sin kt\} &= \mathcal{L}\left\{\frac{1}{2i}(e^{ikt} - e^{-ikt})\right\} \\
&= \frac{1}{2i}[\ \mathcal{L}\{e^{ikt}\} - \mathcal{L}\{e^{-ikt}\}] \\
&= \frac{1}{2i}\left[\frac{1}{s-ik} - \frac{1}{s+ik}\right] \\
&= \frac{1}{2i}\left[\frac{s+ik-s+ik}{(s-ik)(s+ik)}\right] \\
&= \frac{1}{2i}\,\frac{2ik}{s^2 - i^2k^2} \\
&= \frac{k}{s^2+k^2}
\end{aligned}$$

을 얻을 수 있다.

위의 결과는 라플라스 변환의 정의를 사용하여 직접 유도할 수도 있다.

지수계수

라플라스 변환의 정의에서 사용된 이상적분이 항상 수렴하는 것은 아니다. 예를 들면 $f(t)=\frac{1}{t}$일 때 이상적분 $\int_0^\infty e^{-st}f(t)\,dt$는 $t=0$ 근방에서 매우 빨리 증가하며 $f(t)=e^{t^2}$은 $t\to\infty$일 때 매우 빨리 증가하여 $\int_0^\infty e^{-st}f(t)\,dt$는 수렴하지 않는다.

다음에는 어떠한 형태의 함수에 대해서 라플라스 변환이 존재하는지 알아보자.

▌정의 2▌ 지수계수

함수 $f(t)$가 b, $C>0$, $T>0$에 대해서

$$|f(t)| \le Ce^{bt},\ t>T$$

를 만족할 때 $f(t)$가 **지수적계수**(exponetial order) b를 갖는다고 한다.

위의 정의를 사용하여 다음 사실을 증명할 수 있다.

$\lim_{t\to\infty} f(t)e^{-bt}$가 존재하고 유한하면 $f(t)$는 지수계수를 갖고 임의의 $b>0$에 대해서 $\lim_{t\to\infty} f(t)e^{-bt}=+\infty$이면 $f(t)$는 지수계수를 갖지 않는다.

예제 7 (a) $f(t)=t^3$이 지수계수를 가짐을 보여라.

(b) $f(t)=e^{t^2}$이 지수계수를 갖지 않음을 보여라.

풀이 (a) 로피탈(L'Hopital)의 법칙을 사용하면

$$\begin{aligned}\lim_{t\to\infty} f(t)e^{-bt} &= \lim_{t\to\infty}\frac{f(t)}{e^{bt}} = \lim_{t\to\infty}\frac{t^3}{e^{bt}} = \lim_{t\to\infty}\frac{3t^2}{be^{bt}}\\ &= \lim_{t\to\infty}\frac{6t}{b^2e^{bt}} = \lim_{t\to\infty}\frac{6}{b^3e^{bt}} = 0\end{aligned}$$

이므로 $f(t)=t^3$은 지수계수를 갖는다.

(b) 임의의 b에 대해서

$$\lim_{t\to\infty} f(t)e^{-bt} = \lim_{t\to\infty}\frac{f(t)}{e^{bt}} = \lim_{t\to\infty}\frac{e^{t^2}}{e^{bt}} = \lim_{t\to\infty} e^{t^2-bt}$$

$$= \lim_{t \to \infty} e^{t(t-b)} = +\infty$$

이므로 $f(t) = e^{t^2}$은 지수계수를 갖지 않는다. ■

비약 불연속과 구분적 연속함수

구분적으로 정의된 함수

$$f(x) = \begin{cases} x^2+1, & x \leqq 1 \\ 4-x, & x > 1 \end{cases}$$

을 생각할 때(그림 8.1)

$$\lim_{x \to 1^-} f(x) = \lim_{x \to 1^-} (x^2+1) = 2 \neq 3 = \lim_{x \to 1^+} (4-x) = \lim_{x \to 1^+} f(x)$$

이므로 $\lim_{x \to 1} f(x)$는 존재하지 않으며 $f(x)$는 $x = 1$에서 불연속이다. 또

$$g(x) = \begin{cases} 1, & 0 \leqq x < 1 \\ -1, & 1 \leqq x < 2 \end{cases}$$

로 정의하면 $g(x) = g(x-2)$의 성질을 가지며 $g(x)$는 n이 음이 아닌 정수일 때 $x = n$에서 불연속이다.(그림 8.2)

위의 f와 g인 경우와 같이 불연속점에서 왼쪽과 오른쪽 극한이 존재하지만 극값이 같지 않을 때를 **비약 불연속**(jump discontinuous)이라 한다.

정의 3 **비약 불연속**

$f(t)$가 $[a, b]$에서 정의되었을 때 $c \in (a, b)$인 점에서 $\lim_{t \to c^+} f(t) \neq \lim_{t \to c^-} f(t)$이고 두 값 모두 유한한 값일 때 f는 $t = c$에서 **비약 불연속**이라고 한다. 또 $\lim_{t \to a^+} f(t)$가 유한한 값이고 $\lim_{t \to a^+} f(t) \neq f(a)$일 때 f는 $t = a$에서 **비약 불연속**이라 하고, $\lim_{t \to a^-} f(t)$가 유한하고 $f(b)$와 같지 않을 때 f는 $t = b$에서 **비약 불연속**이라 한다.

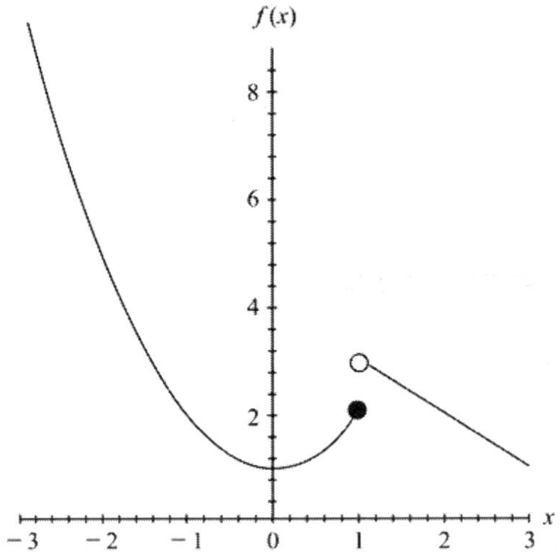

그림 8.1

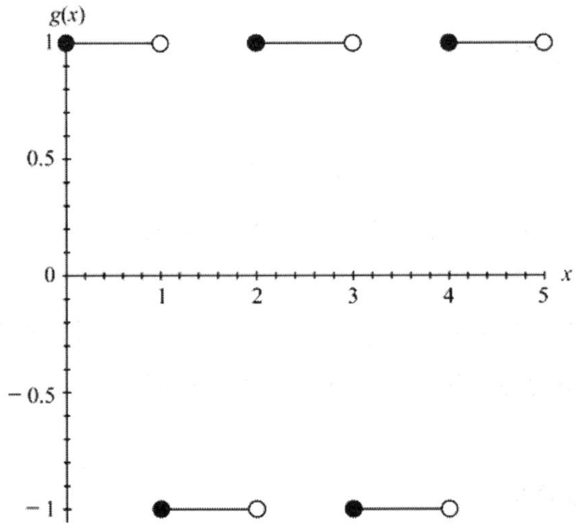

그림 8.2

정의 4 **구분적 연속**

함수 $f(t)$가 구간 $[a,b]$에서 비약 불연속을 갖는 유한개의 점을 제외한 모든 점에서 연속일 때 $f(t)$는 $[a, b]$에서 **구분적 연속**이라 한다. 또 $f(t)$가 모든 $N>0$에 대해서 $[0, N]$에서 구분적 연속이면 $f(t)$는 $[0, \infty)$에서 **구분적 연속**이라고 한다.

| 정리 2 | $\mathcal{L}\{f(t)\}$가 존재하기 위한 충분조건

함수 $f(t)$가 구간 $[0, \infty)$에서 구분적 연속이고 $t > T$에 대해서 지수적 계수 b를 가지면 $s > b$에 대해서 $\mathcal{L}\{f(t)\}$가 존재한다.

증명 주어진 가정에서 $\int_0^\infty e^{-st} f(t)$가 $s > b$에 대해서 수렴함을 보이자. 먼저 T가 $|f(t)| \le Ce^{bt}$ (b, $C > 0$는 상수)를 만족하도록 택하고

$$\int_0^\infty e^{-st} f(t)\,dt = \int_0^T e^{-st} f(t)\,dt + \int_T^\infty e^{-st} f(t)\,dt$$

로 나타내자. $f(t)$는 구분적 연속이므로 $e^{-st}f(t)$도 구분적 연속이고 $[0, T]$에서 연속이므로 $\int_0^T e^{-st} f(t)\,dt$는 존재한다.

이제 $\int_T^\infty e^{-st} f(t)\,dt$가 수렴함을 보이자. $|f(t)| \le Ce^{bt}$를 만족하는 C, b가 존재하므로

$$\begin{aligned}\left|\int_T^\infty e^{-st} f(t)\,dt\right| &\le \int_T^\infty |e^{-st} f(t)|\,dt \le C\int_T^\infty e^{-st}e^{bt}\,dt \\ &= C\int_T^\infty e^{-(s-b)t}\,dt = C\lim_{M\to\infty}\int_T^M e^{-(s-b)t}\,dt \\ &= C\lim_{M\to\infty}\left[-\frac{e^{-(s-b)t}}{s-b}\right]_{t=T}^{t=M} \\ &= -\frac{C}{s-b}\lim_{M\to\infty}\left(e^{-(s-b)M} - e^{-(s-b)T}\right)\end{aligned}$$

이고 $s-b > 0$이면 $\lim_{M\to\infty} e^{-(s-b)M} = 0$이므로

$$\left|\int_T^\infty e^{-st} f(t)\,dt\right| \le \frac{Ce^{-(s-b)T}}{s-b}, \quad s > b$$

이다. $\int_0^T e^{-st} f(t)\,dt$와 $\int_T^\infty e^{-st} f(t)\,dt$의 값이 존재하므로

$\int_0^\infty e^{-st} f(t)$도 $s > b$에서 존재한다. ■

예제 8 $f(t) = \begin{cases} -1, & 0 \leq t \leq 4 \\ 1, & t > 4 \end{cases}$ 의 라플라스 변환을 구하라.

풀이 $f(t)$가 $[0, \infty)$에서 구분적 연속이고 지수적 계수를 가지므로 $F(s) = \mathcal{L}\{f(t)\}$가 존재한다. 변환의 정의를 사용하면

$$\begin{aligned} F(s) = \mathcal{L}\{f(t)\} &= \int_0^\infty f(t) e^{-st}\, dt \\ &= \int_0^4 (-1) e^{-st}\, dt + \int_4^\infty e^{-st}\, dt \\ &= \left[\frac{e^{-st}}{s}\right]_{t=0}^{t=4} + \lim_{M\to\infty}\left[-\frac{e^{-st}}{s}\right]_{t=4}^{t=M} \\ &= \frac{1}{s}(e^{-4s} - 1) - \frac{1}{s}\lim_{M\to\infty}(e^{-Ms} - e^{-4s}) \end{aligned}$$

이고 $s > 0$일 때 $\lim_{M\to\infty} e^{-Ms} = 0$이므로

$$F(s) = \mathcal{L}\{f(t)\} = \frac{1}{s}(2e^{-4s} - 1), \quad s > 0$$

이다. ■

연습문제 8.1

※ 다음에 주어진 함수의 라플라스 변환을 정의를 사용하여 구하라.

1. $f(t) = 21t$
2. $f(t) = 2e^t$
3. $f(t) = 2\sin 2t$
4. $f(t) = \begin{cases} 0, & 0 \leq t \leq 1 \\ 1, & t \geq 1 \end{cases}$

5. $f(t) = \begin{cases} \cos t, & 0 \leqq t \leqq \dfrac{\pi}{2} \\ 0, & t > \dfrac{\pi}{2} \end{cases}$

6. $f(t) = \begin{cases} 1-t, & 0 < t < 3 \\ 0, & t \geqq 3 \end{cases}$

7. $f(t) = \begin{cases} 1, & 0 \leqq t < 10 \\ -1, & t \geqq 10 \end{cases}$

8. $f(t) = \sin kt$

※ 다음에 주어진 함수의 라플라스 변환을 라플라스 변환의 성질을 이용하여 구하라.

9. $f(t) = 28e^{t}$

10. $f(t) = -18e^{3t}$

11. $f(t) = \dfrac{1}{8}(2t - \sin 2t)$

12. $f(t) = \cos 5t$

13. $f(t) = 1 + \cos 2t$

14. $f(t) = 1 + \sin 5t$

15. 감마함수 $\Gamma(x)$는 $\Gamma(x) = \int_0^\infty t^{x-1} e^{-t}\, dt,\ x > 0$ 로 정의된다.

$\mathcal{L}\{t^\alpha\} = \dfrac{\Gamma(\alpha+1)}{s^{\alpha+1}},\ \alpha > -1$임을 보여라.

16. (a) $f(t) = t^{-\frac{1}{2}}$, (b) $f(t) = t^{\frac{1}{2}}$의 라플라스 변환을 문제 15를 사용하여 구하라.

8.2 라플라스 변환의 성질

8.1절에서 살펴보았던 것과 같이 라플라스 변환의 정의를 직접 사용하는 것은 많은 경우에 그렇게 간단하지 않다. 이 절에서는 정의를 사용하지 않고 변환을 구할 수 있는 라플라스 변환의 여러 성질을 다룬다.

정리 1 **제 1 이동성질**

$s > a$에 대해서 $\mathcal{L}\{f(t)\} = F(s)$가 존재하면

$$\mathcal{L}\{e^{at} f(t)\} = F(s-a)$$

이다.

증명
$$\mathcal{L}\{e^{at} f(t)\} = \int_0^\infty e^{-st} e^{at} f(t)\, dt$$
$$= \int_0^\infty e^{-(s-a)t} f(t)\, dt = F(s-a), \quad s > a$$ ■

예제 1 (a) $e^{-2t}\cos t$, (b) $4te^{3t}$ 의 라플라스 변환을 구하라.

풀이 (a) $f(t) = \cos t, \ a = -2$이므로

$$F(s) = \mathcal{L}\{\cos t\} = \frac{s}{s^2+1}$$

이고 s를 $s-a = s+2$로 바꾸면

$$\mathcal{L}\{e^{-2t}\cos t\} = \frac{s+2}{(s+2)^2+1} = \frac{s+2}{s^2+4s+5}$$

이다.

(b) 선형성질에 의해서 $\mathcal{L}\{4te^{3t}\} = 4\mathcal{L}\{te^{3t}\}$이고 $f(t) = t, \ a = 3$이므로 $F(s) = \mathcal{L}\{t\} = \dfrac{1}{s^2}$에서 s를 $s-a = s-3$으로 바꾸면

$\mathcal{L}\{te^{3t}\} = \dfrac{1}{(s-3)^2}$ 에서

$$\mathcal{L}\{4te^{3t}\} = \frac{4}{(s-3)^2}$$

이다. ■

초기값 문제를 라플라스 변환을 사용하여 풀기 위해서 함수의 도함수에 대한 라플라스 변환을 구하는 것이 필요하다.

| 정리 2 | 1계 도함수의 라플라스 변환

$f(t)$가 모든 $t \geq 0$에 대해서 연속이고 $t > T$ 에 대해서 지수적 계수 b를 가지며 $f'(t)$가 $(0, \infty)$의 어떤 폐구간에서 구분적으로 연속이라 할 때 $s > b$에 대해서

$$\mathcal{L}\{f'(t)\} = s\,\mathcal{L}\{f(t)\} - f(0)$$

이다.

증명 부분적분에 의해서

$$\begin{aligned}\mathcal{L}\{f'(t)\} &= \int_0^\infty e^{-st} f'(t)\,dt \\ &= \lim_{M\to\infty} \left(e^{-st} f(t)\Big|_{t=0}^{t=M}\right) + s\int_0^\infty e^{-st} f(t)\,dt \\ &= -f(0) + s\,\mathcal{L}\{f(t)\} \\ &= s\,\mathcal{L}\{f(t)\} - f(0)\end{aligned}$$

이다. ■

다음은 귀납법에 의해서 위의 정리로부터 쉽게 얻을 수 있다.

| 보조정리 | 고계도함수의 라플라스 변환

$i=0,\ 1,\ \cdots,\ n-1$에 대해서 $f^{(i)}(t)$가 구간 $[0,\ +\infty)$에서 지수적계수 b를 가진 연속함수이고 $f^{(n)}(t)$가 $[0,\ +\infty)$에서 구분적으로 연속이면 $s>b$에 대해서

$$\mathcal{L}\{f^{(n)}(t)\}=s^n\,\mathcal{L}\{f(t)\}-s^{n-1}f(0)-\cdots-sf^{(n-2)}(0)-f^{(n-1)}(0)$$

이다.

예제 2 $f(t)=t\sin t$일 때 $\mathcal{L}\{f(t)\}=\dfrac{2s}{(s^2+1)^2}$을 사용하여

$$\mathcal{L}\{f'(t)\},\ \mathcal{L}\{f''(t)\},\ \mathcal{L}\{f'''(t)\}$$

를 구하라.

풀이 여러 가지 방법이 있을 수 있으나 여기서는 위의 보조정리를 이용해 보자. $f(0)=0,\ f'(0)=0,\ f''(0)=2$이므로

$$\begin{aligned}\mathcal{L}\{f'(t)\}&=s\mathcal{L}\{f(t)\}-f(0)\\&=s\left[\frac{2s}{(s^2+1)^2}\right]-0=\frac{2s^2}{(s^2+1)^2}\\\mathcal{L}\{f''(t)\}&=s^2\mathcal{L}\{f(t)\}-sf(0)-f'(0)\\&=s^2\left[\frac{2s}{(s^2+1)^2}\right]-s(0)-0=\frac{2s^3}{(s^2+1)^2}\\\mathcal{L}\{f'''(t)\}&=s^3\mathcal{L}\{f(t)\}-s^2f(0)-sf'(0)-f''(0)\\&=s^3\left[\frac{2s}{(s^2+1)^2}\right]-s^2(0)-s(0)-2\\&=-\frac{2(2s^2+1)}{(s^2+1)^2}\end{aligned}$$

이다. ■

정리 3 라플라스 변환의 미분

$F(s)=\mathcal{L}\{f(t)\}$라 하면 $s>b$에 대해서

$$\mathcal{L}\{t^n f(t)\}=(-1)^n \frac{d^n F}{ds^n}(s)$$

이다.

증명 $F(s)=\mathcal{L}\{f(t)\}=\int_0^\infty e^{-st} f(t)\,dt$이면

$$\frac{dF}{ds}(s)=\int_0^\infty \frac{d}{ds}e^{-st} f(t)\,dt=-\int_0^\infty te^{-st} f(t)\,dt$$

$$=-\mathcal{L}\{tf(t)\}$$

이므로

$$\mathcal{L}\{tf(t)\}=-\frac{dF}{ds}(s)$$

가 된다. 또

$$\frac{d^2F}{ds^2}(s)=\int_0^\infty \frac{d^2}{ds^2}e^{-st} f(t)\,dt=\int_0^\infty t^2 e^{-st} f(t)\,dt$$

$$=\mathcal{L}\{t^2 f(t)\}$$

이고, 같은 방법으로

$$\mathcal{L}\{t^n f(t)\}=(-1)^n \frac{d^n F}{ds^n}(s)$$

를 보일 수 있다. ■

예제 3 (a) $f(t)=t\cos 2t$, (b) $f(t)=t^2e^{-3t}$의 라플라스 변환을 구하라.

풀이 (a) $n=1$이고 $F(s)=\mathcal{L}\{\cos 2t\}=\frac{s}{s^2+4}$이므로

$$\mathcal{L}\{t\cos 2t\} = (-1)\frac{d}{ds}\left[\frac{s}{s^2+4}\right] = -\frac{(s^2+4)-s(2s)}{(s^2+4)^2} = \frac{s^2-4}{(s^2+4)^2}$$

이다.

(b) $n=2$이고 $F(s)=\mathcal{L}\{e^{-3t}\}=\dfrac{1}{s+3}$이므로

$$\mathcal{L}\{t^2e^{-3t}\} = (-1)^2\frac{d^2}{ds^2}\left[\frac{1}{s+3}\right] = \frac{d}{ds}\left[-\frac{1}{(s+3)^2}\right] = \frac{2}{(s+3)^3}$$

이다. ■

예제 4 $\mathcal{L}\{t^n\}$을 구하라.

풀이 $\mathcal{L}\{t^n\}=\mathcal{L}\{t^n\cdot 1\}$로 정리 2를 사용하면 $f(t)=1$이고

$$F(s)=\mathcal{L}\{1\}=\frac{1}{s}$$

이다. F의 미분을 구하면

$$\frac{dF}{ds}(s) = -\frac{1}{s^2},$$
$$\frac{d^2F}{ds^2}(s) = \frac{2}{s^3},$$
$$\frac{d^3F}{ds^3}(s) = -\frac{3\cdot 2}{s^4}$$
$$\vdots$$
$$\frac{d^nF}{ds^n}(s) = (-1)^n\frac{n!}{s^{n+1}}$$

이므로

$$\mathcal{L}\{t^n\} = \mathcal{L}\{t^n\cdot 1\} = (-1)^n(-1)^n\frac{n!}{s^{n+1}} = (-1)^{2n}\frac{n!}{s^{n+1}} = \frac{n!}{s^{n+1}}$$

을 얻는다. ■

예제 5 (a) $\mathcal{L}\{t^5\}$, (b) $\mathcal{L}\{8t^3-5t+10\}$, (c) $\mathcal{L}\{t^4e^{-5t}\}$를 구하라.

풀이 (a) $n=5$이므로 $\mathcal{L}\{t^5\}=\dfrac{5!}{s^{5+1}}=\dfrac{120}{s^6}$이다.

(b) 선형성질에 의해서

$$\begin{aligned}\mathcal{L}\{8t^3-5t+10\}&=\mathcal{L}\{8t^3\}-5\mathcal{L}\{t\}+10\mathcal{L}\{1\}\\&=8\frac{3!}{s^4}-5\frac{1}{s^2}+10\frac{1}{s}=\frac{48}{s^4}-\frac{5}{s^2}+\frac{10}{s}\end{aligned}$$

이다.

(c) 이동성질을 사용하여 $f(t)=t^4$, $a=-5$일 때

$$F(s)=\mathcal{L}\{t^4\}=\frac{4!}{s^5}$$

이므로

$$\mathcal{L}\{t^4e^{-5t}\}=F(s+5)=\frac{4!}{(s+5)^5}$$

이다. ■

표 8.1 자주 사용하는 함수의 라플라스 변환

$f(t)$	$F(s)=\mathcal{L}\{f(t)\}$	$f(t)$	$F(s)=\mathcal{L}\{f(t)\}$
1	$\dfrac{1}{s},\ s>0$	$t^n,\ n=1,2,3,\ldots$	$\dfrac{n!}{s^{n+1}},\ s>0$
e^{at}	$\dfrac{1}{s-a},\ s>a$	$t^ne^{at}, n=1,2,3,\ldots$	$\dfrac{n!}{(s-a)^{n+1}},\ s>a$
$\sin kt$	$\dfrac{k}{s^2+k^2}$	$e^{at}\sin kt$	$\dfrac{k}{(s-a)^2+k^2}$
$\cos kt$	$\dfrac{s}{s^2+k^2}$	$e^{at}\cos kt$	$\dfrac{s-a}{(s-a)^2+k^2}$
$\sinh kt$	$\dfrac{k}{s^2-k^2}$	$e^{at}\sinh kt$	$\dfrac{k}{(s-a)^2-k^2}$
$\cosh kt$	$\dfrac{s}{s^2-k^2}$	$e^{at}\cosh kt$	$\dfrac{s-a}{(s-a)^2-k^2}$

연습문제 8.2

※ 다음에 주어진 함수의 라플라스 변환을 구하라.

1. $f(t) = -16e^{2t}$
2. $f(t) = t^7$
3. $f(t) = t^2 e^{-3t}$
4. $f(t) = t^5 e^{-4t}$
5. $f(t) = t\cos 3t$
6. $f(t) = 3t\sin t$
7. $f(t) = t\sinh 7t$
8. $f(t) = e^{7t}\cosh t$
9. $f(t) = e^{-2t}\cos 4t$
10. $f(t) = e^{-2t}\sin 7t$
11. $f(t) = e^{5t}\cos 7t$
12. $f(t) = 2e^{-2t}\sinh t$
13. $f(t) = \sin 4t + 4t\cos 4t$
14. $f(t) = t^3\sin 2t$
15. $f(t) = \frac{t}{6}\sin 3t$
16. 매클로린(Maclaurin) 급수 $\sin t = \sum_{n=0}^{\infty} \frac{(-1)^n t^{2n+1}}{(2n+1)!}$ 를 사용하여 $\mathcal{L}\{\sin t\} = \frac{1}{s^2+1}$ 임을 보여라.
17. $\mathcal{L}\{\cos^2 kt\}$를 구하라.
18. $\cosh kt = \frac{e^{kt}+e^{-kt}}{2}$ 와 $\sinh kt = \frac{e^{kt}-e^{-kt}}{2}$ 를 사용하여 다음을 보여라.

    (a) $\mathcal{L}\{\cosh kt\} = \frac{s}{s^2-k^2}$ (b) $\mathcal{L}\{\sinh kt\} = \frac{k}{s^2-k^2}$

8.3 라플라스 역변환

라플라스 역변환의 정의

8.2절에서는 주어진 함수의 라플라스 변환을 구하는 것에 대해 설명하였는데 이 절에서는 그것의 역과정에 대해서 설명한다. 즉 $F(s)$가 주어졌을 때 $\mathcal{L}\{f(t)\}=F(s)$를 만족하는 $f(t)$를 구해보자.

예제 1 (a) $F(s)=\dfrac{1}{s-6}$ (b) $F(s)=\dfrac{2}{s^2+4}$

(c) $F(s)=\dfrac{6}{s^4}$ (d) $F(s)=\dfrac{6}{(s+2)^4}$

의 역 라플라스 변환을 구하라.

풀이 (a) $\mathcal{L}\{e^{6t}\}=\dfrac{1}{s-6}$ 이므로 $\mathcal{L}^{-1}\left\{\dfrac{1}{s-6}\right\}=e^{6t}$ 이다.

(b) $\mathcal{L}\{\sin 2t\}=\dfrac{2}{s^2+2^2}=\dfrac{2}{s^2+4}$ 이므로

$$\mathcal{L}^{-1}\left\{\frac{2}{s^2+4}\right\}=\sin 2t$$

이다.

(c) $\mathcal{L}\{t^3\}=\dfrac{3!}{s^4}=\dfrac{6}{s^4}$ 이므로 $\mathcal{L}^{-1}\left\{\dfrac{6}{s^4}\right\}=t^3$ 이다.

(d) $F(s)=\dfrac{6}{(s+2)^4}$ 은 $F(s)=\dfrac{6}{s^4}$ 에서 s를 $s+2$로 바꾼 것이므로 이동성질에 의해서

$$\mathcal{L}\{e^{-2t}t^3\}=\frac{6}{(s+2)^4} \text{ 이고, } \mathcal{L}^{-1}\left\{\frac{6}{(s+2)^4}\right\}=e^{-2t}t^3$$

이다. ■

| 정리 1 | 라플라스 역변환의 선형성질

$\mathcal{L}^{-1}\{F(s)\}$와 $\mathcal{L}^{-1}\{G(s)\}$가 존재하고 $[0, \infty)$에서 연속일 때 상수 a, b 에 대해서

$$\mathcal{L}^{-1}\{aF(s)+bG(s)\} = a\mathcal{L}^{-1}\{F(s)\}+b\mathcal{L}^{-1}\{G(s)\}$$

를 만족한다.

예제 2 (a) $F(s)=\frac{1}{s^3}$, (b) $F(s)=-\frac{7}{s^2+16}$, (c) $F(s)=\frac{5}{s}-\frac{2}{s-10}$ 의 라플라스 역변환을 구하라.

풀이 (a) $\mathcal{L}^{-1}\left\{\frac{1}{s^3}\right\}=\mathcal{L}^{-1}\left\{\frac{1}{2}\cdot\frac{2}{s^3}\right\}=\frac{1}{2}\mathcal{L}^{-1}\left\{\frac{2}{s^2}\right\}=\frac{1}{2}t^2$

(b) $\mathcal{L}^{-1}\left\{-\frac{7}{s^2+16}\right\}=-7\mathcal{L}^{-1}\left\{\frac{1}{s^2+16}\right\}=-7\mathcal{L}^{-1}\left\{\frac{1}{4}\frac{4}{s^2+4^2}\right\}$

$=-\frac{7}{4}\mathcal{L}^{-1}\left\{\frac{4}{s^2+4^2}\right\}=-\frac{7}{4}\sin 4t$

(c) $\mathcal{L}^{-1}\left\{\frac{5}{s}-\frac{2}{s-10}\right\}=5\mathcal{L}^{-1}\left\{\frac{1}{s}\right\}-2\mathcal{L}^{-1}\left\{\frac{1}{s-10}\right\}=5-2e^{10t}$. ■

예제 3 $F(s)=\frac{2s-9}{s^2+25}$ 의 라플라스 역변환을 구하라.

풀이

$$\mathcal{L}^{-1}\left\{\frac{2s-9}{s^2+25}\right\}=2\mathcal{L}^{-1}\left\{\frac{s}{s^2+25}\right\}-9\mathcal{L}^{-1}\left\{\frac{1}{s^2+25}\right\}$$
$$=2\mathcal{L}^{-1}\left\{\frac{s}{s^2+25}\right\}-\frac{9}{5}\mathcal{L}^{-1}\left\{\frac{5}{s^2+25}\right\}$$
$$=2\cos 5t-\frac{9}{5}\sin 5t.$$
■

예제 4 $\mathcal{L}^{-1}\left\{\frac{s}{s^2+2s+5}\right\}$ 를 구하라.

풀이 분모를 완전제곱 형태로 바꾸면

$$\frac{s}{s^2+2s+5}=\frac{s}{(s^2+2s+1)+4}=\frac{s}{(s+1)^2+4}=\frac{(s+1)-1}{(s+1)^2+4}$$

이므로

$$\begin{aligned}\mathcal{L}^{-1}\left\{\frac{s}{s^2+2s+5}\right\}&=\mathcal{L}^{-1}\left\{\frac{(s+1)-1}{(s+1)^2+4}\right\}\\&=\mathcal{L}^{-1}\left\{\frac{(s+1)}{(s+1)^2+4}\right\}-\frac{1}{2}\mathcal{L}^{-1}\left\{\frac{2}{(s+1)^2+4}\right\}\\&=e^{-t}\cos 2t-\frac{1}{2}e^{-t}\sin 2t\end{aligned}$$

를 얻는다. ■

많은 경우에 라플라스 역변환을 구하기 위해서 부분분수 방법을 이용한다. $P(s)$와 $Q(s)$가 m 차와 n 차의 다항식일 때 $F(s)=\dfrac{P(s)}{Q(s)}$라 하자. $n>m$이면 다음과 같이 부분분수 방법을 적용할 수 있다.

선형인수(반복되지 않는 경우)

$Q(s)$가 서로 다른 선형인수의 곱

$$Q(s)=(s-q_1)(s-q_2)\cdots(s-q_n)$$

으로 나타나면 $F(s)$는 $A_1, \cdots, A_n$이 상수일 때

$$F(s)=\frac{A_1}{s-q_1}+\frac{A_2}{s-q_2}+\cdots+\frac{A_n}{s-q_n}$$

으로 표현된다.

예제 5 $\mathcal{L}^{-1}\left\{\dfrac{3s-4}{s(s-4)}\right\}$를 구하라.

풀이 $F(s)=\dfrac{3s-4}{s(s-4)}=\dfrac{A}{s}+\dfrac{B}{s-4}$이므로 양변에 $s(s-4)$를 곱하여 분모를

없애주면

$$3s-4=A(s-4)+Bs=(A+B)s-4A$$

를 얻고 계수를 비교하면

$$\begin{cases} A+B=3 \\ -4A=-4 \end{cases}$$

이므로 $A=1$, $B=2$를 얻는다. 그러므로

$$\frac{3s-4}{s(s-4)}=\frac{A}{s}+\frac{B}{s-4}=\frac{1}{s}+\frac{2}{s-4}$$

이고

$$\mathcal{L}^{-1}\left\{\frac{3s-4}{s(s-4)}\right\}=\mathcal{L}^{-1}\left\{\frac{1}{s}+\frac{2}{s-4}\right\}=1+2e^{4t}.$$ ■

반복되는 선형인수

$(s-q)$가 중복도 k인 $Q(s)$의 인수라 할 때 이 인수에 상응하는 $F(s)$의 부분분수 전개는 $A_1, \cdots, A_k$가 상수일 때

$$\frac{A}{s-q}+\frac{A_2}{(s-q)^2}+\cdots+\frac{A_k}{(s-q)^k}$$

이다.

예제 6 $\mathcal{L}^{-1}\left\{\frac{5s^2+20s+6}{s^3+2s^2+s}\right\}$를 구하라.

풀이 분모를 인수분해하면

$$\frac{5s^2+20s+6}{s^3+2s^2+s}=\frac{5s^2+20s+6}{s(s^2+2s+1)}=\frac{5s^2+20s+6}{s(s+1)^2}$$
$$=\frac{A}{s}+\frac{B}{s+1}+\frac{C}{(s+1)^2}$$

이고 분모를 소거하면

$$5s^2+20s+6=A(s+1)^2+Bs(s+1)+Cs$$

$$= (A+B)s^2 + (2A+B+C)s + A$$

이다. 이것의 양변의 계수를 비교하여

$$\begin{cases} A+B=5 \\ 2A+B+C=20 \\ A=6 \end{cases}$$

을 얻고 이것으로부터 $A=6,\ B=-1,\ C=9$을 구할 수 있다. 그러므로

$$\frac{5s^2+20s+6}{s^3+2s^2+s} = \frac{A}{s} + \frac{B}{s+1} + \frac{C}{(s+1)^2} = \frac{6}{s} - \frac{1}{s+1} + \frac{9}{(s+1)^2}$$

이고

$$\begin{aligned} \mathcal{L}^{-1}\left\{\frac{5s^2+20s+6}{s^3+2s^2+s}\right\} &= \mathcal{L}^{-1}\left\{\frac{6}{s} - \frac{1}{s+1} + \frac{9}{(s+1)^2}\right\} \\ &= 6\mathcal{L}^{-1}\left\{\frac{1}{s}\right\} - \mathcal{L}^{-1}\left\{\frac{1}{s+1}\right\} + 9\mathcal{L}^{-1}\left\{\frac{1}{(s+1)^2}\right\} \\ &= 6 - e^{-t} + 9te^{-t} \end{aligned}$$

이다. ■

기약 2 차인수

$(s-a)^2+b^2$이 1차 인수로 분해할 수 없는 $Q(s)$의 인수라 하자. 이러한 **기약 2 차인수**(irreducible quadratic factor)가 중복도 k인 $Q(s)$의 인수라 할 때 $(s-a)^2+b^2$에 상응하는 $F(s)$의 부분분수 전개는 $A_1,\ \cdots,\ A_k,\ B_1,\ \cdots,\ B_k$가 상수일 때

$$\frac{A_1 s + B_1}{(s-a)^2+b^2} + \frac{A_2 s + B_2}{[(s-a)^2+b^2]^2} + \cdots \frac{A_k s + B_k}{[(s-a)^2+b^2]^k}$$

이다.

예제 7 $\mathcal{L}^{-1}\left\{\dfrac{2s^3-4s-8}{(s^2-s)(s^2+4)}\right\}$를 구하라.

풀이 분모를 인수분해 하면

$$\frac{2s^3-4s-8}{(s^2-s)(s^2+4)}=\frac{2s^3-4s-8}{s(s-1)(s^2+4)}$$

이고, 기약 2차인수 s^2+4와 두 개의 1차인수 s, $s-1$을 가지므로

$$\frac{2s^3-4s-8}{s(s-1)(s^2+4)}=\frac{A}{s}+\frac{B}{s-1}+\frac{Cs+D}{s^2+4}$$

이며, 분모를 소거하면

$$\begin{aligned}2s^3-4s-8 &= A(s-1)(s^2+4)+Bs(s^2+4)+(Cs+D)s(s-1)\\ &=(A+B+C)s^3+(-A+D-C)s^2+(4A+4B-D)s-4A\end{aligned}$$

이다. 양변의 계수를 비교하면

$$\begin{cases}A+B+C=2\\ -A+D-C=0\\ 4A+4B-D=-4\\ -4A=-8\end{cases}$$

이고 $A=2$, $B=-2$, $C=2$, $D=4$를 구할 수 있다. 그러므로

$$\frac{2s^3-4s-8}{s(s-1)(s^2+4)}=\frac{A}{s}+\frac{B}{s-1}+\frac{Cs+D}{s^2+4}=\frac{2}{s}-\frac{2}{s-1}+\frac{2s+4}{s^2+4}$$

이고

$$\begin{aligned}\mathcal{L}^{-1}\left\{\frac{2s^3-4s-8}{s(s-1)(s^2+4)}\right\}&=2\mathcal{L}^{-1}\left\{\frac{1}{s}\right\}-2\mathcal{L}^{-1}\left\{\frac{1}{s-1}\right\}\\ &\quad+2\mathcal{L}^{-1}\left\{\frac{s}{s^2+4}\right\}+2\mathcal{L}^{-1}\left\{\frac{2}{s^2+4}\right\}\\ &=2-2e^t+2\cos 2t+2\sin 2t\end{aligned}$$

이다. ■

적분의 라플라스 변환

| 정리 2 | 적분의 라플라스 변환

$f(t)$가 $[0, \infty)$에서 구분적 연속이고 지수적 계수 b를 가질 때 라 하면 $s > b$에 대해서

$$\mathcal{L}\left\{\int_0^t f(\alpha)d\alpha\right\} = \frac{\mathcal{L}\{f(t)\}}{s}$$

이다. 즉 $\mathcal{L}^{-1}\left\{\frac{\mathcal{L}\{f(t)\}}{s}\right\} = \int_0^t f(\alpha)d\alpha$이다.

예제 8 $\mathcal{L}^{-1}\left\{\frac{1}{s(s+2)}\right\}$를 구하라.

풀이 $\frac{1}{s(s+1)} = \frac{\frac{1}{s+2}}{s}$이므로 $\mathcal{L}\{f(t)\} = \frac{1}{s+2}$이고

$$f(t) = \mathcal{L}^{-1}\left\{\frac{1}{s+2}\right\} = e^{-2t}$$

이다. 위의 정리로부터

$$\mathcal{L}^{-1}\left\{\frac{1}{s(s+2)}\right\} = \int_0^t e^{-2\alpha}\,d\alpha = \frac{1-e^{-2t}}{2}$$

이고, $\frac{1}{s(s+1)}$에 대한 부분분수를 사용하여도 같은 결과를 얻는다. 즉

$$\frac{1}{s(s+1)} = \frac{1}{2s} - \frac{1}{2(s+2)}$$

이므로

$$\mathcal{L}^{-1}\left\{\frac{1}{s(s+2)}\right\} = \mathcal{L}^{-1}\left\{\frac{1}{2s} - \frac{1}{2(s+2)}\right\} = \frac{1}{2} - \frac{1}{2}e^{-2t}$$

이다. ■

다음 정리는 $F(s)$의 라플라스 역변환이 존재하지 않는 것을 보일 때에 매우 유

용하다.

| 정리 3 |

$f(t)$가 $[0, \infty)$에서 구분적 연속이고 지수적 계수 b를 가질 때

$$\lim_{s \to \infty} F(s) = \lim_{s \to \infty} \mathcal{L}\{f(t)\} = 0$$

이다.

예제 9 (a) $F(s) = \dfrac{2s}{s-6}$ (b) $F(s) = \dfrac{s^3}{s^2+16}$ 의 라플라스 역변환이 존재하지 않음을 보여라.

풀이 (a) $\lim_{s\to\infty} F(s) = \lim_{s\to\infty} \dfrac{2s}{s-6} = 2 \neq 0$이므로 $\mathcal{L}^{-1}\left\{\dfrac{2s}{s-6}\right\}$는 존재하지 않는다.

(b) $\lim_{s\to\infty} F(s) = \lim_{s\to\infty} \dfrac{s^3}{s^2+16} = \infty \neq 0$이므로 $\mathcal{L}^{-1}\left\{\dfrac{s^3}{s^2+16}\right\}$는 존재하지 않는다. ■

연습문제 8.3

※ 다음에 주어진 함수의 라플라스 역변환을 구하라.

1. $\dfrac{1}{s^2}$
2. $\dfrac{1}{(s-2)^2}$
3. $\dfrac{1}{(s+6)^3}$
4. $\dfrac{4}{(s-3)^2}$
5. $\dfrac{s}{s^2+16}$
6. $\dfrac{s}{s^2-5s-14}$
7. $\dfrac{s-2}{s^2-4s}$
8. $\dfrac{s-7}{s^2-14s+48}$

9. $\dfrac{1}{s^2-4s-12}$

10. $\dfrac{1}{s^2-2s+2}$

11. $\dfrac{s-1}{s^2-2s+50}$

12. $\dfrac{s+2}{s^2+4s+8}$

13. $\dfrac{s-7}{s^2-14s+50}$

14. $\dfrac{1}{s^2(s^2+4)}$

15. $\dfrac{4-s^2}{(s^2+4)}$

16. $\dfrac{s^3-75s}{(s^2+25)^3}$

17. $\dfrac{s^3+3s}{(s^2-1)^3}$

18. $\dfrac{s^3+147s}{(s^2-49)^3}$

19. $\dfrac{6-8s+s^2-2s^3}{24+10s^2+s^4}$

20. $\dfrac{-28+48s-12s^2+s^3}{380-196s+72s^2-14s^3+s^4}$

21. 다음에 주어진 함들의 라플라스 역변환이 존재하는지를 확인하여라.

(a) $F(s)=\dfrac{s}{4-s}$

(b) $F(s)=\dfrac{3s}{s+1}$

(c) $F(s)=\dfrac{s^2}{4s+10}$

(d) $F(s)=5\dfrac{s^3}{s^2+1}$

8.4 라플라스 변환을 이용한 초기값 문제 해법

라플라스 변환은 초기값 문제를 푸는 데 이용할 수 있다. 특히, n계의 선형인 계수가 상수인 미분방정식

$$\begin{cases} a_n y^{(n)} + a_{n-1} y^{(n-1)} + \cdots + a_1 y' + a_0 y = f(t) \\ y(0) = y_0,\ y'(0) = y_0',\ \cdots,\ y^{(n-1)}(0) = y_0^{n-1} \end{cases}$$

의 해를 구할 때에 다음과 같은 과정을 통해서 해를 구할 수 있다.

과정 1. 미분방정식의 각 항에 라플라스 변환을 취해서 각 라플라스 변환을 구한다.
과정 2. $\mathcal{L}\{y(t)\} = Y(s)$형태의 간단한 대수적 방정식을 구한다.
과정 3. $Y(s)$의 라플라스 역변환을 계산함으로써 $y(t)$를 구한다.

이 방법은 라플라스 변환의 성질 중의 하나인

$$\mathcal{L}\left\{f^{(n)}(t)\right\} = s^n \mathcal{L}\{f(t)\} - s^{s-1} f(0) - \cdots - s f^{(n-2)}(0) - f^{(n-1)}(0)$$

을 사용해서 주어진 미분방정식을 $\mathcal{L}\{f(t)\}$에 대해서 풀 수 있는 간단한 **대수적 방정식**(algebraic equation)으로 변환할 수 있는 이점이 있다.

예제 1 초기값 문제 $y' - 4y = e^{4t}$, $y(0) = 0$를 풀어라.

풀이 주어진 미분방정식의 양변에 라플라스 변환을 취하면

$$\mathcal{L}\{y'\} = sY(s) - y(0) = sY(s)$$

이므로

$$\mathcal{L}\{y' - 4y\} = \mathcal{L}\left\{e^{4t}\right\}$$

$$\mathcal{L}\{y'\} - 4\mathcal{L}\{y\} = \frac{1}{s-4}$$

$$sY(s) - y(0) - 4Y(s) = \frac{1}{s-4}$$

$$(s-4)Y(s)=\frac{1}{s-4}$$

이다. 이제 $Y(s)$에 대해서 풀면 $Y(s)=\dfrac{1}{(s-4)^2}$이고, $\mathcal{L}\{t\}=\dfrac{1}{s^2}$과 변환의 제 1 이동성질을 이용하여

$$y(t)=\mathcal{L}^{-1}\left\{\frac{1}{(s-4)^2}\right\}=t\,e^{4t}$$

의 해를 얻는다. ■

위의 예에서 보는 바와 같이 라플라스 변환은 비동차방정식을 푸는 데 매우 유용하다. 제 4 장에서 배운 미정계수법이나 매개변수방법으로 어렵게 구한 문제들을 라플라스 변환을 사용하면 쉽게 풀 수도 있다.

예제 2 $y''+4y=e^{-t}\cos 2t,\ y(0)=0,\ y'(0)=-1$을 라플라스 변환을 사용하여 풀어라.

풀이 $Y(s)=\mathcal{L}\{y(t)\}$라 하면 $\mathcal{L}\{y''+4y\}=\mathcal{L}\{e^{-t}\cos 2t\}$이다.

$$\mathcal{L}\{y''+4y\}=\mathcal{L}\{y''\}+4\mathcal{L}\{y\}=s^2Y(s)-sy(0)-y'(0)+4Y(s)$$

이고 $\mathcal{L}\{e^{-t}\cos 2t\}=\dfrac{s+1}{(s+1)^2+4}$이므로 방정식은

$$s^2Y(s)-sy(0)-y'(0)+4Y(s)=\frac{s+1}{(s+1)^2+4}$$

가 되며 여기에 초기값 $y(0)=0,\ y'(0)=-1$을 대입하면

$$s^2Y(s)+1+4Y(s)=\frac{s+1}{(s+1)^2+4}$$

을 얻는다. 이것을 $Y(s)$에 대해서 풀면

$$s^2Y(s)+4Y(s)=\frac{-s^2-s-4}{(s+1)^2+4},$$

$$Y(s)=\frac{-s^2-s-4}{(s^2+4)[(s+1)^2+4]}$$

이며, 역변환을 구하기 위해서 8.3절에서 다룬 부분분수방법을 사용하면

$$y(t) = \mathcal{L}^{-1}\{Y(s)\} = \mathcal{L}^{-1}\left\{\frac{-s^2-s-4}{(s^2+4)[(s+1)^2+4]}\right\}$$

$$= \mathcal{L}^{-1}\left\{\frac{-8}{17(s^2+4)} - \frac{s}{17(s^2+4)} + \frac{s+1}{17[(s+1)^2+4]} - \frac{8}{17[(s+1)^2+4]}\right\}$$

$$= -\frac{4}{17}\sin 2t - \frac{1}{17}\cos 2t + \frac{1}{17}e^{-t}\cos 2t - \frac{4}{17}e^{-t}\sin 2t$$

이다. ■

예제 3 $y'' - 4y' + 4y = te^{2t}$, $y(0) = 0$, $y'(0) = 1$을 라플라스 변환을 사용하여 풀어라.

풀이 $Y(s) = \mathcal{L}\{y(t)\}$일 때 방정식의 양변에 라플라스 변환을 취하면

$$\mathcal{L}\{y'' - 4y' + 4y\} = \mathcal{L}\{te^{2t}\}$$

$$\mathcal{L}\{y''\} - 4\mathcal{L}\{y'\} + 4\mathcal{L}\{y\} = \frac{1}{(s-2)^2}$$

$$s^2Y(s) - sy(0) - y'(0) - 4[sY(s) - y(0)] + 4Y(s) = \frac{1}{(s-2)^2}$$

$$(s^2 - 4s + 4)Y(s) - 1 = \frac{1}{(s-2)^2}$$

$$(s-2)^2 Y(s) = \frac{1}{(s-2)^2} + 1$$

이므로 $Y(s)$에 대해서 풀면

$$Y(s) = \frac{1}{(s-2)^4} + \frac{1}{(s-2)^2}$$

이고, 라플라스 역변환을 구하면

$$y(t) = \mathcal{L}^{-1}\{Y(s)\} = \mathcal{L}^{-1}\left\{\frac{1}{(s-2)^4} + \frac{1}{(s-2)^2}\right\}$$

$$= \mathcal{L}^{-1}\left\{\frac{1}{(s-2)^4}\right\} + \mathcal{L}^{-1}\left\{\frac{1}{(s-2)^2}\right\}$$

$$= \frac{1}{3!}\mathcal{L}^{-1}\left\{\frac{3!}{(s-2)^4}\right\} + \mathcal{L}^{-1}\left\{\frac{1}{(s-2)^2}\right\}$$

$$= \frac{1}{6}t^3e^{2t} + te^{2t}$$

를 얻는다. ■

• 계수가 상수가 아닌 어떤 초기값 문제는 라플라스 변환을 사용하여 풀 수 있다. 그러나 계수가 상수가 아닌 방정식을 푸는 데에 적용할 수 있는 일반적인 방법은 아니다.

예제 4 $y'' + 4ty' - 8y = 4,\ y(0) = 0,\ y'(0) = 0$을 풀어라.

풀이 먼저 양변에 라플라스 변환을 취하기 위하여 라플라스 변환의 성질

$$\mathcal{L}\{t^n f(t)\} = (-1)^n \frac{d^n F}{ds^n}(s) = (-1)^n \frac{d^n}{ds^n}\mathcal{L}\{f(t)\}$$

을 이용하면

$$\mathcal{L}\{ty'(t)\} = -\frac{d}{dx}[\mathcal{L}\{y'(t)\}] \text{ 이고 } \mathcal{L}\{y'(t)\} = sY(s) - y(0)$$

이므로

$$\begin{aligned}\mathcal{L}\{ty'(t)\} &= -\frac{d}{ds}[\mathcal{L}\{y'(t)\}] = -\frac{d}{ds}[sY(s) - y(0)] \\ &= -sY'(s) - Y(s)\end{aligned}$$

이고

$$\begin{aligned}\mathcal{L}\{y''(t)\} + 4\mathcal{L}\{ty'(t)\} - 8\mathcal{L}\{y(t)\} &= 4\mathcal{L}\{1\} \\ s^2 Y(s) - sy(0) - y'(0) + 4[-sY'(s) - Y(s)] - 8Y(s) &= \frac{4}{s} \\ (s^2 - 12)Y(s) - 4sY'(s) &= \frac{4}{s}\end{aligned}$$

를 얻는다. 이것을 $Y'(s) + \left(\frac{3}{s} - \frac{s}{4}\right)Y(s) = -\frac{1}{s^2}$로 쓰면 선형 1계미분방정식이고 적분인자는

$$\mu = e^{\int\left(\frac{3}{s} - \frac{s}{4}\right)ds} = e^{3\ln s - \frac{s^2}{8}} = s^3 e^{-\frac{s^2}{8}}$$

이므로

$$\frac{d}{ds}\left[s^3 e^{-\frac{s^2}{8}} Y(s)\right] = s^3 e^{-\frac{s^2}{8}}\left(-\frac{1}{s^2}\right) = -se^{-\frac{s^2}{8}}$$

이고, 이것을 적분하면

$$s^3 e^{-\frac{s^2}{8}} Y(s) = 4e^{-\frac{s^2}{8}} + C$$

$$Y(s) = \frac{4}{s^3} + \frac{Ce^{\frac{s^2}{8}}}{s^3}$$

이다. 그런데 $y(t) = \mathcal{L}^{-1}\{Y(s)\}$ 가 존재하기 위해서는 $\lim_{s\to\infty} Y(s) = 0$ 이어야 하므로 $C = 0$ 이어야 한다. 그러므로 $Y(s) = \frac{4}{s^3}$ 이며 초기값 문제의 해는

$$y(t) = \mathcal{L}^{-1}\left\{\frac{4}{s^3}\right\} = 2\mathcal{L}^{-1}\left\{\frac{2}{s^3}\right\} = 2t^2$$

이다. ■

고계의 초기값 문제도 라플라스 변환을 사용하여 풀 수 있다.

예제 5 $y''' + y'' - 6y' = \sin t$, $y(0) = y'(0) = y''(0) = 0$을 풀어라.

풀이 라플라스 변환을 주어진 방정식의 양변에 취하면

$$\mathcal{L}\{y'''\} + \mathcal{L}\{y''\} - 6\mathcal{L}\{y'\} = \mathcal{L}\{\sin t\}$$

$$s^3 Y(s) - s^2 y(0) - sy'(0) - y''(0) + s^2 Y(s) - sy(0) - y'(0)$$
$$- 6sY(s) + 6y(0) = \frac{1}{s^2+1}$$

$$(s^3 + s^2 - 6s)Y(s) = \frac{1}{s^2+1}$$

이며 $Y(s)$ 에 대해서 풀면

$$Y(s) = \frac{1}{(s^2+1)(s^3+s^2-6s)} = \frac{1}{(s^2+1)s(s^2+s-6)}$$
$$= \frac{1}{(s^2+1)s(s+3)(s-2)}$$

을 얻으며 부분분수를 사용하여 다시 쓰면

$$Y(s) = \frac{1}{(s^2+1)s(s+3)(s-2)} = \frac{As+B}{s^2+1} + \frac{C}{s} + \frac{D}{s+3} + \frac{E}{s-2}$$

이므로

$$\begin{cases} A + C + D + E = 0 \\ A + B + C - 2D + 3E = 0 \\ B - 2A - 5C + D + E = 0 \\ -6B + C - 2D + E = 0 \\ -6C = 1 \end{cases}$$

을 얻고

$$A = \frac{7}{50}, \quad B = -\frac{1}{50}, \quad C = -\frac{1}{6}, \quad D = \frac{1}{150}, \quad E = \frac{1}{50}$$

를 구할 수 있다. 그러므로

$$Y(s) = \frac{1}{50}\left(\frac{7s-1}{s^2+1}\right) - \frac{1}{6}\left(\frac{1}{s}\right) + \frac{1}{150}\left(\frac{1}{s+3}\right) + \frac{1}{50}\left(\frac{1}{s-2}\right)$$

에 라플라스 역변환을 취하면 방정식의 해는

$$\begin{aligned} y(t) &= \frac{1}{50}\mathcal{L}^{-1}\left\{\frac{7s-1}{s^2+1}\right\} - \frac{1}{6}\mathcal{L}^{-1}\left\{\frac{1}{s}\right\} \\ &\quad + \frac{1}{150}\mathcal{L}^{-1}\left\{\frac{1}{s+3}\right\} + \frac{1}{50}\mathcal{L}^{-1}\left\{\frac{1}{s-2}\right\} \\ &= \frac{7}{50}\cos t - \frac{1}{50}\sin t - \frac{1}{6} + \frac{1}{150}e^{-3t} + \frac{1}{50}e^{2t} \end{aligned}$$

이다. ■

연습문제 8.4

※ 다음에 주어진 초기값 문제를 라플라스 변환을 사용하여 풀어라.

1. $y'' + 11y' + 24y = 0,\ y(0) = -1,\ y'(0) = 0,\ \left[-\frac{1}{2},\ 1\right]$

2. $y'' + 3y' - 10y = 0,\ y(0) = -1,\ y'(0) = 1,\ \left[-\frac{1}{2}, \frac{3}{2}\right]$
3. $y'' + 4y = 0,\ y(0) = 2,\ y'(0) = 0, [0,\ 2\pi]$
4. $y''' - 4y'' - 9y' + 36y = 0,$
   $y(0) = 1,\ y'(0) = 0,\ y''(0) = -1,\ [-1,\ 1]$
5. $y''' + y'' + 4y' + 4y = 0,$
   $y(0) = -5,\ y'(0) = 0,\ y''(0) = 0,\ [0,\ 3\pi]$
6. $y'' - 12y' + 40y = \sin(2t),$
   $y(0) = 1,\ y'(0) = 0,\ \left[-\pi, \frac{\pi}{4}\right]$
7. $y'' - y' - 12y = e^{2t} - \sin(t),$
   $y(0) = -1,\ y'(0) = 1,\ [-1,\ 1]$
8. $y'' + 3ty' - 6y = 3,\ y(0) = 0,\ y'(0) = 0$
9. $y'' + 2ty' - 4y = 2,\ y(0) = 0,\ y'(0) = 0$
10. 초기값 문제

$$ty'' + y' + ty = 0,\ y(0) = 1,\ y'(0) = 0$$

의 해가 $y = J_0(t)$ (계수 0의 베셀 함수)일 때 라플라스 변환을 사용하여

$$\mathcal{L}\{y(t)\} = \mathcal{L}\{J_0(t)\} = \frac{k}{\sqrt{s^2+1}},\ (k \text{ 는 상수})$$

임을 보여라.

8.5 특별히 정의된 함수의 라플라스 변환

단위계단함수

정리 1 단위계단함수

a가 주어진 상수일 때 **단위계단함수**(unit step function)는

$$\mathscr{U}(t-a)=\begin{cases}0, & 0 \leqq t < a \\ 1, & t \geqq a\end{cases}$$

로 정의된다.(그림 8.3)

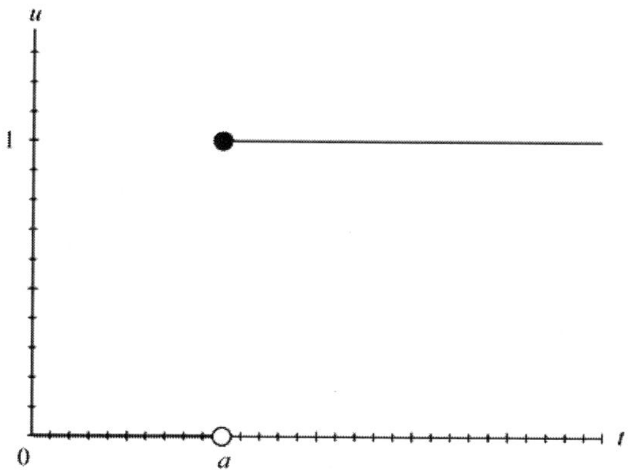

그림 8.3

예제 1 (a) $\mathscr{U}(t-5)$, (b) $\mathscr{U}(t)$의 그래프를 그려라.

풀이 (a) $\mathscr{U}(t-5)=\begin{cases}0, & 0 \leqq t < 5 \\ 1, & t \geqq 5\end{cases}$이므로 그림 8.4과 같다.

(b) $\mathscr{U}(t)=\mathscr{U}(t-0)$이므로 $\mathscr{U}(t)=1,\ t \geqq 0$이다(그림 8.5). ■

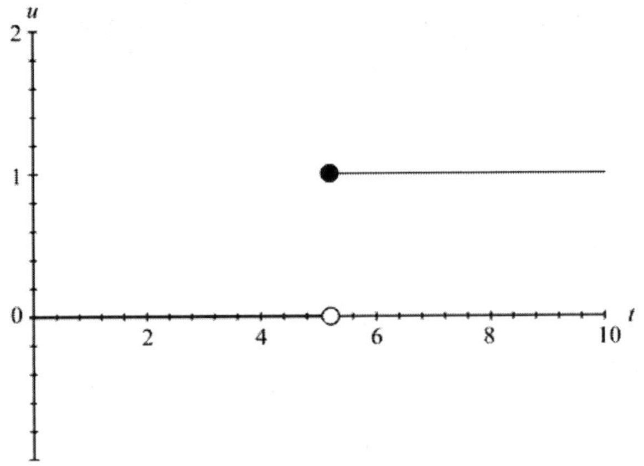

그림 8.4

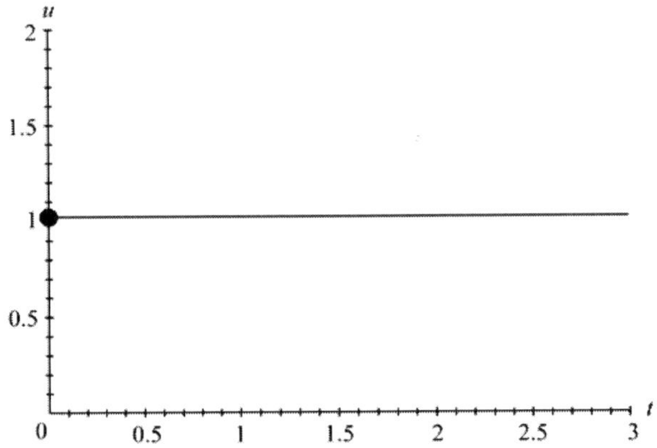

그림 8.5

단위계단함수는 구분적으로 연속인 함수를 정의하는 데 유용하게 쓸 수 있다. $f(t) = \mathscr{U}(t-a) - \mathscr{U}(t-b)$일 때 $0 \leqq t < a$이면 $f(t) = 0 - 0 = 0$이고 $a \leqq t < b$이면 $f(t) = 1 - 0 = 1$이며, $t \geqq b$이면 $f(t) = 1 - 1 = 0$이므로

$$\mathscr{U}(t-a) - \mathscr{U}(t-b) = \begin{cases} 0 & , 0 \leqq t < a \\ 1 & , a \leqq t < b \\ 0 & , t \geqq b \end{cases}$$

이다. 그러므로 함수 $g(t) = \begin{cases} 0, & 0 \leqq t < a \\ h(t), & a \leqq t < b \\ 0, & t \geqq b \end{cases}$를

$$g(t) = h(t)[\mathscr{U}(t-a) - \mathscr{U}(t-b)]$$

로 정의할 수 있으며 마찬가지로 $f(t) = \begin{cases} g(t), & 0 \leqq t < a \\ h(t), & t \geqq a \end{cases}$는

$$\begin{aligned} f(t) &= g(t)[\mathscr{U}(t-0) - \mathscr{U}(t-a)] + h(t)\mathscr{U}(t-a) \\ &= g(t)[1 - \mathscr{U}(t-a)] + h(t)\mathscr{U}(t-a) \end{aligned}$$

로 표현할 수 있다.

구분적으로 연속인 함수를 단위계단함수로 표현하는 것은 초기값 문제가 이러한 함수를 포함하고 있을 때 라플라스 변환을 구하는 데 매우 유용하게 이용할 수 있다.

정리 1 제2이동성질

$s > b \geqq 0$에 대해서 $F(s) = \mathcal{L}\{f(t)\}$라 할 때 a가 양의 상수이면

$$\mathcal{L}\{f(t-a)\mathscr{U}(t-a)\} = e^{-as}F(s)$$

이다.

증명 라플라스 변환의 정의를 사용하면

$$\begin{aligned} \mathcal{L}\{f(t-a)\mathscr{U}(t-a)\} &= \int_0^\infty e^{-st} f(t-a)\,\mathscr{U}(t-a)\,dt \\ &= \int_0^a e^{-st} f(t-a)\,\mathscr{U}(t-a)\,dt \\ &\quad + \int_a^\infty e^{-st} f(t-a)\,\mathscr{U}(t-a)\,dt \\ &= \int_a^\infty e^{-st} f(t-a)\,dt \end{aligned}$$

이고 $u = t - a$로 변수를 치환하면

$$\begin{aligned} \int_0^\infty e^{-s(u+a)} f(u)\,du &= e^{-as}\int_0^\infty e^{-su} f(u)\,du \\ &= e^{-as}\,\mathcal{L}\{f(t)\} = e^{-as}F(s) \end{aligned}$$

이다. ■

예제 2 (a) $\mathcal{L}\{\mathcal{U}(t-a)\}$, $a > 0$

(b) $\mathcal{L}\{(t-3)^5\,\mathcal{U}(t-3)\}$

(c) $\mathcal{L}\left\{\sin(t-\frac{\pi}{6})\mathcal{U}(t-\frac{\pi}{6})\right\}$

를 구하라.

풀이 (a) $\mathcal{L}\{\mathcal{U}(t-a)\}=\mathcal{L}\{1\cdot\mathcal{U}(t-a)\}$이므로 $f(t)=1$이고 $f(t-a)=1$이 되어

$$\mathcal{L}\{\mathcal{U}(t-a)\}=\mathcal{L}\{1\cdot\mathcal{U}(t-a)\}=e^{-as}\mathcal{L}\{1\}=e^{-as}\left(\frac{1}{s}\right)=\frac{e^{-as}}{s}$$

를 얻는다.

(b) $a=3$, $f(t)=t^5$이므로

$$\mathcal{L}\{(t-3)^5\,\mathcal{U}(t-3)\}=e^{-3s}\mathcal{L}\{t^5\}=e^{-3s}\frac{5!}{s^6}=\frac{120}{s^6}e^{-3s}$$

이다.

(c) $a=\frac{\pi}{6}$, $f(t)=\sin t$이므로

$$\begin{aligned}\mathcal{L}\left\{\sin\left(t-\frac{\pi}{6}\right)\,\mathcal{U}\left(t-\frac{\pi}{6}\right)\right\}&=e^{-\frac{\pi s}{6}}\mathcal{L}\{\sin t\}\\&=e^{-\frac{\pi s}{6}}\frac{1}{s^2+1}=\frac{e^{-\frac{\pi s}{6}}}{s^2+1}\end{aligned}$$

이다. ■

많은 경우에 $\mathcal{L}\{f(t-a)\mathcal{U}(t-a)\}$보다는 $\mathcal{L}\{g(t)\mathcal{U}(t-a)\}$를 계산해야 하는데 이 경우에 $g(t)=f(t-a)$라 놓으면

$$f(t)=g(t+a)$$

이고

$$\mathcal{L}\{g(t)\,\mathcal{U}(t-a)\}=e^{-as}\mathcal{L}\{g(t+a)\}$$

을 얻을 수 있다.

예제 3 (a) $\mathcal{L}\{t^2\,\mathscr{U}(t-1)\}$, (b) $\mathcal{L}\{\sin t\,\mathscr{U}(t-\pi)\}$를 구하라.

풀이 (a) $g(t)=t^2$, $a=1$이므로

$$\mathcal{L}\{t^2\,\mathscr{U}(t-1)\}=e^{-s}\mathcal{L}\{(t+1)^2\}=e^{-s}\mathcal{L}\{t^2+2t+1\}$$
$$=e^{-s}\left(\frac{2}{s^3}+\frac{2}{s^2}+\frac{1}{s}\right)$$

이다.

(b) $g(t)=\sin t$, $a=\pi$ 이고

$$\sin(t+\pi)=\sin t\cos\pi+\cos t\sin\pi=-\sin t$$

이므로

$$\mathcal{L}\{\sin t\,\mathscr{U}(t-\pi)\}=e^{-\pi s}\mathcal{L}\{\sin(t+\pi)\}$$
$$=e^{-\pi s}\mathcal{L}\{-\sin t\}=-e^{-\pi s}\frac{1}{s^2+1}=-\frac{e^{-\pi s}}{s^2+1}$$

이다. ■

| 정리 2 |

$s>b\geq 0$에 대해서 $F(s)=\mathcal{L}\{f(t)\}$가 존재할 때 a가 양의 상수이고 $f(t)$가 $[0,\infty)$ 에서 연속이면

$$\mathcal{L}^{-1}\{e^{-as}F(s)\}=f(t-a)\,\mathscr{U}(t-a)$$

이다.

예제 4 (a) $\mathcal{L}^{-1}\left\{\dfrac{e^{-4s}}{s^3}\right\}$, (b) $\mathcal{L}^{-1}\left\{\dfrac{e^{\frac{-\pi s}{2}}}{s^2+16}\right\}$를 구하라.

풀이 (a) $\dfrac{e^{-4s}}{s^3}$을 $e^{-as}F(s)$형태로 나타내면

$a=4$, $F(s)=\dfrac{1}{s^3}$이므로 $f(t)=\mathcal{L}^{-1}\left\{\dfrac{1}{s^3}\right\}=\dfrac{1}{2}t^2$이고

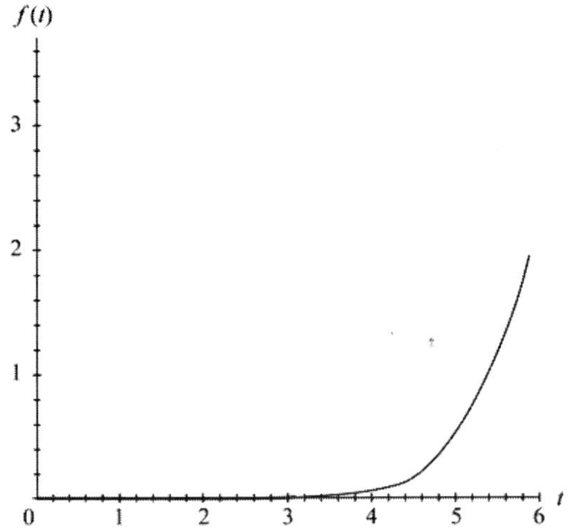

그림 8.6

$$\mathcal{L}^{-1}\left\{\frac{e^{-4s}}{s^3}\right\} = f(t-4)\,\mathcal{U}(t-4) = \frac{1}{2}(t-4)^2\ \mathcal{U}(t-4)$$

가 된다.(그림 8.6)

(b) $a = \dfrac{\pi}{2}$, $F(s) = \dfrac{1}{s^2+16}$ 이므로 $f(t) = \mathcal{L}^{-1}\left\{\dfrac{1}{s^2+16}\right\} = \dfrac{1}{4}sin4t$ 이고

$$\begin{aligned}\mathcal{L}^{-1}\left\{\frac{e^{\frac{-\pi s}{2}}}{s^2+16}\right\} &= f\left(t-\frac{\pi}{2}\right)\mathcal{U}\left(t-\frac{\pi}{2}\right)\\ &= \frac{1}{4}\sin 4\left(t-\frac{\pi}{2}\right)\mathcal{U}\left(t-\frac{\pi}{2}\right)\\ &= \frac{1}{4}\sin(4t-2\pi)\ \mathcal{U}\left(t-\frac{\pi}{2}\right)\\ &= \frac{1}{4}\sin(4t)\ \mathcal{U}\left(t-\frac{\pi}{2}\right)\end{aligned}$$

가 된다.(그림 8.7)

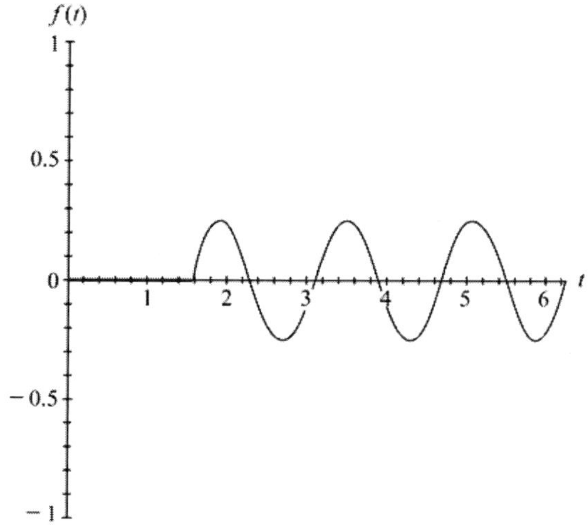

그림 8.7 ■

단위계단함수를 사용하여 비동차항이 구분적 연속함수인 초기값 문제를 풀 수 있다.

예제 5 $y'' + 9y = \begin{cases} 1, & 0 \leqq t < \pi \\ 0, & t \geqq \pi \end{cases}$, $y(0) = y'(0) = 0$를 풀어라.

풀이 단위계단함수를 이용하면 $f(t) = \begin{cases} 1 & ; \quad 0 \leqq t < \pi \\ 0 & ; \quad t \geqq \pi \end{cases}$는

$$\begin{aligned} f(t) &= 1\{\mathscr{U}(t-0) - \mathscr{U}(t-\pi)\} + 0[\mathscr{U}(t-\pi)] \\ &= \mathscr{U}(t) - \mathscr{U}(t-\pi) \end{aligned}$$

로 표현되므로

$$\mathcal{L}\{f(t)\} = \mathcal{L}\{1 - \mathscr{U}(t-\pi)\} = \frac{1}{s} - \frac{e^{-\pi s}}{s}$$

이고 $\mathcal{L}\{y''\} + 9\mathcal{L}\{y\} = \mathcal{L}\{f(t)\}$에서

$$\begin{aligned} s^2 Y(s) - s\,y(0) - y'(0) + 9Y(s) &= \frac{1}{s} - \frac{e^{-\pi s}}{s} \\ (s^2+9)Y(s) &= \frac{1}{s} - \frac{e^{-\pi s}}{s} \end{aligned}$$

$$Y(s) = \frac{1}{s(s^2+9)} - \frac{e^{-\pi s}}{s(s^2+9)}$$

를 얻으므로

$$y(t) = \mathcal{L}^{-1}\{Y(s)\} = \mathcal{L}^{-1}\left\{\frac{1}{s(s^2+9)}\right\} - \mathcal{L}^{-1}\left\{\frac{e^{-\pi s}}{s(s^2+9)}\right\}$$

이다. 이제 $\mathcal{L}^{-1}\left\{\frac{e^{-\pi s}}{s(s^2+9)}\right\}$를 구하기 위해서 $\mathcal{L}^{-1}\{e^{-as}F(s)\}$의 형태로 다시 쓰면 $a=\pi$, $F(s) = \frac{1}{s(s^2+9)}$이며

$$\begin{aligned} f(t) &= \mathcal{L}^{-1}\left\{\frac{1}{s(s^2+9)}\right\} = \int_0^t \mathcal{L}^{-1}\left\{\frac{1}{s^2+9}\right\} d\alpha \\ &= \int_0^t \frac{1}{3}\sin 3\alpha \, d\alpha = -\frac{1}{3}\left[\frac{\cos 3\alpha}{3}\right]_0^t \\ &= \frac{1}{9} - \frac{1}{9}\cos 3t \end{aligned}$$

이므로 $\cos(3t-3\pi) = \cos 3t \cos 3\pi + \sin 3t \sin 3\pi = -\cos 3t$ 를 사용하면

$$\begin{aligned} \mathcal{L}^{-1}\left\{\frac{e^{-\pi s}}{s(s^2+9)}\right\} &= \left[\frac{1}{9} - \frac{1}{9}\cos 3(t-\pi)\right]\mathcal{U}(t-\pi) \\ &= \left[\frac{1}{9} - \frac{1}{9}\cos(3t-3\pi)\right]\mathcal{U}(t-\pi) \\ &= \left[\frac{1}{9} + \frac{1}{9}\cos 3t\right]\mathcal{U}(t-\pi) \end{aligned}$$

를 얻는다. 그러므로 구하는 해는

$$\begin{aligned} y(t) &= \mathcal{L}^{-1}\{Y(s)\} = \mathcal{L}^{-1}\left\{\frac{1}{s(s^2+9)}\right\} - \mathcal{L}^{-1}\left\{\frac{e^{-\pi s}}{s(s^2+9)}\right\} \\ &= \frac{1}{9} - \frac{1}{9}\cos 3t - \left[\frac{1}{9} + \frac{1}{9}\cos 3t\right]\mathcal{U}(t-\pi) \end{aligned}$$

이다.(그림 8.8) ■

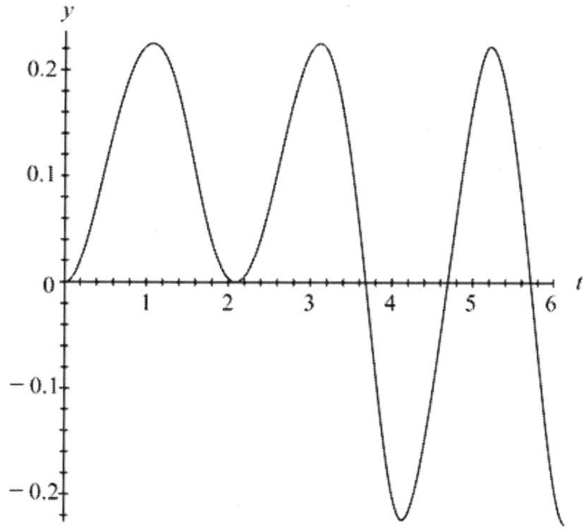

그림 8.8

주기함수

|정리 1| **중첩(superposition) 법칙**

함수 $f(t)$가 모든 $t \geq 0$에 대해서

$$f(t+T) = f(t), \ \ T > 0$$

를 만족하면 **주기함수**(periodic functions)라 하고 T를 $f(t)$의 **주기**(period)라 한다.

|정리 1| **주기함수에 대한 라플라스 변환**

$f(t)$가 $[0, \infty)$에서 구분적 연속이고 주기 T를 가진 주기함수라 할 때 $s > 0$에 대해서 $\mathcal{L}\{f(t)\}$가 존재하며

$$\mathcal{L}\{f(t)\} = \frac{1}{1-e^{-sT}} \int_0^T e^{-st} f(t)\, dt$$

이다.

증명 $\mathcal{L}\{f(t)\}=\int_0^\infty e^{-st}f(t)\,dt$

$$=\int_0^T e^{-st}f(t)\,dt+\int_T^\infty e^{-st}f(t)\,dt$$

이고, 두번째 적분에서 $u=t-T$라 하며 $du=dt$ 이므로

$$\begin{aligned}\int_T^\infty e^{-st}f(t)\,dt &= \int_0^\infty e^{-s(u+T)}f(u+T)\,du\\ &= e^{-sT}\int_0^\infty e^{-su}f(u)\,du\\ &= e^{-sT}\mathcal{L}\{f(t)\}\end{aligned}$$

이어서

$$\begin{aligned}\mathcal{L}\{f(t)\} &= \int_0^T e^{-st}f(t)\,dt+\int_T^\infty e^{-st}f(t)\,dt\\ &= \int_0^T e^{-st}f(t)\,dt+e^{-sT}\mathcal{L}\{f(t)\}\end{aligned}$$

으로부터

$$\mathcal{L}\{f(t)\}=\frac{1}{1-e^{-sT}}\int_0^T e^{-st}f(t)\,dt$$

를 얻는다. ■

예제 6 주기함수 $f(t)=t,\ 0\leqq t<1,\ f(t+1)=f(t),\ t\geqq 1$의 라플라스 변환을 구하라.

풀이 f의 주기는(그림 8.9) $T=1$이므로

$$\begin{aligned}\mathcal{L}\{f(t)\} &= \frac{1}{1-e^{-s}}\int_0^1 e^{-st}t\,dt\\ &= \frac{1}{1-e^{-s}}\left\{\left[-\frac{te^{-st}}{s}\right]_0^1+\int_0^1\frac{e^{-st}}{s}dt\right\}\end{aligned}$$

$$= \frac{1}{1-e^{-s}}\left\{-\frac{e^{-s}}{s} - \left[\frac{e^{-st}}{s^2}\right]_0^1\right\}$$

$$= \frac{1}{1-e^{-s}}\left[-\frac{e^{-s}}{s} + \frac{1-e^{-s}}{s^2}\right]$$

$$= \frac{1-(s+1)e^{-s}}{s^2(1-e^{-s})}$$

이다. ■

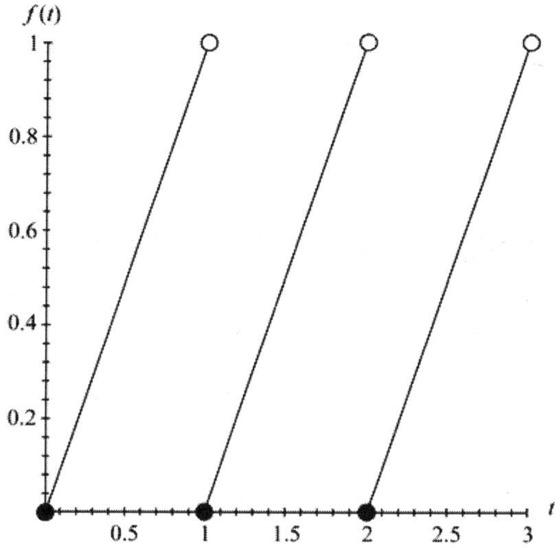

그림 8.9

라플라스 변환을 사용하여 주기함수가 포함된 초기값 문제를 다른 방법보다 쉽게 풀 수 있다.

예제 7 $f(t) = \begin{cases} 2\sin t, & 0 \leq t < \pi \\ 0 \quad , & \pi \leq t < 2\pi \end{cases}$ 이고 $f(t+2\pi) = f(t)$일 때 $y'' + y = f(t)$, $y(0) = y'(0) = 0$을 풀어라.

풀이 $T = 2\pi$ 이므로

$$\mathcal{L}\{f(t)\} = \frac{1}{1-e^{-2\pi s}}\int_0^{2\pi} e^{-st} f(t)\, dt$$

$$= \frac{1}{1-e^{-2\pi s}}\left[\int_0^{\pi} e^{-st}\, 2\sin t\, dt + \int_{\pi}^{2\pi} e^{-st} \cdot 0\, dt\right]$$

$$
\begin{aligned}
&= \frac{2}{1-e^{-2\pi s}} \int_0^{\pi} e^{-st} \sin t \, dt \\
&= \frac{2}{1-e^{-2\pi s}} \left[\frac{e^{-st}(-s\sin t - \cos t)}{s^2+1} \right]_0^{\pi} \\
&= \frac{2}{1-e^{-2\pi s}} \left[\frac{e^{-\pi s}}{s^2+1} + \frac{1}{s^2+1} \right] \\
&= \frac{2(e^{-\pi s}+1)}{(1-e^{-2\pi s})(s^2+1)} \\
&= \frac{2(e^{-\pi s}+1)}{(1-e^{-\pi s})(1+e^{-\pi s})(s^2+1)} \\
&= \frac{2}{(1-e^{-\pi s})(s^2+1)}
\end{aligned}
$$

이다. 주어진 방정식에 라플라스 변환을 취하면

$$
\begin{aligned}
&\mathcal{L}\{y''\} + \mathcal{L}\{y\} = \mathcal{L}\{f(t)\} \\
&s^2 Y(s) - s\,y(0) - y'(0) + Y(s) = \frac{2}{(1-e^{-\pi s})(s^2+1)} \\
&Y(s) = \frac{2}{(1-e^{-\pi s})(s^2+1)^2}
\end{aligned}
$$

을 얻는다. 기하급수에서

$$|x| < 1 \text{ 이면 } \frac{1}{1-x} = 1 + x + x^2 + x^3 + \cdots$$

을 이용하면

$$\frac{1}{1-e^{-\pi s}} = 1 + e^{-\pi s} + e^{-2\pi s} + e^{-3\pi s} + \cdots$$

으로 표현할 수 있고

$$
\begin{aligned}
Y(s) &= (1 + e^{-\pi s} + e^{-2\pi s} + e^{-3\pi s} + \cdots) \frac{2}{(s^2+1)^2} \\
&= 2\left[\frac{1}{(s^2+1)^2} + \frac{e^{-\pi s}}{(s^2+1)^2} + \frac{e^{-2\pi s}}{(s^2+1)^2} + \frac{e^{-3\pi s}}{(s^2+1)^2} + \cdots \right]
\end{aligned}
$$

이므로

$$y(t) = 2\mathcal{L}^{-1}\left\{\frac{1}{(s^2+1)^2} + \frac{e^{-\pi s}}{(s^2+1)^2} + \frac{e^{-2\pi s}}{(s^2+1)^2} + \frac{e^{-3\pi s}}{(s^2+1)^2} + \cdots\right\}$$
$$= 2\mathcal{L}^{-1}\left\{\frac{1}{(s^2+1)^2}\right\} + 2\mathcal{L}^{-1}\left\{\frac{e^{-\pi s}}{(s^2+1)^2}\right\} + 2\mathcal{L}^{-1}\left\{\frac{e^{-2\pi s}}{(s^2+1)^2}\right\}$$
$$+ 2\mathcal{L}^{-1}\left\{\frac{e^{-3\pi s}}{(s^2+1)^2}\right\} + \cdots$$

이다. 이제 $\mathcal{L}^{-1}\left\{\frac{1}{(s^2+1)^2}\right\} = \frac{1}{2}(\sin t - t\cos t)$를 이용하면

$$y(t) = (\sin t - t\cos t) + [\sin(t-\pi) - (t-\pi)\cos(t-\pi)]\,\mathscr{U}(t-\pi)$$
$$+ [\sin(t-2\pi) - (t-2\pi)\cos(t-2\pi)]\,\mathscr{U}(t-2\pi)$$
$$+ [\sin(t-3\pi) - (t-3\pi)\cos(t-3\pi)]\,\mathscr{U}(t-3\pi)$$
$$+ [\sin(t-4\pi) - (t-4\pi)\cos(t-4\pi)]\,\mathscr{U}(t-4\pi) + \cdots$$

을 얻는다.(그림8.10) ■

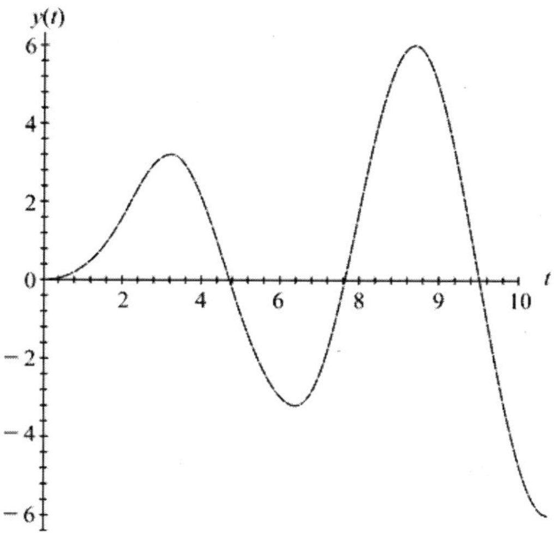

그림 8.10

충격함수, Delta 함수

$ax'' + bx' + cx = f(t)$에서 $f(t)$가 t_0를 중심으로 하는 작은 구간, $t_0 - \alpha < t < t_0 + \alpha$에서 매우 큰 값을 가지며 다른 구간에서는 0이 아닌 함수인 경우를 생각하여 보자.

충격(impulse)을

$$I(t) = \int_{t_0-\alpha}^{t_0+\alpha} f(t)\,dt = \int_{-\infty}^{\infty} f(t)\,dt$$

로 정의하자. $f(t)$를

$$f(t) = \delta_\alpha(t-t_0) = \begin{cases} \dfrac{1}{2\alpha}, & t_0-\alpha < t < t_0+\alpha \\ 0, & \text{다른 구간} \end{cases}$$

로 정의하면 $f(t) = \delta_\alpha(t-t_0)$의 충격은(그림 8.11)

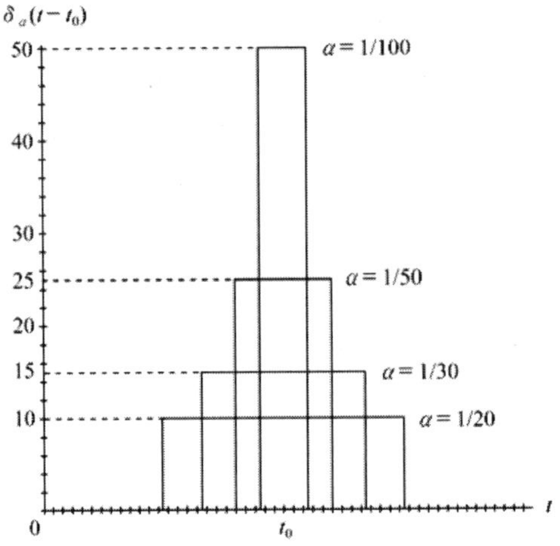

그림 8.11

$$I(t) = \int_{t_0-\alpha}^{t_0+\alpha} f(t)\,dt = \int_{t_0-\alpha}^{t_0+\alpha} \frac{1}{2\alpha}\,dt$$

$$= \frac{1}{2\alpha}[(t_0+\alpha)-(t_0-\alpha)] = \frac{1}{2\alpha}(2\alpha) = 1$$

이다. 위의 $I(t)$는 $\alpha \neq 0$이면 α 값에 좌우되지 않으며 $\lim_{\alpha\to 0} I(t) = 1$이고 $\lim_{\alpha\to 0} \delta_\alpha(t-t_0) = 0,\ t \neq t_0$이다.

| 정의 3 | **단위충격함수**

단위충격함수(unit impulse function) δ는

$$\delta(t-t_0) = 0,\ t \neq t_0$$

$$\int_{-\infty}^{\infty} \delta(t-t_0)\,dt = 1$$

을 만족한다.

| 정리 4 |

$g(t)$가 유계하고 연속인 함수일 때

$$\int_{-\infty}^{\infty} \delta(t-t_0)g(t)\,dt = g(t_0)$$

이다.

함수 $\delta(t-t_0)$는 **디락델타(Dirac delta) 함수**로 알려져 있으며 응용수학의 많은 분야에서 매우 유용하게 이용된다.

| 정리 5 |

$t_0 \geqq 0$에 대해서 $\mathcal{L}\{\delta(t-t_0)\} = e^{-st_0}$이다.

증 명 라플라스 변환의 선형성질을 사용하면

$$\mathcal{L}\{\delta(t-t_0)\} = \mathcal{L}\left\{\lim_{\alpha \to 0} \delta_\alpha(t-t_0)\right\} = \lim_{\alpha \to 0} \mathcal{L}\{\delta_\alpha(t-t_0)\}$$

이며 $\delta_\alpha(t-t_0)$를 단위계단함수로써 표현하면

$$\delta_\alpha(t-t_0) = \frac{1}{2\alpha}[\,\mathcal{U}(t-(t_0-\alpha)) - \mathcal{U}(t-(t_0+\alpha))]$$

이고

$$\mathcal{L}\{\delta_\alpha(t-t_0)\} = \mathcal{L}\left\{\frac{1}{2\alpha}[\mathscr{U}(t-(t_0-\alpha)) - \mathscr{U}(t-(t_0+\alpha))]\right\}$$
$$= \frac{1}{2\alpha}\left[\frac{e^{-s(t_0-\alpha)}}{s} - \frac{e^{-s(t_0+\alpha)}}{s}\right]$$
$$= e^{-st_0}\left(\frac{e^{\alpha s} - e^{-\alpha s}}{2\alpha s}\right)$$

이므로

$$\mathcal{L}\{\delta(t-t_0)\} = \lim_{\alpha \to 0} \mathcal{L}\{\delta_\alpha(t-t_0)\} = \lim_{\alpha \to 0} e^{-st_0}\left(\frac{e^{\alpha s} - e^{-\alpha s}}{2\alpha s}\right)$$

를 얻는다. 이제 로피탈의 정리를 사용하면

$$\mathcal{L}\{\delta(t-t_0)\} = \lim_{\alpha \to 0} e^{-st_0}\left(\frac{e^{\alpha s} - e^{-\alpha s}}{2\alpha s}\right)$$
$$= \lim_{\alpha \to 0} e^{-st_0}\left(\frac{se^{\alpha s} + se^{-\alpha s}}{2s}\right) = e^{-st_0} \cdot 1 = e^{-st_0}$$

가 된다. ■

예제 8 (a) $\mathcal{L}\{\delta(t-1)\}$, (b) $\mathcal{L}\{\delta(t-\pi)\}$, (c) $\mathcal{L}\{\delta(t)\}$를 구하라.

풀이 (a) $t_0 = 1$이므로 $\mathcal{L}\{\delta(t-1)\} = e^{-s}$이다.
(b) $t_0 = \pi$이므로 $\mathcal{L}\{\delta(t-\pi)\} = e^{-s\pi}$이다.
(c) $t_0 = 0$이므로 $\mathcal{L}\{\delta(t)\} = \mathcal{L}\{\delta(t-0)\} = e^{-s(0)} = 1$이다. ■

예제 9 $y'' + y = \delta(t-\pi)$, $y(0) = y'(0) = 0$를 풀어라.

풀이 양변에 라플라스 변환을 취하면

$$\mathcal{L}\{y''\} + \mathcal{L}\{y\} = \mathcal{L}\{\delta(t-\pi)\}$$
$$s^2Y(s) - sy(0) - y'(0) + Y(s) = e^{-\pi s}$$
$$(s^2+1)Y(s) = e^{-\pi s}$$

$Y(s) = \dfrac{e^{-\pi s}}{s^2+1}$ 이고 $y(t) = \mathcal{L}^{-1}\left\{\dfrac{e^{-\pi s}}{s^2+1}\right\}$ 이며

$f(t) = \mathcal{L}^{-1}\left\{\dfrac{1}{s^2+1}\right\} = \sin t$ 를 사용하면

$$y(t) = \mathcal{L}^{-1}\left\{\frac{e^{-\pi s}}{s^2+1}\right\}$$
$$= \sin(t-\pi)\ \mathscr{U}(t-\pi) = -\sin t\ \mathscr{U}(t-\pi)$$

를 얻는다.(그림 8.12) ■

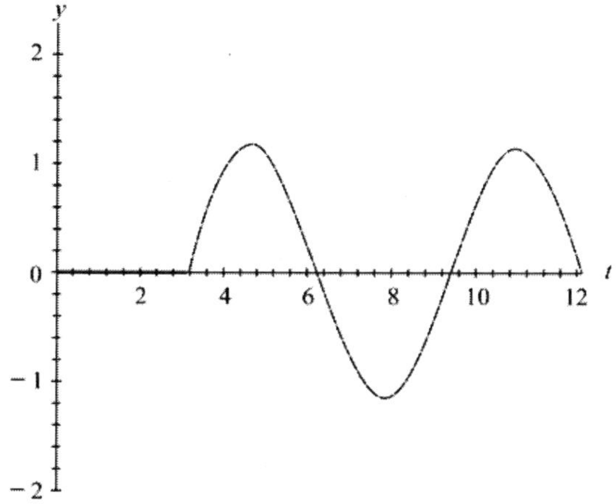

그림 8.12

연습문제 8.5

※ 다음에 주어진 함수의 라플라스 변환을 구하라.

1. $-28\,\mathscr{U}(t-3)$
2. $3\,\mathscr{U}(t-8) - \mathscr{U}(t-4)$
3. $\mathscr{U}(t-2) - 7\,\mathscr{U}(t-7) - 7\,\mathscr{U}(t-6)$
4. $-42\,e^{t-4}\ \mathscr{U}(t-2)$
5. $12\sinh(2-t)\,\mathscr{U}(t-2)$
6. $-14\sin\left(t-\dfrac{2\pi}{3}\right)\mathscr{U}\left(t-\dfrac{2\pi}{3}\right)$

7. $f(t) = \begin{cases} t, & 0 \leqq t < 1 \\ 0, & 1 \leqq t < 2 \end{cases}$, $f(t) = f(t-2)$, $t \geqq 2$

8. $f(t) = \begin{cases} 0, & 0 \leqq t < 1 \\ 1, & 1 \leqq t < 2 \\ 2, & 2 \leqq t < 3 \end{cases}$, $f(t) = f(t-3)$, $t \geqq 3$

9. $\delta(t-\pi)$

10. $\delta(t-1) + \delta(t-2)$

11. $\sin t\, \mathscr{U}(t-2\pi) + \delta\left(t - \frac{\pi}{2}\right)$

※ 다음에 주어진 함수의 라플라스 역변환을 구하라.

12. $\dfrac{-3}{s\, e^{\pi s}}$

13. $\dfrac{2e^{3s} - 3}{se^{4s}}$

14. $\dfrac{3e^{s} - 4e^{3s} - 3}{se^{6s}}$

15. $\dfrac{e^{-4s}}{s-1}$

16. $e^{-3s}\dfrac{s}{s^2+4}$

17. $\dfrac{e^{-5s}}{s^2 - 7s + 10}$

18. $\dfrac{2(1 - 2e^{2s} - e^{4s})}{s^2 e^{4s}(1 - e^{-4s})}$

19. $\dfrac{s}{e^{4s}(s^2-1)}$

20. $\dfrac{1}{s^2(1+e^{-4s})}$

21. $\dfrac{1}{(1+e^{-3s})(s^2+16)}$

22. $\dfrac{1}{s^2(s^2+4)(3e^{-2s}-1)}$

※ 다음에 주어진 초기값 문제를 풀어라.

23. $y' + 3y = f(t)$, $y(0) = 0$, $f(t) = \begin{cases} 1, & 0 \leqq t < 2 \\ 0, & t \geqq 2 \end{cases}$

24. $y'' - 4y' + 3y = f(t)$, $y(0) = 0$, $y'(0) = 1$,

$$f(t) = \begin{cases} \cos\left(\dfrac{\pi}{2}t\right), & 0 \leqq t < 1 \\ 0, & t \geqq 1 \end{cases}$$

25. $x'' + x = \delta(t-\pi) + 1$, $x(0) = 0$, $x'(0) = 0$

26. $x'' + 3x' + 2x = \delta(t-\pi)$, $x(0) = 0$, $x'(0) = 0$

27. $x'' + 4x' + 13x = \delta(t-\pi) + \sin t$, $x(0) = 0$, $x'(0) = 0$

28. $x'' + 9x = \cos t + \delta(t-\pi)$, $x(0) = 0$, $x'(0) = 0$

29. $x'' + 3x' + 2x = \delta(t-1) + e^{-t}$, $x(0) = 0$, $x'(0) = 0$

30. $x'' + 9x' = \delta(t-\pi)$, $x(0) = 2$, $x'(0) = 0$

31. $x'' + 6x' + 10x = 3\delta(t-\pi)$, $x(0) = 0$, $x'(0) = 0$

32. $x'' + 6x' + 10x = 3\delta(t-\pi)$, $x(0) = 0$, $x'(0) = 2$

8.6 합성정리

합성정리

많은 경우에 두 개의 함수의 곱의 라플라스 역변환을 구해야 하는데 어떤 곱의 역 변환은 각 함수의 라플라스 역변환의 곱과 같지 않다. 예를 들어

$$\mathcal{L}^{-1}\left\{\frac{F(s)}{s}\right\} = \mathcal{L}^{-1}\left\{\frac{1}{s}F(s)\right\}$$

를 구할 때 $f(t) = \mathcal{L}^{-1}\{F(s)\}$라 하면

$$\mathcal{L}^{-1}\left\{\frac{F(s)}{s}\right\} \neq \mathcal{L}^{-1}\left\{\frac{1}{s}\right\}\mathcal{L}^{-1}\{F(s)\} = f(t)$$

이다.

| 정리 1 | 합성정리

$f(t)$와 $g(t)$가 $[0, \infty)$에서 구분적으로 연속이고 모두 지수적 계수 b를 가진다고 할 때 $\mathcal{L}\{f(t)\} = F(s)$, $\mathcal{L}\{g(t)\} = G(s)$이면

$$\begin{aligned}\mathcal{L}^{-1}\{F(s)G(s)\} &= \mathcal{L}^{-1}\{\mathcal{L}\{(f*g)(t)\}\} \\ &= (f*g)(t) = \int_0^t f(t-v)g(v)\,dv\end{aligned}$$

이다. 여기서

$$(f*g)(t) = \int_0^t f(t-v)g(v)\,dv$$

를 **합성적분**(convolution integral)이라 한다.

증명 $F(s)G(s)$에 대한 라플라스 변환을 구하기 위해서 변환의 정의를 사용하면

$$F(s)G(s) = \int_0^\infty e^{-sx} f(x)\,dx \int_0^\infty e^{-sv} g(v)\,dv$$

$$= \int_0^\infty \int_0^\infty e^{-s(x+v)} f(x) g(v)\, dx\, dv$$

이며 $x = t - v$ $(t = x + v\ ,\ dx = dt\ )$로 변수를 치환하면

$$\begin{aligned} F(s)\,G(s) &= \int_0^\infty \int_v^\infty e^{-st} f(t-v) g(v)\, dt\, dv \\ &= \int_0^\infty \int_0^t e^{-st} f(t-v) g(v)\, dv\, dt \\ &= \int_0^\infty e^{-st} \int_0^t f(t-v) g(v)\, dv\, dt \\ &= \mathcal{L}\left\{ \int_0^t f(t-v) g(v)\, dv \right\} \\ &= \mathcal{L}\{(f*g)(t)\} \end{aligned}$$

이므로

$$\mathcal{L}^{-1}\{F(s)\,G(s)\} = \mathcal{L}^{-1}\{\mathcal{L}(f*g)(t)\} = (f*g)(t)$$

이다. ■

예제 1 $f(t) = e^{-t}$, $g(t) = \sin t$일 때 $(f*g)(t)$와 $(g*f)(t)$를 구하라. 또 두 함수에 대해서 합성정리가 만족하는지 확인하여라.

풀이 합성적분의 정의를 사용하면

$$\begin{aligned} (f*g)(t) &= \int_0^t f(t-v) g(v)\, dv = \int_0^t e^{-(t-v)} \sin v\, dv \\ &= e^{-t} \int_0^t e^v \sin v\ dv = e^{-t} \left[\frac{e^v}{2}(\sin v - \cos v) \right]_0^t \\ &= e^{-t} \left[\frac{e^t}{2}(\sin t - \cos t) - \frac{1}{2}(\sin 0 - \cos 0) \right] \\ &= \frac{1}{2}(\sin t - \cos t) + \frac{1}{2} e^{-t} \end{aligned}$$

이며

$$(g*f)(t) = \int_0^t g(t-v) f(v)\, dv = \int_0^t \sin(t-v) e^v\, dv$$

$$= \frac{1}{2}(\sin t - \cos t) + \frac{1}{2}e^{-t}$$

이다. 합성정리에 의해서 $\mathcal{L}\{f(t)\}\mathcal{L}\{g(t)\} = \mathcal{L}\{(f*g)(t)\}$임을 확인하여 보자.

$$F(s) = \mathcal{L}\{f(t)\} = \mathcal{L}\{e^{-t}\} = \frac{1}{s+1}$$
$$G(s) = \mathcal{L}\{g(t)\} = \mathcal{L}\{\sin t\} = \frac{1}{s^2+1}$$

이므로

$$\mathcal{L}^{-1}\{F(s)\,G(s)\} = \mathcal{L}^{-1}\left\{\frac{1}{s+1}\frac{1}{s^2+1}\right\}$$

이 $(f*g)(t)$와 같아야 한다. 부분분수를 사용하면

$$\frac{1}{s+1}\frac{1}{s^2+1} = \frac{A}{s+1} + \frac{Bs+C}{s^2+1} \text{이고 } A = C = \frac{1}{2}\ ,\ B = -\frac{1}{2}$$

을 구할 수 있다. 그러므로

$$\mathcal{L}^{-1}\left\{\frac{1}{s+1}\frac{1}{s^2+1}\right\} = \frac{1}{2}\mathcal{L}^{-1}\left\{\frac{1}{s+1} + \frac{-s+1}{s^2+1}\right\}$$
$$= \frac{1}{2}\mathcal{L}^{-1}\left\{\frac{1}{s+1}\right\} - \frac{1}{2}\mathcal{L}^{-1}\left\{\frac{s}{s^2+1}\right\} + \frac{1}{2}\mathcal{L}^{-1}\left\{\frac{1}{s^2+1}\right\}$$
$$= \frac{1}{2}e^{-t} - \frac{1}{2}cost + \frac{1}{2}sint$$

이고 위에서 구한 $(f*g)(t)$와 같음을 알 수 있다. ■

위의 예에서 보는 바와 같이 $(f*g)(t) = (g*f)(t)$이며 이러한 규칙은 변수변환을 사용하여 일반적으로 성립함을 보일 수 있다.

예제 2 $h(t) = \int_0^t \cos(t-v)\sin v\, dv$의 라플라스 변환을 구하기 위해서 합성정리를 이용하여라.

풀이 $f(t) = \cos t,\ g(t) = \sin t$라 할 때 $h(t) = (f*g)(t)$이고 합성정리에 의해서 $\mathcal{L}\{(f*g)(t)\} = F(s)\,G(s)$이므로

$$\mathcal{L}\{h(t)\} = \mathcal{L}\{f(t)\}\mathcal{L}\{g(t)\} = \mathcal{L}\{\cos t\}\mathcal{L}\{\sin t\}$$
$$= \left(\frac{s}{s^2+1}\right)\left(\frac{1}{s^2+1}\right) = \frac{s}{(s^2+1)^2}$$

이다. ■

적분과 미적분방정식

합성정리는 많은 문제에서 유용하게 쓸 수 있는데 특히 미지의 함수에 대한 적분을 포함하고 있는 **적분방정식**(integral equations)을 푸는 데 이용할 수 있다.

예제 3 합성정리를 사용하여 적분방정식

$$h(t) = 4t + \int_0^t h(t-v)\sin v\, dv$$

를 풀어라.

풀이 $g(t) = \sin t$라 하면 $\int_0^t h(t-v)\sin v\, dv = (h*g)(t)$이고 주어진 방정식의 양변에 라플라스 변환을 취하면

$$\mathcal{L}\{h(t)\} = \mathcal{L}\{4t\} + \mathcal{L}\{h(t)\}\mathcal{L}\{\sin t\}$$

이며 $H(s) = \mathcal{L}\{h(t)\}$라 하면

$$H(s) = \frac{4}{s^2} + H(s)\frac{1}{s^2+1}$$

이므로

$$H(s)\left(1 - \frac{1}{s^2+1}\right) = \frac{4}{s^2} \text{ 이고 } H(s) = \frac{4(s^2+1)}{s^4} = \frac{4}{s^2} + \frac{4}{s^4}$$

를 얻는다. 이제 라플라스 역변환을 취하면

$$h(t) = \mathcal{L}^{-1}\left\{\frac{4}{s^2} + \frac{4}{s^4}\right\} = 4t + \frac{2}{3}t^3$$

이다. ■

라플라스 변환은 미지의 함수의 적분과 미분이 함께 포함된 **미적분방정식** (integrodifferential equations)을 푸는 데에도 유용하다.

예제 4 $\dfrac{dy}{dt} + y + \displaystyle\int_0^t y(u)\,du = 1$, $y(0) = 0$를 풀어라.

풀이 $\mathcal{L}\left\{\displaystyle\int_0^t y(u)\,du\right\} = \mathcal{L}\{(1*y)(t)\} = \mathcal{L}\{1\}\,\mathcal{L}\{y\} = \dfrac{Y(s)}{s}$이므로 주어진 방정식에 라플라스 변환을 취하면

$$\mathcal{L}\left\{\frac{dy}{dt}\right\} + \mathcal{L}\{y\} + \mathcal{L}\left\{\int_0^t y(u)\,du\right\} = \mathcal{L}\{1\}$$

$$sY(s) - y(0) + Y(s) + \frac{Y(s)}{s} = \frac{1}{s}$$

$$s^2Y(s) + sY(s) + Y(s) = 1$$

$$Y(s) = \frac{1}{s^2+s+1} = \frac{1}{\left(s+\frac{1}{2}\right)^2 + \left(\frac{\sqrt{3}}{2}\right)^2}$$

이므로

$$y(t) = \frac{2}{\sqrt{3}}e^{-\frac{t}{2}}\sin\frac{\sqrt{3}}{2}t$$

이다.(그림 8.13) ■

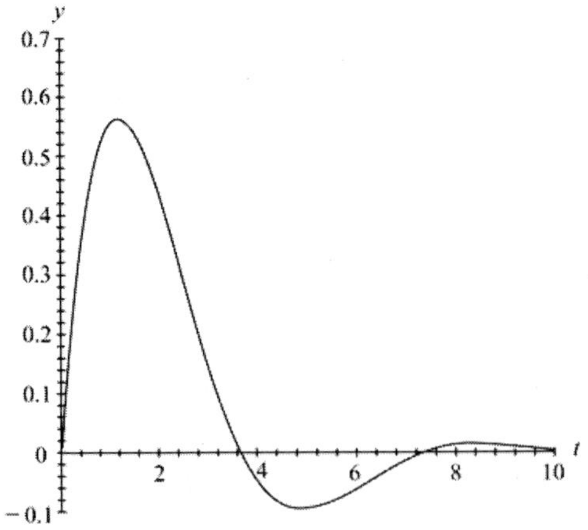

그림 8.13

연습문제 8.6

※ 합성적분$(f*g)(t)$를 구하라.

1. $f(t)=1,\ g(t)=t^2$
2. $f(t)=t,\ g(t)=e^{-t}$
3. $f(t)=t^3, g(t)=\sin 4t$

※ 다음에 정의된 U 의 라플라스 변환을 구하라.

4. $U(t)=\int_0^t e^{-v}\,dv$
5. $U(t)=\int_0^t (t-v)\sin v\,dv$
6. $U(t)=\int_0^t v e^{t-v}\,dv$

※ 합성정리를 사용하여 다음에 주어진 함수의 라플라스 역변환을 구하라.

7. $\dfrac{1}{s^2(s+1)}$
8. $\dfrac{s}{(s+1)^2}$
9. $\dfrac{1}{s^4(s^2+16)}$
10. $\dfrac{1}{(s^2+16)(s-10)}$
11. $\dfrac{1}{(s^2+100)^2}$

※ 다음에 주어진 방정식을 라플라스 변환을 사용하여 풀어라.

12. $g(t)-t=-\int_0^t (t-v)g(v)\ dv$

13. $U(t)-4e^{-2t}=\cos t-\int_0^t \sin(t-v)U(v)\ dv$

14. $\dfrac{dy}{dt}-4y+4\int_0^t y(v)\,dv=t^3e^{2t},\ y(0)=0$

15. $(f*g)(t)=(g*f)(t)$임을 보여라.

16. 문제 14에서 주어진 미적분방정식을 동치인 2계인 초기값 문제로 나타내고 해를 구하라.

8.7 라플라스 변환의 응용

라플라스 변환은 많은 응용문제에서 유용하게 사용할 수 있는데, 특히 구분적으로 정의된 함수나 충격함수, 그리고 주기함수가 포함된 모델을 푸는 데 적용할 수 있으므로 이 절에서는 그러한 형태의 함수가 포함된 스프링-질량계와 L-R-C 회로문제에 대해서 다룬다.

스프링-질량계 문제

먼저 스프링 끝에 달려 있는 물체의 운동을 나타내는 2계의 초기값 문제를 다룬다. 이 모델은 m이 질량이고, c가 제동계수, k가 스프링 상수, $f(t)$가 외부의 힘일 때 초기값 문제

$$\begin{cases} m\dfrac{d^2x}{dt^2}+c\dfrac{dx}{dt}+kx=f(t) \\ \\ x(0)=\alpha,\ \dfrac{dx}{dt}(0)=\beta \end{cases}$$

로 나타나는데 이 절에서는 작용하는 외부의 힘이 불연속인 함수일 때를 고려한다.

예제 1 $m=1\,\text{slug}$인 질량이 스프링 상수가 $k=1\text{lb/ft}$인 스프링에 달려있다. 어떤 저항도 없고 평형위치에서로부터 초기속도없이 놓여졌을 때, 힘

$$f(t)=\begin{cases} \cos t,\ 0\leqq t<\dfrac{\pi}{2} \\ 0\quad,\ t\geqq\dfrac{\pi}{2} \end{cases},\ x(0)=0,\ \frac{dx}{dt}(0)=0$$

에 의해서 영향을 받는다면 물체의 변위는 어떻게 되겠는가?

풀이 $m=1,\ c=0,\ k=1$이고 $x(0)=0,\ \dfrac{dx}{dt}(0)=0$이므로 초기값 문제는

$$\frac{d^2x}{dt^2}+x=\begin{cases} \cos t,\ 0\leqq t<\dfrac{\pi}{2} \\ 0\quad,\ t\geqq\dfrac{\pi}{2} \end{cases},\ x(0)=0,\ \frac{dx}{dt}(0)=0$$

로 주어진다. 그런데

$$f(t) = \cos t\left[\,\mathscr{U}(t-0) - \mathscr{U}\left(t-\frac{\pi}{2}\right)\right] = \cos t\left[1-\mathscr{U}\left(t-\frac{\pi}{2}\right)\right]$$

이고

$$\begin{aligned}\mathcal{L}\{f(t)\} &= \mathcal{L}\left\{\cos t - \cos t\,\mathscr{U}\left(t-\frac{\pi}{2}\right)\right\}\\ &= \mathcal{L}\{\cos t\} + \mathcal{L}\left\{-\cos t\,\mathscr{U}\left(t-\frac{\pi}{2}\right)\right\}\\ &= \mathcal{L}\{\cos t\} + \mathcal{L}\left\{\sin\left(t-\frac{\pi}{2}\right)\mathscr{U}\left(t-\frac{\pi}{2}\right)\right\}\\ &= \mathcal{L}\{\cos t\} + e^{\frac{-s\pi}{2}}\mathcal{L}\{\sin t\}\\ &= \frac{s}{s^2+1} + e^{-\frac{s\pi}{2}}\frac{1}{s^2+1}\end{aligned}$$

이므로 초기값 문제의 방정식에 라플라스 변환을 취하면

$$\begin{aligned}&\mathcal{L}\left\{\frac{d^2x}{dt^2}\right\} + \mathcal{L}\{x\} = \mathcal{L}\left\{\cos t - \cos t\,\mathscr{U}\left(t-\frac{\pi}{2}\right)\right\}\\ &s^2X(s) - sx(0) - x'(0) + X(s) = \frac{s}{s^2+1} + e^{-\frac{s\pi}{2}}\frac{1}{s^2+1}\\ &(s^2+1)X(s) = \frac{s}{s^2+1} + e^{-\frac{s\pi}{2}}\frac{1}{s^2+1}\\ &X(s) = \frac{s}{(s^2+1)^2} + e^{-\frac{s\pi}{2}}\frac{1}{(s^2+1)^2}\end{aligned}$$

이다. $x(t) = \mathcal{L}^{-1}\{X(s)\}$를 구하기 위해서 먼저 $\mathcal{L}^{-1}\left\{\frac{1}{(s^2+1)^2}\right\}$이 필요한데 표에 의해서

$$\mathcal{L}^{-1}\left\{\frac{1}{(s^2+1)^2}\right\} = \frac{1}{2}(\sin t - t\cos t)$$

를 찾을 수 있고 삼각함수의 공식에 의해서

$$\mathcal{L}^{-1}\left\{e^{-\frac{\pi}{2}s}\frac{1}{(s^2+1)^2}\right\} = \frac{1}{2}\left[\sin\left(t-\frac{\pi}{2}\right) - \left(t-\frac{\pi}{2}\right)\cos\left(t-\frac{\pi}{2}\right)\right]\mathscr{U}\left(t-\frac{\pi}{2}\right)$$

$$= \frac{1}{2}\left(-\cos t - \left(t - \frac{\pi}{2}\right)\sin t\right)\mathscr{U}\left(t - \frac{\pi}{2}\right)$$

이며 $\mathscr{L}^{-1}\left\{\frac{s}{(s^2+1)^2}\right\} = \frac{1}{2}t\sin t$이므로

$$\begin{aligned} x(t) &= \mathscr{L}^{-1}\{X(s)\} \\ &= \frac{1}{2}t\sin t + \frac{1}{2}\left(-\cos t - \left(t - \frac{\pi}{2}\right)\sin t\right)\mathscr{U}\left(t - \frac{\pi}{2}\right) \end{aligned}$$

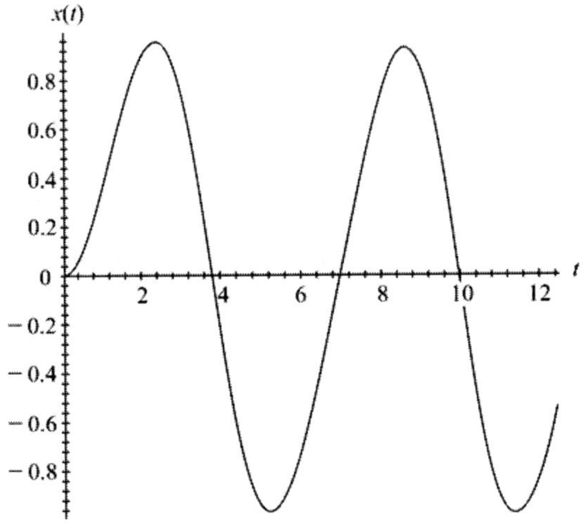

그림 8.14

를 얻는다. 이것은

$$x(t) = \begin{cases} \frac{1}{2}t\sin t, & 0 \leqq t < \frac{\pi}{2} \\ \frac{\pi}{4}\sin t - \frac{1}{2}\cos t, & t \geqq \frac{\pi}{2} \end{cases}$$

로 나타낼 수도 있다.(그림 8.14) ■

L-R-C 회로문제

L-R-C와 L-C 회로는 초기값 문제

$$\begin{cases} L\dfrac{d^2\theta}{dt^2}+R\dfrac{d\theta}{dt}+\dfrac{1}{C}\theta = E(t) \\ \theta(0)=\theta_0, \; I(0)=\dfrac{d\theta}{dt}(0)=I_0 \end{cases} \quad \text{와} \quad \begin{cases} L\dfrac{dI}{dt}+RI=E(t) \\ I(0)=I_0 \end{cases}$$

로 표현됨은 제 7 장에서 살펴보았다. 여기서 L은 **자기유도계**(inductance), R은 **저항**, C는 **전기용량**(capacitance)를 나타내고 $\theta(t)$는 **유도자기**(capacitor)의 전하(charge)이며 $\dfrac{d\theta}{dt}=I(t)$는 전류이고 $E(t)$는 공급되는 전압을 나타낸다.(그림 8.15)

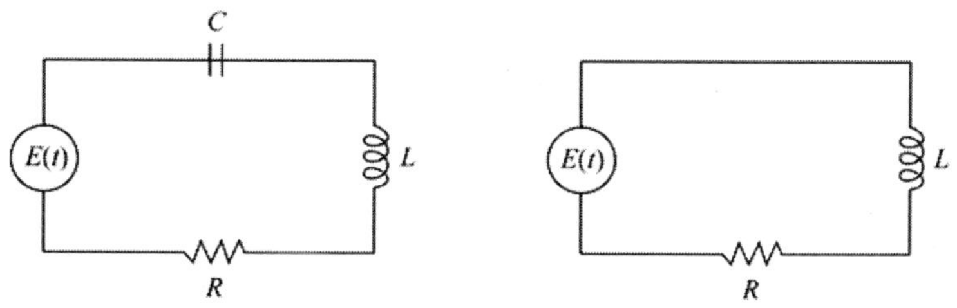

그림 8.15

예제 2 유도자기가 없는 회로에서 $R=100\Omega$이고 $L=100\text{H}$이며

$$E(t)=\begin{cases} 100\,V, & 0 \leq t < 1 \\ 0, & 1 \leq t < 2 \end{cases}, \quad E(t+2)=E(t)$$

일 때 $I(0)=0$인 $I(t)$를 구하라.

풀이 유도자기가 없으므로 L-R 회로인

$$100\frac{dI}{dt}+100I=E(t), \; I(0)=0$$

인 초기값 문제로 나타나는데 $E(t)$는 주기함수이므로

$$\begin{aligned} \mathcal{L}\{E(t)\} &= \frac{1}{1-e^{-2s}}\int_0^2 e^{-st}E(t)\,dt \\ &= \frac{1}{1-e^{-2s}}\int_0^1 100\,e^{-st}\,dt \end{aligned}$$

$$= \frac{100}{1-e^{-2s}}\left[-\frac{e^{-st}}{s}\right]_0^1$$
$$= \frac{100(1-e^{-s})}{s(1-e^{-2s})} = \frac{100}{s(1+e^{-s})}$$

이다. $\mathcal{L}\{I\} = I(t)$라 하면

$$100\mathcal{L}\left\{\frac{dI}{dt}\right\} + 100\mathcal{L}\{I\} = \mathcal{L}\{E(t)\}$$
$$100s\,\mathcal{L}\{I\} - 100I\{0\} + 100\mathcal{L}\{I\} = \frac{100}{s(1+e^{-s})}$$
$$\mathcal{L}\{I\} = \frac{1}{s(s+1)(1+e^{-s})}$$

인데, 7.1절에서와 같이 $\dfrac{1}{1+e^{-s}}$에 대한 무한급수전개를 이용하면

$$\frac{1}{1+e^{-s}} = \frac{1}{1-(e^{-s})} = 1 - e^{-s} + e^{-2s} - e^{-3s} + \cdots$$

이므로

$$\mathcal{L}\{I\} = \frac{1}{s(s+1)}[1 - e^{-s} + e^{-2s} - e^{-3s} + \cdots\ ]$$
$$= \frac{1}{s(s+1)} - \frac{e^{-s}}{s(s+1)} + \frac{e^{-2s}}{s(s+1)} - \frac{e^{-3s}}{s(s+1)} + \cdots$$

이며 $\mathcal{L}^{-1}\left\{\dfrac{1}{s(s+1)}\right\} = 1 - e^{-t}$이므로

$$I(t) = (1-e^{-t}) - (1-e^{-(t-1)})\,\mathcal{U}(t-1) + (1-e^{-(t-2)})\,\mathcal{U}(t-2)$$
$$-(1-e^{-(t-3)})\,\mathcal{U}(t-3) + \cdots$$
$$= \begin{cases} 1-e^{-t}, & 0 \leqq t < 1 \\ -e^{-t} + e^{-(t-1)}, & 1 \leqq t < 2 \\ 1-e^{-t} + e^{-(t-1)} - e^{-(t-2)}, & 2 \leqq t < 3 \\ -e^{-t} + e^{-(t-1)} - e^{-(t-2)} + e^{-(t-3)}, & 3 \leqq t < 4 \\ \cdots \end{cases}$$

을 얻는다. ■

마지막으로 전류 $I(t)$를 구할 때에 L-R-C회로를 미적분방정식

$$L\frac{dI}{dt}+RI+\frac{1}{C}\int_0^t I(\alpha)\,da = E(t)$$

으로 생각해 보자.

예제 3 $L=1\,\text{henry}$, $R=6\,\text{ohms}$, $C=\frac{1}{9}\,\text{farad}$, $E(t)=1\,\text{volt}$, $I(0)=0$ 일 때 전류 $I(t)$를 구하라.

풀이 이 경우 초기값 문제

$$\begin{cases} \dfrac{dI}{dt}+6I+9\displaystyle\int_0^t I(\alpha)d\alpha=1 \\ I(0)=0 \end{cases}$$

를 가지며 라플라스 변환을 취하면

$$s\,\mathcal{L}\{I\}-I(0)+6\mathcal{L}\{I\}+\frac{9\mathcal{L}\{I\}}{s}=\frac{1}{s}$$

$$s^2\mathcal{L}\{I\}+6s\,\mathcal{L}\{I\}+9\mathcal{L}\{I\}=1$$

$$\mathcal{L}\{I\}=\frac{1}{s^2+6s+9}=\frac{1}{(s+3)^2}$$

이므로

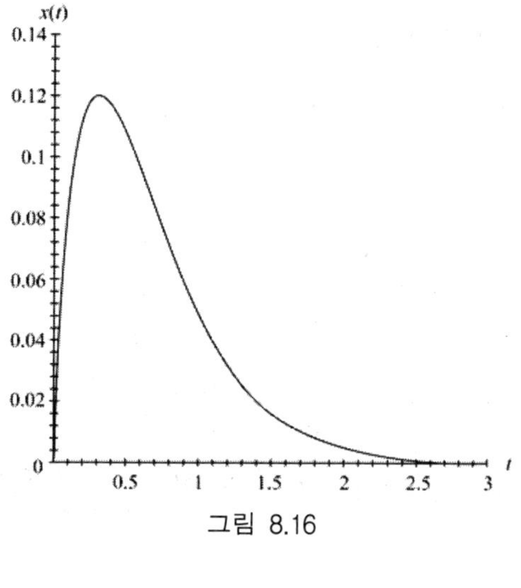

그림 8.16

$$I(t) = \mathcal{L}^{-1}\left\{\frac{1}{(s+3)^2}\right\} = te^{-3t}$$

를 얻는다.(그림 8.16) ■

연습문제 8.7

1. 스프링 상수가 k 인 스프링에 질량 m의 물체의 운동변위를 다음에 주어진 초기조건을 사용하여 구하라.
   (a) $m=4,\ k=16, x(0)=1,\ x'(0)=0$
   (b) $m=1,\ k=9,\ x(0)=3,\ x'(0)=-2$

2. 스프링 상수가 k 인 스프링에 질량 m의 물체가 달려 있을 때 제동력이 $c\dfrac{dx}{dt}$이면 물체의 변위는 어떻게 되는가? 초기조건은 $x(0)=1,\ x'(0)=0$ 이다.
   (a) $m=1,\ k=6,\ c=5$ (b) $m=1,\ k=13,\ c=4$

3. 스프링 상수가 k인 스프링에 질량 m 의 물체가 달려 있다. 제동력이 $c\dfrac{dx}{dt}$이고, 외부의 힘이 $f(t)$로 주어졌을 때 초기조건이 $x(0)=x'(0)=0$이면 다음 각 경우 물체의 변위는 어떻게 되겠는가?
   (a) $m=1,\ k=6,\ c=5,\ f(t)=\dfrac{1}{4}\sin t$
   (b) $m=1,\ k=13,\ c=4,\ f(t)=e^{-2t}$
   (c) $m=1,\ k=6,\ c=5,\ f(t)=\begin{cases}\sin 2t, & 0 \leqq t < \dfrac{\pi}{2} \\ 0, & t \geqq \dfrac{\pi}{2}\end{cases}$
   (d) $m=\dfrac{1}{2},\ k=2,\ c=2,\ f(t)=\begin{cases}e^{-2t}, & 0 \leqq t < 1 \\ 0, & t \geqq 1\end{cases}$
   (e) $m=1,\ k=13,\ c=4,\ f(t)=\begin{cases}e^{-2t}\cos 3t, & 0 \leqq t < \pi \\ 0, & t \geqq \pi\end{cases}$

(f) $m=1,\ k=4,\ c=5,\ f(t)=\begin{cases} e^{-t}, & 0 \leqq t < 1 \\ 0, & t \geqq 1 \end{cases}$

4. 초기값 문제 $x''+x=\delta(t),\ x(0)=x'(0)=0$가
$x''+x=0,\ x(0)=0,\ x'(0)=1$과 동치임을 보여라.

※ 문제 5와 6에서 질량이 평형위치에서부터 초기속도 없이 놓였다고 가정하자.

5. 질량이 $m=1$인 물체가 스프링 상수 16인 스프링에 달려 있을 때 제동이 없고 외부의 힘 $f(t)=\sin t$에 영향을 받는다고 한다. 스프링이 $t=1$일 때 위의 방향으로 단위(unit)4의 충격을 받았을 때 스프링의 운동을 결정하여라.

6. 질량이 $m=1$인 물체가 $k=13$인 스프링에 매달려 있을 때 제동력이 $4\dfrac{dx}{dt}$이고 $t=2$일 때 스프링이 아래쪽으로 1unit 충격을 받는다면 물체의 운동은 어떻게 되겠는가?

7. 전기용량 C, 저항 R, 전압 $E(t)=\begin{cases} 100, & 0 \leqq t < 1 \\ 0, & t \geqq 1 \end{cases}$ 인 회로에서 $L=0$이고
$Q(0)=0,\ C=50^{-1}$farad, $R=50\ \Omega$ 이면 $Q(T)$와 $I(t)$는 얼마인가?

8. 유도자기가 없고

$$R=100\ \Omega,\ L=100\ H,\ E(t)=\begin{cases} 50, & 0 \leqq t < 1 \\ 0, & 1 \leqq t < 2 \end{cases},\ E(t+2)=E(t)$$

인 회로에서 $I(0)=0$ 일 때 전류 $I(t)$를 구하라.

9. 유도자기가 없고

$$R=100\ \Omega,\ L=100\,H,\ E(t)=\begin{cases} 100t, & 0 \leqq t < 1 \\ 0, & 1 \leqq t < 2 \end{cases}$$

$E(t+2)=E(t)$인 회로에서 $I(0)=0$일 때 전류 $I(t)$를 구하라.

10. $L=1$henry, $R=6$obms, $C=\dfrac{1}{9}$farad, $E(t)=100$volts, $I(0)=0$일 때
L-R-C 회로를 나타낸 $I(t)$에 대한 미적분방정식을 풀어라.

11. $L=C=R=1$이고 $E(t)=\begin{cases}1, & 0 \leqq t < \pi \\ 0, & t > \pi\end{cases}$, $I(0)=0$일 때 L-R-C회로를 나타낸 $I(t)$에 대한 미적분방정식을 풀어라.

12. $L=1$, $R=4$, $E(t)=\delta(t-1)$이고 유도자기가 없는 회로에서 $I(0)=0$ 또는 $I(0)=1$일 때의 전류 $I(t)$를 각각 구하라.

13. $L=1$, $R=1$, $E(t)=\begin{cases}t, & 0 \leqq t < 1 \\ 1, & t > 1\end{cases}$ 인 L-R회로에서 $I(0)=0$일 때 전류를 구하라.

14. 문제 13에서 $E(t)=\delta(t-2)+\delta(t-6)$일 때 $I(0)=0$를 만족하는 전류를 구하라.

연습문제 해답

연습문제 1.1

1. (a) 상미분 (b) 2계 (c) 선형
2. (a) 상미분 (b) 1계 (d) 비선형
3. (a) 편미분 (c) 선형
4. (a) 상미분 (b) 1계 (c) 비선형
5. (a) 상미분 (b) 2계 (c) 선형
6. (a) 편미분 (c) 비선형
7. (a) 상미분 (b) 2계 (c) 비선형
8. (a) 편미분 (c) 비선형
9. (a) 상미분 (b) 1계
   (c) y에 대해서 선형 $\left(\dfrac{dy}{dx}=2x-y\right)$, x에 대해서 비선형 $\left(\dfrac{dx}{dy}=\dfrac{1}{2x-y}\right)$
10. (a) 편미분 (c) 선형

연습문제 1.2

8. $y(x)=-\dfrac{1}{2}\cos(x^2)+C$
9. $y(x)=\ln|\ln x|+C$
10. $y(x)=-xe^{-x}-e^{-x}+C$
11. $y(x)=-\ln|x+1|+\tan^{-1}x+C$
12. $y(x)=\dfrac{x}{4}(4-x^2)^{\frac{3}{2}}+\dfrac{3x}{2}\sqrt{4-x^2}+6\sin^{-1}\left(\dfrac{x^2}{2}\right)+C$
13. $m=1,\ m=2$
14. $m=6,\ m=-3$

연습문제 1.3

1. $y(x)=2e^{-2x}$
2. $y(x)=\dfrac{1}{7}e^{4x}-\dfrac{1}{7}e^{-3x}$
3. $y(x)=\dfrac{1}{3}\sin 3x$
4. $y(x)=-\dfrac{3}{4}-\dfrac{1}{2}x+\dfrac{3}{4}e^{2x}$
5. $y(x)=8x^6-7x^7$
6. 무한히 많은 해를 가짐, $y(x)=B\sin 2x$
7. 해가 없음, $y\left(\dfrac{\pi}{2}\right)=B\sin 3\pi=0\neq -2$

연습문제 1.4

1. $k=\dfrac{\ln 3}{6}$
2. $P(t)=1000\left(\dfrac{25}{23}\right)^{-\frac{t}{50}}$

3. $k = \dfrac{-1}{5000}\ln\left(\dfrac{99}{1249}\right) \approx 0.00051$

4. $v(t) = 32 - 32e^{-t}$, $v(1) \approx 20.23\text{ft/s}$

5. $0.2I'' + 300I' + 10^5 I = 0$

연습문제 2.1

1. $y^4 = \dfrac{8}{7}x^3 + C$

2. $\dfrac{1}{y^6} = \dfrac{18}{7x^7} + C$

3. $5y - \dfrac{9}{7y^7} + 6x + x^4 = C$

4. $-\dfrac{2}{3y^{3/2}} + \dfrac{2}{3}x^3 + \dfrac{8}{3}x^{\frac{3}{2}} = C$

5. $-3\cos x = 4\sin y + C$

6. $\dfrac{5x^6}{6} - 4\sin x = -\dfrac{2}{9}\sin 9y + \dfrac{2}{7}\cos 7y + C$

7. $10x - \dfrac{7}{3}e^{-3x} = e^y - 2y^4 + C$

8. $-3\cos x + \dfrac{1}{3}\cos 3x = \dfrac{1}{4}\sin 4y - 4\sin y + C$

9. $2y + \dfrac{5}{y} + \sin 2x + 2x = C$

10. $\dfrac{1}{2}\tan^2 y = \dfrac{1}{8}\cos^4 2x + C$

11. $-\dfrac{1}{2}\cos(x^2) = 2\sin\sqrt{y} + C$

12. $\dfrac{2}{3}(\ln x)^{3/2} = -\dfrac{1}{3}e^{3/y} + C$

13. $y(x) = \dfrac{1}{4}x^4 + 4$

14. $y = \ln|\sec x + \tan x| + 2$

15. $y = \sqrt{\dfrac{4}{3}x^{\frac{3}{2}} + 4}$

16. $y = -\sqrt{2e^x - 1} - 1$

17. $y = e^{\sqrt{2x+1}}$

18. $y(x) = \tan^{-1}x + 1$

19. $y(x) = \dfrac{2x}{x-2}$

연습문제 2.2

1. $y = x^3 + C$

2. $xy^2 = C$

3. $x^2 + xy^3 + 4y = C$

4. $x^2 y + \dfrac{1}{3}y^3 = C$

5. $x\sin^2 y = C$

6. $\dfrac{1}{y} = C + Cx^{-1} + x^{-1}$

7. $y^2\cos(x^2) = C$

8. $x + y\sin(xy) = C$

9. $(3+x)\sin(x+y) = C$

10. $x^2 y^2 = 1$

11. $y = -\dfrac{x^3+1}{x^2-1}$

12. $xe^y - x^2 y = 0$

연습문제 2.3

1. $y=\frac{1}{3}x^2+Cx^{-1}$

2. $y=e^x-x^{-1}e^x+Cx^{-1}$

3. $y=\ln(1+x^2)+C+x^2\ln(1+x^2)+Cx^2$

4. $y=\sqrt{x^2-1}\,(2\sqrt{x^2-1}+C)$

5. $y=-\frac{2}{5}e^{-2x}+\frac{1}{5}e^{-2x}\tan x+C\sec x$

6. $y=-x^3+4x+(x^2-4)^{\frac{3}{2}}\ln|x+\sqrt{x^2-4}|+C(x^2-4)^{\frac{3}{2}}$

7. $y=\frac{1}{3}x^4+\frac{3}{4}x^2-\frac{27}{8}+C\sqrt{4x^2-9}$

8. $y=x^2+\frac{49}{9}+C\sqrt{9x^2+49}$

9. $y=(e^{\frac{x^2}{2}}x^2-2e^{\frac{x^2}{2}}+C)e^{-\frac{x^2}{2}}=x^2-2+Ce^{-\frac{x^2}{2}}$

10. $x=-y^2-2y-2+Ce^y$

11. $x=3y^2+Cy$

12. $p=\frac{1}{3}t^4+Ct$

13. $y=4e^x(x+1)$

14. $y=2e^{-x^3}+xe^{-x^3}$

15. $y=x^{-1}(1+\sin x)$

16. $y=\dfrac{x^2}{2(e^x+1)}+\dfrac{2}{e^x+1}$

17. $x=-2+4e^t-t$

연습문제 2.4

1. $-\ln\left|\frac{2x}{y}-1\right|+2\ln\left|\frac{x}{y}-1\right|=-\ln|y|+C$

2. $\frac{1}{2}x^2y^2-xy^3=C$

3. $y^3=3x^3\ln|x|+Cx^3$

4. $y(x)=x+Cx^{-2}$

5. $x+y=Ce^{\frac{y}{x}}$

6. $(y-x)^{\frac{5}{2}}=C(y+x)^{\frac{3}{2}}$

7. $y=-x\ln|x|+Cx$

8. $y(x)=-\ln|x+1|+C$, $y=0$

9. $x^{\frac{5}{6}}=\dfrac{C\sqrt{2y-x}}{(3y-2x)^{2/3}}$

10. $y=Ce^{\frac{y}{4x}}$

11. $xy-\frac{1}{2}y^2=C$

12. $\ln\left|\ln\frac{x}{y}-1\right|=\ln|y|+C$

13. $e^{\frac{x}{y}}\left(\frac{x}{y}-1\right)=2\ln|y|+C$

14. $\ln\left|\frac{y}{x}+\sqrt{1+\left(\frac{y}{x}\right)^2}\right|=\ln|x|$

15. $\ln|x|=\frac{1}{3}\left(\frac{y}{x}\right)^3-\ln\left|\frac{y}{x}\right|+\frac{1}{3}(3\ln 2-8)$

연습문제 2.5

1. (a) 예 (b) 아니오 (c) 아니오
2. 모순되지 않음
3. 예, $y=e^{2(x^{\frac{3}{2}}-1)/3}$
4. 유일한 해를 가짐
5. (a)에서만 가짐

연습문제 3.1

1. 102400, $t = 16.23$ 일
2. $y(1)= 99.93\ g,\ y(500)= 70.71\ g$
3. $t \approx 12.92$ 시간, $y(15)= \dfrac{1}{8}y_0$
4. 9.72일
5. 같은 시대가 아님
6. $y=\dfrac{1,000,000}{1+9e^{-t/100}},\ y(25)\approx 124,856,\ \lim\limits_{t\to\infty}y(t)=1,000,000$
7. $y(5)=\dfrac{2500e^{5\ln\frac{499}{99}}}{499+e^{5\ln\frac{499}{99}}}\approx 2173,$

연습문제 3.2

1. $t \approx 55.85$분
2. 12.59분
3. $t \approx -2.45$시간, 오후 12 : 30
4. $T(5) \approx 76.3°F$
5. $t \approx 4.7$분
6. $u(t)=\dfrac{-5}{9+\pi^2}\left[-8\pi^2-(2\pi^2+27)e^{-\frac{t}{4}}+3\pi\sin\left(\dfrac{\pi t}{12}\right)+9\cos\left(\dfrac{\pi t}{12}\right)-72\right]$

연습문제 3.3

1. (a) $v(t)=32-32e^{-t}$ (b) $v(2)\approx 27.67\,\text{ft/s}$
2. (a) $v(t)=\dfrac{1}{2}+\dfrac{15}{2}e^{-64t}$ (b) $v(1)\approx 0.5\,\text{ft/s}$
3. (a) $v(t)=4-68e^{-8t}$
   (b) $v(0)=0 \Leftrightarrow t=-\dfrac{1}{8}ln\left(\dfrac{1}{17}\right)\approx 0.354\ s$
4. $v(t)=32-32e^{-t},\ s(t)=32t+32e^{-t}-32$
5. (a)$v(t)=\dfrac{49}{5}-\dfrac{49}{5}e^{-t}$ (b) $\lim\limits_{t\to\infty}v(t)=\dfrac{49}{5}$
6. (a)$v(t)=-9800+9900e^{-t/1000},\ s(t)=-9800+9900000(-e^{-t/1000}+1)$

(b) $v(t)=0 \Rightarrow t \approx 10.152\text{s}$, $s(10.152) \approx 506.76\text{m}$

7. $c=5$

8. $v(t)=\dfrac{8(e^{8t}-1)}{e^{8t}+1}$, $\lim_{t\to\infty} v(t)=8\ ft/s$

연습문제 4.1

1. (a) $3x\sin x-(x^2+5)\cos x$ (b) 0
   (c) $(r^2-4r-5)x^r$
3. (a) $e^{2x}\cos x-3e^{2x}\sin x$ (b) $-4e^{2x}\cos x+3e^{2x}\sin x$
4. (a) $\left(-\dfrac{\pi}{2},\dfrac{\pi}{2}\right)$에서 유일한 해 (b) $(0,3)$에서 유일한 해
   (c) $(0,3)$에서 유일한 해 (d) $(0,2)$에서 유일한 해
5. (a) 방정식은 비선형이므로 적용할 수 없다.
   (b) $\dfrac{1}{x}$ 과 $\dfrac{\cos x}{x}$ 가 점 $x_0=0$ 에서 불연속이므로 적용할 수 없다.
   (c) $(-\infty,1)$에서 유일한 해
   (d) 이 경계값 문제는 존재정리의 조건을 만족시키지만 일반적으로 경계값 문제는 경계조건에 따라서 유일한 해, 여러 개의 해, 혹은 해를 갖지 않는 경우도 있다.
6. (a) $D^2+7D+12$ (b) $2D^2+D-1$
   (c) D^2+x (d) x^2D^2-xD+1

연습문제 4.2

1. (a) 일차독립 $2e^{-2x}$ (b) 일차독립 $-e^{4x}$
   (c) 일차독립 x^3 (d) 일차종속 0
2. (a) (i) $y_1''-2y_1'+5y_1=0$, $y_2''-2y_2'+5y_2=0$,
   $W[y_1,y_2]\neq 0$ 이므로 y_1 과 y_2 는 일차독립인 해이다.
   (ii) $y=C_1e^x\cos 2x+C_2e^x\sin 2x$
   (iii) $y=2e^x\cos 2x-e^x\sin 2x$
   (b) (i) $x^2y_1''-2y_1=0$, $x^2y_2''-2y_2=0$, $W[y_1,y_2]\neq 0$ 이므로
   y_1 과 y_2 는 일차독립인 해이다.
   (ii) $y=C_1x^2+C_2x^{-1}$
   (iii) $y=-3x^2+x^{-1}$
   (c) (i) $y_1''-5y_1'+6y_1=0$, $y_2''-5y_2'+6y_2=0$, $W[y_1,y_2]\neq 0$ 이므로
   y_1 과 y_2 는 일차독립인 해이다.
   (ii) $y=C_1e^{2x}+C_2e^{3x}$
   (iii) $y=e^{2x}-2e^{3x}$
   (d) (i) $xy_1''-(x+2)y_1'+2y_1=0$, $xy_2''-(x+2)y_2'+2y_2=0$,

$W[y_1, y_2] \neq 0$ 이므로 y_1 과 y_2 는 일차독립인 해이다.

(ii) $y = C_1 e^x + C_2(x^2 + 2x + 2)$

(iii) $y = 5e^{x-1} - x^2 - 2x - 2$

3. (a) 일차종속 (b) 일차종속 (c)일차독립
구간 $(-\infty, \infty)$ 에서 $W[y_1, y_2](x) = 0$.

연습문제 4.3

1. (a) $y = e^{-5x}$ (b) $y = x^{-3}$ (c) $y = e^x \ln x$
2. $x^2 w'' + (4x - x^2) w' + (x^2 - 2x + 2) w = 0$
3. (a) $y = x \int x^{-2} e^{\frac{x^2}{2}} \, dx$

(b) $y = \sum_{n=0}^{\infty} \frac{x^{2n}}{n!\, 2^n (2n-1)} = -1 + \frac{x^2}{2} + \frac{x^4}{24} + \cdots$

연습문제 4.4

1. $C_1 \cos 2x + C_2 \sin 2x$
2. $C_1 e^{3x} \cos x + C_2 e^{3x} \sin x$
3. $C_1 e^{-2x} \cos \sqrt{2}\, x + C_2 e^{-2x} \sin \sqrt{2}\, x$
4. $C_1 e^{\frac{x}{2}} \cos\left(\frac{5x}{2}\right) + C_2 e^{\frac{x}{2}} \sin\left(\frac{5x}{2}\right)$
5. $C_1 e^x + C_2 e^{7x}$
6. $C_1 e^{-5x} + C_2 x e^{-5x}$
7. $C_1 e^{-x} \cos 2x + C_2 e^{-x} \sin 2x$
8. $C_1 e^{-5x} \cos 4x + C_2 e^{-5x} \sin 4x$
9. $C_1 e^{\frac{x}{2}} \cos\left(\frac{3\sqrt{3}\, x}{2}\right) + C_2 e^{\frac{x}{2}} \sin\left(\frac{3\sqrt{3}\, x}{2}\right)$
10. $C_1 e^{\frac{-2x}{3}} \cos\left(\frac{\sqrt{23}\, x}{3}\right) + C_2 e^{\frac{-2x}{3}} \sin\left(\frac{\sqrt{23}\, x}{3}\right)$
11. $2e^{-x} \cos x + 3e^{-x} \sin x$
12. $\left(\frac{\sqrt{2}}{4}\right)\left[e^{(2+\sqrt{2})x} - e^{(2-\sqrt{2})x}\right]$
13. $e^{2x} \cos x + 4e^{2x} \sin x$
14. $e^x \sin x - e^x \cos x$

연습문제 4.5

1. $C_1 e^x + C_2 e^{-x} - x$
2. $C_1 e^{2x} + C_2 e^{-x} + x - 1$
3. $e^{-x}(C_1 \cos \sqrt{3}\, x + C_2 \sin \sqrt{3}\, x) + \sin 2x$
4. $e^{\frac{t}{2}} \left[C_1 \cos\left(\frac{\sqrt{3}\, t}{2}\right) + C_2 \sin\left(\frac{\sqrt{3}\, t}{2}\right)\right] + \cos t$

5. $C_1 e^x + C_2 x e^x + x^2 e^x$

6. (a) $5\cos x$ (b) $\cos x - e^{2x}$ (c) $4\cos x + 6e^{2x}$

7. (a) $C_1 e^{\sqrt{2}x} + C_2 e^{-\sqrt{2}x} + \dfrac{1+\tan x}{2}$

(b) $C_1 e^{\sqrt{2}x} + C_2 e^{-\sqrt{2}x} + 1 - \dfrac{x}{2}$

(c) $C_1 e^{\sqrt{2}x} + C_2 e^{-\sqrt{2}x} + \tan x - \dfrac{3x}{2} + 2$

(d) $C_1 e^{\sqrt{2}x} + C_2 e^{-\sqrt{2}x} - \dfrac{(x+\tan x)}{8}$

연습문제 4.6

1. $y_p \equiv -4$

2. e^{2x}

3. $3t^2 - 2t + 4$

4. $\cos 3x$

5. $\dfrac{re^r}{2} + \dfrac{3e^r}{4}$

6. $-\dfrac{(t\sin t + \cos t)}{2}$

7. $4x^2 e^x$

8. $\dfrac{x^2}{9} + \dfrac{4x}{27} + \dfrac{2}{27} + \dfrac{e^x}{4}$

9. $C_1 e^x + C_2 e^{-x} + 11x - 1$

10. $C_1 e^x + C_2 e^{-2x} - \dfrac{x^2}{2} + \dfrac{x}{2} - \dfrac{7}{4}$

11. $C_1 e^t + C_2 e^{2t} + \dfrac{e^t(\cos t - \sin t)}{2}$

12. $e^{-\theta}(C_1 \cos\theta + C_2 \sin\theta) + \dfrac{(\theta e^{-\theta}\sin\theta)}{2}$

13. $C_1 e^{2t} + C_2 t e^{2t} + t^3 e^{2t}/6$

14. $C_1 e^{\sqrt{3}x} + C_2 e^{-\sqrt{3}x} - \dfrac{x^2}{3} - \dfrac{2}{9} + \dfrac{e^x}{2}$

15. $e^{-\frac{x}{2}}\left[C_1 \cos\left(\dfrac{\sqrt{3}\,x}{2}\right) + C_2 \sin\left(\dfrac{\sqrt{3}\,x}{2}\right)\right] + \sin x + e^x\left(-\dfrac{x^2}{3} + \dfrac{2x}{3} - \dfrac{4}{9}\right)$

16. $e^x - 1$

17. $e^{-x} + \sin x - \cos x$

18. $\dfrac{3}{20}\sin 2x - \dfrac{1}{20}\cos 2x - \dfrac{3}{10}\cos x - \dfrac{1}{10}\sin x$

19. $\dfrac{x^2}{10} + \dfrac{7x}{50} - \dfrac{161}{500} + \dfrac{e^x}{4} + \dfrac{25e^{2x}}{4} - \dfrac{1589e^{5x}}{500}$

20. $-\dfrac{1}{2}\sin\theta - \dfrac{e^{2\theta}}{3} + \dfrac{3e^\theta}{4} + \dfrac{7e^{-\theta}}{12}$

21. $(Ax^2 + Bx)\sin x + (Cx^2 + Dx)\cos x + E10^x$

22. $e^t(A\cos t + B\sin t) + Ct^2 + Dt + E$

23. $Ae^{5x} + (Bx + C)\cos 3x + (Dx + E)\sin 3x$

24. $Aue^u + B + C\sin u + D\cos u$

연습문제 4.7

1. $C_1\cos 2x + C_2\sin 2x - \frac{1}{4}\cos 2x\ \ln|\sec 2x + \tan 2x|$
2. $C_1 e^{2t} + C_2 e^{-t} + e^{3t/4}$
3. $C_1 e^x + C_2 x e^x + x e^x \ln|x|$
4. $C_1\cos 4\theta + C_2\sin 4\theta + \frac{\theta}{4}\sin 4\theta + \frac{1}{16}\cos 4\theta\ \ln|\cos 4\theta|$
5. $C_1\cos 2x + C_2\sin 2x + \frac{[(\cos 2x)\ln|\csc 2x + \cot 2x| - 1]}{4}$
6. $C_1\cos x + C_2\sin x + (\sin x)\ln|\sec x + \tan x| - 2$
7. $C_1\cos 2x + C_2\sin 2x + \frac{1}{24}\sec^2 2x - \frac{1}{8} + \frac{1}{8}(\sin 2x)\ln|\sec 2x + \tan 2x|$
8. $C_1\cos x + C_2\sin x - x^2 + 3 + 3x\sin x + 3(\cos x)\ln|\cos x|$
9. $C_1\cos 2x + C_2\sin 2x - \frac{e^x}{5} - \frac{1}{2}(\cos 2x)\ln|\sec 2x + \tan 2x|$
10. $C_1 e^{3x} + C_2 x e^{3x} + \frac{1}{2x}e^{3x}$

연습문제 5.1

1. $m = 4\text{slugs},\ k = 9\text{lb/ft}$: 평형위치 위 1 ft 지점에서 초기속도없이 놓아졌다.
2. $m = \frac{1}{4}\text{slugs},\ k = 16\text{lb/ft}$: 평형위치 아래 0.75 ft (8inches)인 지점에서 위쪽으로 초기속도 2 ft/s 으로 올려졌다.
3. $x(t) = 5\cos(t-\phi),\ \phi = -\cos^{-1}\frac{3}{5} \approx 0.93\text{rads}$: 주기$=2\pi$, 진폭$=5$
4. $x(t) = \frac{\sqrt{65}}{4}\cos(4t-\phi),\ \phi = \cos^{-1}\left(-\frac{8}{\sqrt{65}}\right) \approx 3.02\text{rads}$: 주기$=\frac{\pi}{2}$, 진폭$=\frac{\sqrt{65}}{4}$
5. $x(t) = \frac{\sqrt{2}}{3}\cos(3t-\phi),\ \phi = -\cos^{-1}\left(-\frac{1}{\sqrt{2}}\right) \approx -\frac{\pi}{4}\text{rads}$:

   주기$=\frac{2\pi}{3}$, 진폭$=\frac{\sqrt{2}}{3}$
6. $x(t) = \cos 8t$, 최대위치$=1\text{ ft}\ (t = \frac{n\pi}{8},\ n = 0,1,2,\cdots$일 때)
7. $x(t) = -\frac{1}{4}\cos 8t,\ t = \frac{\pi}{16}s$: $x(5) \approx 0.167\text{ ft}$

   $x(t) = \frac{1}{8}\sin 8t$: $t = \frac{\pi}{8}$
8. k가 증가할 때, 스프링-질량 시스템이 평형위치를 통과하는 주기가 증가하게 된다.
9. $b = \frac{\sqrt{1023}}{16}$
10. $m = 2\text{slugs}$
11. $w\sqrt{\alpha^2 + \frac{\beta^2}{w^2}}$

연습문제 5.2

1. $m=1,\ c=4,\ k=3$: 평형위치에서 위쪽으로 초기속도 4 ft/s 으로 올려졌다.
2. $m=\dfrac{1}{4}$, $c=2$, $k=1$: 평형위치 위 6inches 지점에서 아래쪽으로 초기속도 1 ft/s 으로 내려졌다.
3. $x(t)=\dfrac{\sqrt{10}}{3}e^{-2t}\cos(3t-\phi),\ \phi=\cos^{-1}\dfrac{3}{\sqrt{10}}\approx 0.32\,\text{rads}$,

   준주기$=\dfrac{2\pi}{3}$, $t\approx 0.63$
4. $x(t)=\dfrac{\sqrt{29}}{5}e^{-t}\cos(5t-\phi),\ \phi=\cos^{-1}\dfrac{5}{\sqrt{29}}\approx 0.38\,\text{rads}$,

   준주기$=\dfrac{2\pi}{5}$, $t\approx 0.39$
5. $x(t)=-\dfrac{1}{2}e^{-5t}+\dfrac{1}{2}e^{-3t}$: 과제동: 평형위치를 통과하지 않는다.

   $x\left(\dfrac{1}{2}ln\left(\dfrac{5}{3}\right)\right)\approx 0.093$
6. $x(t)=-3e^{-t}+2e^{-\frac{t}{2}}$: 과제동

   $x(t)=0\Rightarrow t=2\ln\left(\dfrac{3}{2}\right)\approx 0.811$ 최대위치 $=1\ (t=0)$
7. $x(t)=4e^{-4t}+14\,t\,e^{-4t}$: 임계제동.

   평형위치를 통과하지 않는다. 최대위치 $=4\ (t=0)$
8. $x(t)=-5e^{-5t}-24\,t\,e^{-5t}$: 임계제동.

   평형위치를 통과하지 않는다. 최대위치 $=5\ (t=0)$
9. $c=2$
10. $x(t)=-\dfrac{3}{2}e^{-4t}+e^{-6t}$: 평형위치를 통과하지 않는다.

    최대위치$=\dfrac{1}{2}\,(t=0)$
11. $x(t)=e^{-2t}\left(-3\cos\left(4\sqrt{\dfrac{11}{5}}\,t\right)-\dfrac{3}{2}\sqrt{\dfrac{5}{11}}\sin\left(4\sqrt{\dfrac{11}{5}}\,t\right)\right)$

    또는 $x(t)=\dfrac{21}{2\sqrt{11}}\cos\left(4\sqrt{\dfrac{11}{5}}\,t-\phi\right)$

    $\phi=\cos^{-1}\dfrac{-2\sqrt{11}}{7}\approx 2.81646$

    $x(t)=0\Rightarrow t=\dfrac{1}{4}\sqrt{\dfrac{5}{11}}\left(\dfrac{(2n+1)\pi}{2}+\phi\right)$ n 은 임의의 정수
12. $c=32$, $0<c<32$
13. $c=\dfrac{10}{13}$
14. $x(t)=C_1e^{-\rho t}+C_2\,t\,e^{-\rho t},\ \rho=\dfrac{c}{2m}$;

    $x(0)=\alpha,\ x'(0)=0\Rightarrow x(t)=\alpha e^{-\rho t}(1+\rho t)$;

    $x(t)=0\ \Rightarrow\ t=-\dfrac{1}{\rho}<0$

연습문제 5.3

1. $x(t) = -\frac{2}{7}\cos 4t + \frac{1}{2}\sin 4t + \frac{2}{7}\cos 3t$, $w = 4$

2. $x(t) = \frac{35}{141}\cos(4\sqrt{3}\,t) + \frac{4}{47}\cos t$

3. $x(t) = \begin{cases} \frac{4}{w^2-9}(\cos 3t - \cos wt) & , \ w \neq 3 \\ \frac{2}{3}t\ \sin 3t & , \ w = 3 \end{cases}$

   $w = 3$일 때 공명현상이 일어남.

4. $x(t) = -e^{-4t}\left(\frac{1}{20}\cos 3t + \frac{7}{120}\sin 3t\right) + \frac{1}{40}(2\cos t - \sin t)$

5. $x(t) = \frac{1}{3}\cos t - \frac{1}{3}\cos 2t$; $\pm\frac{2}{3}\sin\frac{t}{2}$; 감소

6. $x(t) = e^{-\frac{t}{2}}\left(2\cos\frac{5t}{2} - 4\sin\frac{5t}{2}\right) - 2\cos t + 11\sin t$

7. (a) $x(t) = \alpha\cos\left(\sqrt{\frac{k}{m}}\,t\right) + \frac{F}{k-mw^2}\sin wt$

   (b) $x(t) = \beta\sqrt{\frac{m}{k}}\sin\left(\sqrt{\frac{k}{m}}\,t\right) + \frac{F}{k-mw^2}\sin wt$

   (c) $x(t) = \alpha\cos\left(\sqrt{\frac{k}{m}}\,t\right) + \beta\sqrt{\frac{m}{k}}\,sin\left(\sqrt{\frac{k}{m}}\,t\right) + \frac{F}{k-mw^2}\sin wt$

8. $x(t) = \begin{cases} 1-\cos t & , \ 0 \leq t \leq \pi \\ -2\cos t & , \ t > \pi \end{cases}$

연습문제 5.4

1. (a) $\theta(t) = \frac{55}{8} - \frac{55}{8}\cos 4t$ (b) $\theta(t) = \frac{t}{4} - \frac{1}{64}\sin 16t$

   (c) $\theta(t) = -15\sin 16t + \frac{4}{15}\sin 4t$

2. $\theta(t) = \frac{8\sqrt{7}}{175}e^{-\frac{125}{2}t}\sin\left(\frac{25\sqrt{7}}{2}t\right)$

   최대값(max): 0.0225 ($t \approx 0.0147$ 일 때)

3. (a) $s(x) = \frac{1}{300}x^4 + \frac{1}{3}x^2 - \frac{1}{15}x^3$

   (b) $s(x) = \frac{1}{30}x^4 + \frac{10}{3}x^2 - \frac{2}{3}x^3$

   (c) $s(x) = \frac{1}{3}x^4 + \frac{100}{3}x^2 - \frac{20}{3}x^3$

4. (a) $s(x) = \frac{1}{360}x^6 + \frac{10000}{9}x - \frac{125}{9}x^3$

   (b) $s(x) = \frac{1}{360}x^4 + \frac{1250}{3}x^2 - \frac{125}{18}x^3$

(c) $s(x) = \frac{1}{360}x^6$

(d) $s(x) = \frac{1}{360}x^6 + \frac{5000}{720}x^3 + \frac{10^5}{240}x$

5. $\theta(t) = \theta_0 \cos\frac{t}{\sqrt{LC}}$: $I(t) = -\frac{\theta_0}{\sqrt{LC}}\sin\frac{t}{\sqrt{LC}}$

Max $\theta = \theta_0$: Max $I = \frac{\theta_0}{\sqrt{LC}}$

6. (a)$\theta(t) = \frac{1}{20}\cos 4t$

(b)$\theta(t) = \frac{1}{20}\cos 4t + \frac{1}{4}\sin 4t$

(c)$\theta(t) = \frac{1}{20}\cos 4t - \frac{1}{4}\sin 4t$

7. (a) $\theta(t) = \frac{\sqrt{7}}{60}e^{-t\sqrt{7}}\sin 3t + \frac{1}{20}e^{-t\sqrt{7}}\cos 3t$

(b) $\theta(t) = \left(\frac{\sqrt{7}}{60} + \frac{1}{3}\right)e^{-t\sqrt{7}}\sin 3t + \frac{1}{20}e^{-t\sqrt{7}}\cos 3t$

(c) $\theta(t) = \left(\frac{\sqrt{7}}{60} - \frac{1}{3}\right)e^{-t\sqrt{7}}\sin 3t + \frac{1}{20}e^{-t\sqrt{7}}\cos 3t$

9. (a) $T = 2\pi\sqrt{\frac{2}{9.8}} \approx 2.83s$ (b) $T = 2\pi\sqrt{\frac{8}{32}} \approx 3.14s$

10. $\theta(t)$ 는 $t = \frac{1}{w}\left(2\pi + \cos^{-1}\left(\frac{\theta_0}{\sqrt{\theta_0 + \frac{v_0}{w^2}}}\right)\right)$에서

최대값 $\sqrt{\theta_0 + \frac{v_0^2}{w^2}}$ 를 갖는다. ($w = \sqrt{\frac{g}{L}}$)

연습문제 6.1

1. $(-\infty, 0)$
2. $\left(\frac{3\pi}{2}, \frac{5\pi}{2}\right)$
3. $(0, \infty)$
4. 일차독립 : $48e^{7x}$
5. 일차종속 : 0
6. 일차독립 : $\frac{3}{2}x^{-\frac{5}{2}}$
7. 일차독립 : $12x^4$
8. $C_1e^{3x} + C_2e^{-x} + C_3e^{-4x}$
9. $C_1x + C_2x^2 + C_3x^3$
10. $C_1e^x + C_2e^{-x} + C_3\cos x + C_4\sin x$
11. (a) $C_1e^x + C_2e^{-x}\cos 2x + C_3e^{-x}\sin 2x + x^2$

(b) $-e^x + e^{-x}\sin 2x + x^2$

12. (a) $C_1x + C_2x\ln x + C_3x(\ln x)^2 + \ln x$

(b) $3x - x\ln x + x(\ln x)^2 + \ln x$

13. (a) $2\sin x - x$ (b) $4x - 6\sin x$

연습문제 6.2

1. $C_1 + C_2 e^{2x} + C_3 e^{-4x}$
2. $C_1 e^{-x} + C_2 e^{\frac{-2x}{3}} + C_3 e^{\frac{x}{2}}$
3. $C_1 e^{-x} + C_2 e^{-x}\cos 5x + C_3 e^{-x}\sin 5x$
4. $C_1 e^{3x} + C_2 x e^{3x} + C_3 x^2 e^{3x}$
5. $C_1 e^{-x} + C_2 x e^{-x} + C_3 x^2 e^{-x} + C_4 x^3 e^{-x}$
6. $C_1 \cos\sqrt{2}\,x + C_2 x\cos\sqrt{2}\,x + C_3 \sin\sqrt{2}\,x + C_4 x\sin\sqrt{2}\,x$
7. $C_1\cos\sqrt{2}\,x + c_2\sin\sqrt{2}\,x + C_3 x\cos\sqrt{2}\,x + C_4 x\sin\sqrt{2}\,x$
8. $C_1 e^{x} + C_2 x e^{x} + C_3 e^{-3x} + (C_4 + C_5 x)e^{-x}\cos 2x + (C_6 + C_7 x)e^{-x}\sin 2x$
9. $C_1 e^{-4x} + C_2 e^{3x} + (C_3 + C_4 x + C_5 x^2)e^{-2x}$
   $+ (C_6 + C_7 x)e^{-2x}\cos x + (C_8 + C_9 x)e^{-2x}\sin x$
   $+ C_{10} + C_{11}x + C_{12}x^2 + C_{13}x^3 + C_{14}x^4$
10. $e^{x} - 2e^{-2x} - 3e^{2x}$
11. $e^{2x} - \sqrt{2}\,e^{x}\sin\sqrt{2}\,x$

연습문제 6.3

1. $C_1 x e^{x} + C_2 + C_3 x + C_4 x^2$
2. $C_1 x^2 e^{-2x}$
3. $C_1 x^2 e^{x} + C_2 x e^{x} + C_3$
4. $C_1 e^{x} + C_2 e^{3x} + C_3 e^{-2x} - \frac{1}{6}x e^{x} + \frac{1}{6}x^2 + \frac{5}{18}x + \frac{37}{108}$
5. $C_1 e^{x} + C_2 e^{-2x} + C_3 x e^{-2x} - \frac{1}{6}x^2 e^{-2x}$
6. $C_1 e^{-x}\cos x + C_2 e^{-x}\sin x + C_3 e^{x} - \frac{4}{25}x e^{x} + \frac{1}{10}x^2 e^{x} - \frac{1}{2}$
7. D^5
8. $D+7$
9. $(D-2)(D-1)$
10. $[(D+1)^2+4]^3$
11. $(D+2)^2[(D+5)^2+9]^2$
12. $C_3\cos 2x + C_4\sin 2x + C_5$
13. $C_3 x e^{3x} + C_4 x^2 + C_5 x + C_6$
14. $C_3 + C_4 x + C_5\cos 2x + C_6\sin 2x$
15. $C_3 x e^{-x}\cos x + C_4 x e^{-x}\sin x + C_5 x^2 + C_6 x + C_7$
16. $C_2 x + C_3 x^2 + C_6 x^2 e^{x}$
17. $-2e^{3x} + e^{-2x} + x^2 - 1$
18. $x^2 e^{-2x} - x^2 + 3$

연습문제 6.4

1. $\frac{1}{6}x^2 e^{2x}$
2. $\frac{e^{2x}}{16}$
3. $\ln(\sec x) - (\sin x)\ln(\sec x + \tan x)$
4. $\frac{1}{2}x^2 + 2x + 3$
5. $\frac{1}{6}x^3 e^{x}$

6. $\sec\theta + \cos\theta\ln\cos\theta + (\theta - \tan\theta)\sin\theta$

연습문제 7.1

1. $y = C_1\sqrt{x} + C_2 x^{\frac{5}{2}}$
2. $y = C_1 x + C_2 x^4$
3. $y = C_1\sqrt{x}\cos(2\ln x) + C_2\sqrt{x}\sin(2\ln x)$
4. $y = C_1 x\cos(3\ln x) + C_2 x\sin(3\ln x)$
5. $y = C_1 x^2 + C_2 x^{-3}$
6. $y = C_1\sin(2\ln x) + C_2\cos(2\ln x)$
7. $y = C_1 x^{-2}\sin(3\ln x) + C_2 x^{-2}\cos(3\ln x)$
8. $y = C_1 x^{-10} + C_2 x^{-7} + C_3 x^{-2}$
9. $y = C_1 x^2 + C_2 x^{-5} + C_3 x^{10}$
10. $y = C_1 x + C_2 x^2 + C_3 x^{-2}$
11. $y = C_1 x^{-1} + C_2\sin(2\ln x) + C_3\cos(2\ln x)$
12. $y = C_1 x + C_2 x\sin(\ln x) + C_3 x\cos(\ln x)$
13. $y = C_1 x^{-4} + C_2 x^{-1} + C_3 x + C_4 x\ln x$
14. $y = \dfrac{1}{9x^5}(9C_1 x^3 + 9C_2 x^3\ln x + 1)$
15. $y = \dfrac{1}{5x^2}(1 - 5C_1 x^2\sin(\ln x) + 5C_2 x^2\cos(\ln x))$
16. $y = -\dfrac{1}{2}x + C_1 x^2 + C_2 x^{-3}$
17. $y = 2 + C_1\sin(2\ln x) + C_2\cos(2\ln x)$
18. $y = \dfrac{1}{40}x^2 + C_1\sin(6\ln x) + C_2\cos(6\ln x)$
19. $y = \dfrac{1}{25x^4}(25C_1 + 25C_2 x^6 + 25C_3 x^6\ln x + x)$
20. $y = \dfrac{1}{648x^{13}}(648C_1 x^8 + 648C_2 x^9 + 648C_3 x^9\ln x - 1)$
21. $y = \dfrac{9}{5}x^{\frac{1}{3}} + \dfrac{1}{5}x^2$
22. $y = \cos(2\ln x)$
23. $y = \dfrac{1}{44}x^{-10} + \dfrac{8}{11}x - \dfrac{3}{4}x^2$
24. $y = \dfrac{3}{2}x - \dfrac{3}{2}x^2\cos(\ln x) + \dfrac{1}{2}x^2\sin(\ln x)$
25. $y = \dfrac{1}{5x^2} + \dfrac{22}{15}\sqrt{x} - \dfrac{5}{3x}$
26. $y = \dfrac{1}{25}x^3 + \dfrac{24}{25}\sqrt{x} - \dfrac{8}{5}\sqrt{x}\ln x$

연습문제 7.2

1. (a) $e^{-x} = 1 - x + \frac{x^2}{2!} - \frac{x^3}{3!} + \ldots = \sum_{k=0}^{\infty} \frac{(-1)^k x^k}{k!}$

   (b) $\frac{x}{1+x} = x - x^2 + x^3 - x^4 + \ldots = \sum_{k=0}^{\infty} (-1)^k x^{k+1}$

   (c) $x \sin x = x^2 - \frac{x^4}{3!} + \frac{x^6}{5!} - \frac{x^8}{7!} \ldots = \sum_{k=0}^{\infty} \frac{(-1)^k x^{2k+2}}{(2k+1)!}$

2. (a)$e^x = e + e(x+1) + \frac{e}{2!}(x-1)^2 + \frac{e}{3!}(x-1)^3 + \ldots = e\sum_{k=0}^{\infty} \frac{(x-1)^k}{k!}$

   (b) $$\cos x = \frac{\sqrt{2}}{2} - \frac{\sqrt{2}}{2}\left(x - \frac{\pi}{4}\right) - \frac{\sqrt{2}}{2}\frac{1}{2!}\left(x - \frac{\pi}{4}\right)^2 + \frac{\sqrt{2}}{2}\frac{1}{3!}\left(x - \frac{\pi}{4}\right)^3 + \cdots$$
   $$= \sum_{k=0}^{\infty} \cos\left(\frac{(2k+1)}{4}\pi\right) \frac{\left(x - \frac{\pi}{4}\right)^k}{k!}$$

3. $x + 2x^2 + 3x^3 + 4x^4 + \ldots = \sum_{k}^{\infty} (k+1) x^{k+1}$

4. $f(x) = \frac{2}{(1-x)^3}$

5. (a) $\sum_{n=0}^{\infty} a_{n+2} x^{n+2}$ (b) $\sum_{n=0}^{\infty} 4a_{n-1} x^{2n-1}$

6. (a) $\sum_{n=0}^{\infty} [5a_n + 3a_{n+1}] x^{n+1}$ (b) $\sum_{n=0}^{\infty} [10a_n + a_{n+3}] x^{n+2}$

   (c) $\sum_{n=0}^{\infty} a_{n+1}[x^{n+2} - 2x^{n+1}] = -2a_1 x + \sum_{n=1}^{\infty} (a_{n-1} - 2a_n) x^n$

   (d) $\sum_{n=0}^{\infty} [2a_{n+2} x^{n+1} + a_n x^n] = a_0 + \sum_{n=1}^{\infty} (a_n + 2a_{n+1}) x^n$

7. $$\lim_{x \to 0} \frac{\sin x}{x} = \lim_{x \to 0} \frac{1}{x}\left(x - \frac{x^3}{3!} + \frac{x^5}{5!} + \ldots\right)$$
   $$= \lim_{x \to 0}\left(1 - \frac{x^2}{3!} + \frac{x^4}{5!} + \ldots\right) = 1$$

연습문제 7.3

1. (a) $x = 0$, $R \geqq 1$ (b) $x = 2$, $R \geqq 4$

   (c) $x = \pm 2$, $R \geqq 1$

2. $$y = C_1 + C_2 x + \left(9C_1 - \frac{3}{2}C_2\right)x^2 + \left(-9C_1 + \frac{9}{2}C_2\right)x^3 + \left(\frac{81}{4}C_1 - \frac{45}{8}C_2\right)x^4 + \ldots$$

3. $$y = C_1 + C_2 x + \left(-15C_1 + \frac{11}{2}C_2\right)x^2 + \left(-55C_1 + \frac{91}{6}C_2\right)x^3$$

$$+\left(-\frac{455}{4}C_1+\frac{671}{24}C_2\right)x^4+\ldots$$

4. $y=C_1+C_2x+(-32C_1-8C_2)x^2+\left(\frac{512}{3}C_1+32C_2\right)x^3$
$$+\left(-521C_1-\frac{256}{3}C_2\right)x^4+\ldots$$

5. $y=C_1+C_2x-\frac{1}{2}C_1x^2-\frac{1}{6}C_2x^3+\frac{1}{24}C_1x^4+\ldots$

6. $y=C_1+C_2x+\left(-\frac{25}{2}C_1-4C_2\right)x^2+\left(-\frac{100}{3}C_1+\frac{13}{2}C_2\right)x^3$
$$+\left(-\frac{325}{8}C_1-\frac{14}{3}C_2\right)x^4+\ldots$$

7. $y=C_1+C_2x+\left(C_1+\frac{1}{2}C_2+\frac{1}{2}\right)x^2+\left(\frac{1}{3}C_1+\frac{1}{2}C_2\right)x^3$
$$+\left(\frac{1}{8}+\frac{1}{4}C_1+\frac{5}{24}C_2\right)x^4+\ldots$$

8. $y=C_1+C_2x+\left(C_1+\frac{1}{2}C_2\right)x^2+\frac{1}{3}C_2x^3+\frac{1}{6}C_1x^4+\ldots$

9. $y=C_1+C_2x+\left(C_1+\frac{3}{2}C_2\right)x^2+\frac{1}{3}C_2x^3+\frac{1}{6}C_1x^4+\ldots$

10. $y=C_1+C_2x-2C_1x^2-\frac{1}{2}C_1x^3+\frac{1}{3}C_1x^4+\ldots$

11. $y=C_1+C_2x-\frac{1}{4}C_2x^3+\frac{3}{16}C_2x^4-\frac{9}{80}C_2x^5+\ldots$

12. $y=C_1+C_2x+\frac{3}{4}C_2x^2+\frac{1}{12}C_2x^3-\frac{5}{32}C_1x^4+\ldots$

13. $y=C_1+C_2x+\left(\frac{1}{2}C_2-C_1\right)x^2+\left(-\frac{1}{3}C_1-\frac{1}{3}C_2\right)x^3$
$$+\left(\frac{1}{6}C_1-\frac{5}{24}C_2\right)x^4+\ldots$$

14. $y=C_1+C_2x-\frac{5}{4}C_2x^2+\frac{3}{8}C_2x^3-\frac{29}{192}C_1x^4+\ldots$

15. $y=1+\frac{1}{3}x^4+\frac{1}{42}x^8+\frac{1}{1386}x^{12}+\frac{1}{83160}x^{16}+\ldots$

16. $y=-2+2x+3x^2-\frac{1}{3}x^3+\frac{5}{4}x^4+\ldots$

17. $y=C_1+C_2(x-1)-\frac{C_2}{8}(x-1)^2+\frac{5C_2}{96}(x-1)^3+\ldots$

18. $y=C_1+C_2(x-2)-\frac{3C_2}{32}(x-2)^2+\frac{41C_2}{1536}(x-2)^3+\ldots$

19. $y=C_1+C_2(x+2)+\left(-\frac{1}{8}C_1-\frac{1}{4}C_2\right)(x+2)^2$
$$+\left(-\frac{1}{48}C_1-\frac{1}{8}C_2\right)(x+2)^3+\ldots$$

연습문제 7.4

1. $x=0$, 정칙.
2. $x=0$, 비정칙. $x=-1$, 정칙
3. $x=4$, 정칙
4. $x=5$, 비정칙. $x=-5$, 정칙
5. $x=0$, 정칙. $x=2$, 정칙. $x=3$, 정칙
6. $$y=C_1x^{\frac{1}{4}}\left(1+\frac{2}{5}x+\frac{2}{45}x^2+\frac{4}{1755}x^3+\cdots\right)+C_2\left(1+\frac{2}{3}x+\frac{2}{21}x^2+\frac{4}{693}x^3+\cdots\right)$$
7. $$y=C_1x^{\frac{2}{7}}\left(1+\frac{1}{3}x+\frac{1}{22}x^2+\frac{1}{286}x^3+\cdots\right)+C_2\left(1-\frac{3}{5}x+\frac{3}{10}x^2-\frac{3}{10}x^3+\cdots\right)$$
8. $$y=C_1x^{-\frac{3}{5}}\left(1+\frac{1}{14}x^2+\frac{1}{952}x^4+\cdots\right)+C_2\left(1+\frac{1}{26}x^2+\frac{1}{2392}x^4+\cdots\right)$$
9. $$y=C_1x^{-\frac{5}{9}}\left(1+\frac{1}{4}x-\frac{3}{104}x^2-\frac{29}{6864}x^3+\cdots\right)+C_2\left(1+\frac{1}{14}x-\frac{13}{644}x^2-\frac{59}{61824}x^3+\cdots\right)$$
10. $$y=C_1x^{-\frac{3}{7}}\left(1-\frac{1}{4}x+\frac{1}{88}x^2+\frac{29}{1584}x^3+\cdots\right)+C_2\left(1-\frac{1}{10}x+\frac{1}{340}x^2+\frac{113}{8160}x^3+\cdots\right)$$
11. $$y=C_1x\left(1-\frac{1}{3}x+\frac{1}{24}x^2-\frac{1}{360}x^3+\frac{1}{8640}x^4+\cdots\right)+C_2x^{-1}\ln x\left(x^2-\frac{1}{3}x^3+\frac{1}{24}x^4-\frac{1}{360}x^5+\cdots\right)+C_2x^{-1}\left(-2-2x+\frac{4}{9}x^3-\frac{25}{288}x^4+\frac{157}{21600}x^5+\cdots\right)$$
12. $$y=C_1x\left(1-5x+\frac{25}{2}x^2-\frac{125}{6}x^3+\cdots\right)+C_2\ln x\left(-5x+25x^2-\frac{125}{2}x^3+\frac{625}{6}x^4+\cdots\right)+C_2\left(1-5x+\frac{125}{4}x^3+\cdots\right)$$
13. $$y=C_1x^{-2}\left(1+\frac{3}{2}x^2-\frac{9}{40}x^4+\cdots\right)+C_2x^{\frac{1}{3}}\left(1-\frac{3}{26}x^2+\frac{9}{1976}x^4+\cdots\right)$$
14. $$y=C_1x^{-\frac{16}{3}}\left(1+x+\frac{1}{2}x^2+\frac{1}{6}x^3+\cdots\right)+C_2x\left(1+\frac{3}{22}x+\frac{9}{550}x^2+\frac{27}{15400}x^3+\cdots\right)$$

15. $y = C_1 x^{\frac{7}{4}}\left(1+\frac{7}{8}x+\frac{77}{160}x^2+\frac{77}{384}x^3+\cdots\right)+C_2 x^{-\frac{5}{4}}\ln x\left(\frac{15}{8}x^3+\frac{105}{64}x^4+\cdots\right)$

$+C_2 x^{-\frac{5}{4}}\left(12+15x+\frac{15}{4}x^2-\frac{13}{2}x^3+\cdots\right)$

16. $y = C_1 x^{-\frac{2}{3}}\left(1+2x+x^2+\frac{2}{9}x^3+\cdots\right)+C_2 x^{-\frac{2}{3}}\ln x\left(1+2x+x^2+\frac{2}{9}x^3+\cdots\right)$

$+C_2 x^{-\frac{2}{3}}\left(-4x-3x^2-\frac{22}{27}x^3+\cdots\right)$

17. $y = C_1 x\left(1+2x+2x^2+\frac{11}{9}x^3+\cdots\right)+C_2 x\ln x\left(1+2x+2x^2+\frac{11}{9}x^3+\cdots\right)$

$+C_2 x\left(-2x-3x^2-\frac{64}{27}x^3+\cdots\right)$

연습문제 7.5

1. (a) $y = C_1\left(1-x^2-\frac{1}{6}x^4-\frac{1}{30}x^6+\cdots\right)+C_2 x$

   (b) $y = C_1\left(1-3x^2+\frac{1}{2}x^4+\cdots\right)+C_2\left(x-\frac{2}{3}x^3\right)$

2. (a) $y = a_0\left(-\frac{1}{2}-\frac{1}{4!}x^2-\frac{15}{6!}x^4+\cdots\right)$

   (b) $y = a_0\left(-\frac{9}{2}-\frac{45}{4!}x^2-\frac{315}{6!}x^4+\cdots\right)$

4. (a) $y = C_1 J_{1/4}(x)+C_2 Y_{1/4}(x)$

   (b) $y = C_1 J_5(3x)+C_2 Y_5(3x)$

6. (c) $\Gamma\left(\frac{1}{2}\right)=\sqrt{\pi}$, $\Gamma\left(\frac{3}{2}\right)=\frac{\sqrt{\pi}}{2}$

연습문제 8.1

1. $\frac{21}{s^2}$
2. $\frac{2}{s-1}$
3. $\frac{4}{s^2+4}$
4. $\frac{e^{-s}}{s}$
5. $\frac{1}{s^2+1}\left(e^{-\frac{s\pi}{2}}+s\right)$
6. $\frac{1}{s^2}\left(e^{-3s}(2s+1)+s-1\right)$
7. $-\frac{2e^{-10s}}{s}+\frac{1}{s}$
8. $\frac{k}{s^2+k^2}$
9. $\frac{28}{s-1}$
10. $-\frac{18}{s-3}$
11. $\frac{1}{s^2(s^2+4)}=\frac{1}{4s^2}-\frac{1}{4(s^2+4)}$
12. $\frac{s}{s^2+25}$

13. $\dfrac{2(s^2+2)}{s(s^2+4)}$

14. $\dfrac{s^2+5s+25}{s(s^2+25)}$

16. (a) $\mathcal{L}\left\{t^{\frac{1}{2}}\right\}=\sqrt{\dfrac{\pi}{s}}$

(b) $\mathcal{L}\left\{t^{\frac{1}{2}}\right\}=\dfrac{\sqrt{\pi}}{2s^{3/2}}$

연습문제 8.2

1. $-\dfrac{16}{s-2}$

2. $\dfrac{5040}{s^8}$

3. $\dfrac{2}{(s+3)^3}$

4. $\dfrac{120}{(s+4)^6}$

5. $\dfrac{s^2-9}{(s^2+9)^2}$

6. $\dfrac{6s}{(s^2+1)^2}$

7. $\dfrac{14s}{(s^2-49)^2}$

8. $\dfrac{1}{2}\left[\dfrac{1}{s-6}+\dfrac{1}{s-8}\right]=\dfrac{s-7}{(s-7)^2-1}$

9. $\dfrac{s+2}{(s+2)^2+16}$

10. $\dfrac{7}{(s+2)^2+49}$

11. $\dfrac{s-5}{(s-5)^2+49}$

12. $\dfrac{1}{s+1}-\dfrac{1}{s+3}=\dfrac{2}{(s+2)^2-1}$

13. $\dfrac{-128}{(s^2+16)^2}+\dfrac{8}{s^2+16}=\dfrac{8s^2}{(s^2+16)^2}$

14. $\dfrac{48s(s^2-4)}{(s^2+4)^4}$

15. $\dfrac{s}{(s^2+9)^2}$

17. $\dfrac{1}{2}\left[\dfrac{s}{s+4k^2}+\dfrac{1}{5}\right]=\dfrac{s^2+2k^2}{s(s^2+4k^2)}$

연습문제 8.3

1. t

2. $t\,e^{2t}$

3. $\dfrac{1}{2}t^2e^{-6t}$

4. $4t\,e^{3t}$

5. $\cos 4t$

6. $\dfrac{2}{9}e^{-2t}+\dfrac{7}{9}e^{7t}$

7. $\dfrac{1}{2}+\dfrac{1}{2}e^{4t}$

8. $\dfrac{1}{2}e^{6t}+\dfrac{1}{2}e^{8t}$

9. $-\dfrac{1}{8}e^{-2t}+\dfrac{1}{8}e^{6t}$

10. $e^t\sin t$

11. $e^t\cos 7t$

12. $e^{-2t}\cos 2t$

13. $e^{7t}\cos t$

14. $\dfrac{1}{4}t-\dfrac{1}{8}sin2t$

15. $-t\cos 2t$

16. $\dfrac{1}{2}t^2\cos 5t$

17. $\frac{1}{4}t^2(e^t+e^{-t})$

18. $\frac{1}{4}t^2(e^{7t}+e^{-7t})$

19. $-2\cos(\sqrt{6}\,t)+\frac{1}{2}sin2t$

20. $e^t\cos 3t+\frac{\sqrt{2}}{2}e^{6t}\sin(\sqrt{2}t)$

21. (a),(b),(c),(d) 어느 함수도 라플라스 역변환을 갖지 않는다.

연습문제 8.4

1. $y=\frac{3}{5}e^{-8t}-\frac{8}{5}e^{-3t}$

2. $y=-\frac{3}{7}e^{-5t}-\frac{4}{7}e^{2t}$

3. $y=2\cos 2t$

4. $y=\frac{11}{42}e^{-3t}+\frac{13}{6}e^{3t}-\frac{10}{7}^{4t}$

5. $y=-4e^{-t}-\cos 2t-2\sin 2t$

6. $y=\frac{1}{156}(2\cos 2t+154e^{6t}\cos 2t+3\sin 2t-465e^{6t}\sin 2t)$

7. $y=-\frac{47}{70}e^{-3t}-\frac{1}{10}e^{2t}-\frac{53}{238}e^{4t}-\frac{1}{170}cost+\frac{13}{170}sint$

8. $y=\frac{3}{2}t^2$

9. $y=t^2$

연습문제 8.5

1. $-\frac{28}{se^{3s}}$

2. $\frac{3-e^{4s}}{se^{8s}}$

3. $\frac{-7-7e^s+e^{5s}}{se^{7s}}$

4. $\frac{-42e^{-4s}}{s-1}$

5. $\frac{-12}{e^{2s}(s^2-1)}$

6. $\frac{-14}{e^{\frac{2\pi s}{3}}(s^2+1)}$

7. $\frac{e^s-s-1}{s^2e^s(1-e^{-2s})}$

8. $\frac{e^s+2}{s(e^{2s}+e^e+1)}$

9. $e^{-\pi s}$

10. $e^{-s}+e^{-2s}$

11. $\frac{e^{-2\pi s}}{s^2+1}+e^{-\frac{\pi s}{2}}$

12. $-3\mathscr{U}(t-\pi)$

13. $2\mathscr{U}(t-1)-3\mathscr{U}(t-4)$

14. $-3\mathscr{U}(t-6)+3\mathscr{U}(t-5)-4\mathscr{U}(t-3)$

15. $e^{t-4}\mathscr{U}(t-4)$

16. $\cos(2t-6)\mathscr{U}(t-3)$

17. $\frac{1}{3}(e^{5t-25}-e^{2t-10})\mathscr{U}(t-5)$

18. $2[-t+(4-2t)\mathrm{U}(t-2)+(12-2t)\mathscr{U}(t-6)$
$+(20-2t)\mathscr{U}(t-10)+(28-2t)\mathscr{U}(t-14)+\cdots]$

19. $\cosh(t-4)\mathscr{U}(t-4)$

20. $t-(t-4)\mathscr{U}(t-4)+(t-8)\mathscr{U}(t-8)-(t-12)\mathscr{U}(t-12)$
$+(t-16)\mathscr{U}(t-16)+\cdots$

21. $\frac{1}{4}[\sin 4t-\sin(4t-12)\mathscr{U}(t-3)+\sin(4t-24)\mathscr{U}(t-6)$
$-\sin(4t-36)\mathscr{U}(t-9)+\ldots]$

22. $\left(\frac{1}{8}\sin 2t-\frac{1}{4}t\right)+3\left(\frac{1}{2}-\frac{1}{4}t+\frac{1}{8}\sin(2t-4)\right)\mathscr{U}(t-2)$
$+9\left(1-\frac{1}{4}t+\frac{1}{8}\sin(2t-8)\right)\mathscr{U}(t-4)$
$+27\left(\frac{3}{2}-\frac{1}{4}t+\frac{1}{8}\sin(2t-12)\right)\mathscr{U}(t-6)+\ldots$

23. $y(t)=\frac{1}{3}e^{-3t}(-1+e^{3t}-e^{6}\ \mathscr{U}(2-t)+e^{3t}\ \mathscr{U}(2-t))$

24. $y=\left[-\frac{\pi}{4+\pi^2}e^{t-1}+\frac{\pi}{36+\pi^2}e^{3t-3}\right.$
$+\frac{32\pi}{(4+\pi^2)(36+\pi^2)}cos\left(\frac{\pi}{2}(t-1)\right)$
$\left.+\frac{48-4\pi^2}{(4+\pi^2)(36+\pi^2)}sin\left(\frac{\pi}{2}(t-1)\right)\right]\mathscr{U}(t-1)$
$-\frac{8+\pi^2}{2(4+\pi^2)}e^{t}+\frac{48+\pi^2}{2(36+\pi^2)}e^{3t}$
$+\frac{48-4\pi^2}{(4+\pi^2)(36+\pi^2)}\cos\left(\frac{\pi}{2}t\right)$
$-\frac{32\pi}{(4+\pi^2)(36+\pi^2)}\sin\left(\frac{\pi}{2}t\right)$

25. $x(t)=\sin(t-\pi)\mathscr{U}(t-\pi)+1-\cos t$

26. $x(t)=\mathscr{U}(t-\pi)(e^{\pi-t}-e^{2\pi-2t})$

27. $x(t)=-\frac{1}{3}e^{2\pi-2t}\mathscr{U}(t-\pi)\sin 3t+\frac{3}{40}\sin t-\frac{1}{40}\cos t$
$-\frac{1}{120}e^{-2t}\sin 3t+\frac{1}{40}e^{-2t}\cos 3t$

28. $x(t)=-\frac{1}{3}\mathscr{U}(t-\pi)\sin 3t+\frac{1}{8}\cos t-\frac{1}{8}\cos 3t$

29. $x(t)=-\mathscr{U}(t-1)e^{2-2t}+\mathscr{U}(t-1)e^{1-t}+e^{-2t}+te^{-t}-e^{-t}$

30. $x(t)=2+\frac{1}{9}(1-e^{9\pi-9t})\mathscr{U}(t-\pi)$

31. $x(t)=3\mathscr{U}(t-\pi)e^{3\pi-3t}\sin(t-\pi)$

32. $x(t)=2e^{-3t}\sin t+3\mathscr{U}(t-\pi)e^{3\pi-3t}\sin(t-\pi)$

연습문제 8.6

1. $\frac{1}{3}t^3$

2. $t-1+e^{-t}$

3. $-\frac{3}{32}t+\frac{1}{4}t^3+\frac{3}{128}\sin 4t$

4. $\frac{1}{s(s+1)}$

5. $\dfrac{1}{s^2(s^2+1)}$

6. $\dfrac{1}{s^2(s-1)}$

7. $t-1+e^{-t}$

8. $\dfrac{1}{2}t\sin t$

9. $\dfrac{1}{96}t^3-\dfrac{1}{256}t+\dfrac{1}{1024}\sin 4t$

10. $\dfrac{1}{116}e^{10t}-\dfrac{1}{116}\cos 4t-\dfrac{5}{232}\sin 4t$

11. $-\dfrac{1}{200}t\cos 10t+\dfrac{1}{2000}\sin 10t$

12. $g(t)=\sin t$

13. $u(t)=\dfrac{5}{3}\cos(\sqrt{2}t)-\dfrac{2\sqrt{2}}{3}\sin\sqrt{2}t+\dfrac{10}{3}e^{-2t}$

14. $y(t)=\left(\dfrac{1}{10}t^5+\dfrac{1}{4}t^4\right)e^{2t}$

16. $\dfrac{d^2y}{dt^2}-4\dfrac{dy}{dt}+4y=2t^3e^{2t}+3t^2e^{2t},\quad y(0)=0,\quad y'(0)=0$

연습문제 8.7

1. (a) $x(t)=\cos 2t$ (b) $x(t)=3\cos 3t-\dfrac{2}{3}\sin 3t$

2. (a) $x(t)=-2e^{-3t}+3e^{-2t}$ (b) $x(t)=e^{-2t}\left(\cos 3t+\dfrac{2}{3}sin3t\right)$

3. (a) $x(t)=-\dfrac{1}{40}e^{-3t}+\dfrac{1}{20}e^{-2t}-\dfrac{1}{40}\cos t+\dfrac{1}{40}\sin t$

   (b) $x(t)=\dfrac{2}{9}e^{-2t}\sin^2\left(\dfrac{3}{2}t\right)$

   (c) $x(t)=\dfrac{1+e^{\pi}}{4e^{2t}}-\dfrac{2(1+e^{\frac{3\pi}{2}})}{13e^{3t}}+\left(\dfrac{2}{13}e^{\frac{3\pi}{2}-3t}-\dfrac{1}{4}e^{\pi-2t}\right.$
   $\left.-\dfrac{5}{52}\cos 2t+\dfrac{1}{52}\sin 2t\right)\mathcal{U}\left(\dfrac{\pi}{2}-t\right)$

   (d) $x(t)=-e^{-2t}+2te^{-2t}+(t-1)^2e^{-2t}\ \mathcal{U}(1-t)$

   (e) $x(t)=\dfrac{1}{6}e^{-2t}(\pi-\pi\ \mathcal{U}(\pi-t)+t\ \mathrm{U}(\pi-t))\sin 3t$

   (f) $x(t)=\dfrac{1}{3}e^{-t}+\dfrac{1}{9}e^{-4t}(1-e^3)+\dfrac{1}{9}e^{-4t}(e^3-4e^{3t}+3te^{3t})\,\mathcal{U}(1-t)$

5. $x(t)=\dfrac{1}{15}(\sin t-\dfrac{1}{4}\sin 4t)-\sin 4(t-1)\,\mathcal{U}(t-1)$

6. $x(t)=-\dfrac{1}{3}e^{4-2t}\sin(6-3t)\,\mathcal{U}(t-2)$

7. $Q(t)=2-2e^{-t}-2(1-e^{1-t})\,\mathcal{U}(t-1)$
   $I(t)=2e^{-t}-2(1-e^{1-t})\delta(t-1)-2e^{1-t}\ \mathcal{U}(t-1)$

8. $I(t)=\dfrac{1}{2}(1-e^{-t})-\dfrac{1}{2}(1-e^{t-1})\,\mathcal{U}(t-1)$
   $+\dfrac{1}{2}(1-e^{t-2})\,\mathcal{U}(t-2)-\dfrac{1}{2}(1-e^{t-3})\,\mathcal{U}(t-3)+\cdots$

9. $I(t)=(t-1+e^{-t})-(t-1)\,\mathcal{U}(t-1)$
   $+(t-3+e^{-(t-2)})\,\mathcal{U}(t-2)-(t-3)\,\mathcal{U}(t-3)$

$+(t-5+e^{-(t-4)})\,\mathscr{U}(t-4)-(t-5)\,\mathscr{U}(t-5)+\cdots$

10. $I(t)=100t\,e^{-3t}$

11. $I(t)=\frac{2}{3}\sqrt{3}\,e^{-\frac{t}{2}}\sin\left(\frac{\sqrt{3}}{2}t\right)-\frac{2}{3}\sqrt{3}\,e^{-\frac{t}{2}+\frac{\pi}{2}}\sin\left(\frac{\sqrt{3}}{2}(t-\pi)\right)\mathscr{U}(t-\pi)$

12. (a) $I(t)=e^{-4t+4}\;\mathscr{U}(t-1)$ (b) $I(t)=e^{-4t}+e^{-4t+4}\;\mathscr{U}(t-1)$

13. $I(t)=t-1+e^{-t}-(t-2+e^{-t+1})\,\mathscr{U}(t-1)$

14. $I(t)=e^{-(t-2)}\,\mathscr{U}(t-2)\;+\;e^{-(t-6)}\,\mathscr{U}(t-6)$

찾아보기

제2판

미분방정식과 그 응용

인지

지은이 안인경 · 최정환
펴낸이 조경희
펴낸곳 경문사
펴낸날 2007년 2월 28일 2판 1쇄
2023년 3월 2일 2판 2쇄
등 록 1979년 11월 9일 제1979-000023호
주 소 04057, 서울특별시 마포구 와우산로 174
전 화 (02)332-2004 팩스 (02)336-5193
이메일 kyungmoon@kyungmoon.com

값 17,000원

ISBN 89-7282-963-3

★ 경문사의 다양한 도서와 콘텐츠를 만나보세요!

홈페이지	www.kyungmoon.com	페이스북	facebook.com/kyungmoonsa
포스트	post.naver.com/kyungmoonbooks	블로그	blog.naver.com/kyungmoonbooks
북이오	buk.io/@pa9309	유튜브	https://www.youtube.com/channel/UCIDC8x4xvA8eZlrVaD7QGoQ

경문사 출간 도서 중 수정판에 대한 **정오표**는 **홈페이지 자료실**에 있습니다.